YEYA XITONG
SHIYONG YU WEIXIU

刘延俊 编著

液压系统使用与维修

第二版
The Second Edition

化学工业出版社
·北京·

本书以液压元件、基本回路与液压系统的实际应用为主线，全面介绍液压元件和系统的使用、检测及常见故障的诊断与维修技术，对液压系统的安装、调试、使用与维护，故障诊断步骤、方法作了介绍，同时阐述了液压油的特性、选用以及污染防治技术。本书力求贯彻少而精、理论分析与实际应用相结合的原则，侧重了对工程技术人才在液压技术应用、故障诊断与排除及技术创新能力的培养。本书中的许多实例是作者二十余年在科研、设计、制造、调试、故障诊断与维修方面所做的工作以及经验总结。书中元件的图形符号、回路以及系统原理图全部采用了国家最新图形符号绘制。为了便于读者使用和查阅液压元件与系统的常见故障与排除方法，本书将其作为附录一一列之。

本书可供从事液压技术的设计、制造、使用和维护的工程技术人员、现场工作人员参阅使用，也可作为应用型工科院校的教学参考书，同时也可作为专业硕士生的实践类教材使用。

图书在版编目（CIP）数据

液压系统使用与维修/刘延俊编著．—2版．—北京：化学工业出版社，2015.2

ISBN 978-7-122-22668-6

Ⅰ．①液…　Ⅱ．①刘…　Ⅲ．①液压系统-使用方法②液压系统-维修　Ⅳ．①TH137

中国版本图书馆CIP数据核字（2014）第309113号

责任编辑：张兴辉　　文字编辑：项　激
责任校对：吴　静　　装帧设计：王晓宇

出版发行：化学工业出版社（北京市东城区青年湖南街13号　邮政编码100011）
印　　装：北京天宇星印刷厂
787mm×1092mm　1/16　印张15½　字数370千字　2015年3月北京第2版第1次印刷

购书咨询：010-64518888（传真：010-64519686）　售后服务：010-64518899
网　　址：http：//www.cip.com.cn
凡购买本书，如有缺损质量问题，本社销售中心负责调换。

定　　价：58.00元

第二版前言

《液压系统使用与维修》第一版自2006年7月出版以来，深受广大读者和液压技术工作人员的青睐，许多读者纷纷来电、来信咨询相关技术问题，并先后被多家培训机构和企业作为“液压系统使用维护与故障诊断”培训的教材使用，同时有些学校将其作为高校专业硕士实践类的教材使用。本书编著者也多次被邀请到培训机构或者企业去讲授本课程，为我国液压技术的推广应用起到了很好的引领作用。本书在2009年1月被评为第十届中国石油与化学工业优秀科技图书一等奖。

本书在第二版的修订编写过程中，首先保留了第一版的特色，即为液压元件与系统的实际应用为主线，全面介绍液压元件及系统的使用、检测与常见故障的维修技术，同时对液压系统的安装、调试、使用与维护，故障诊断步骤、方法作了介绍。然后进一步充实了液压系统故障诊断实例，增加了第8章液压元件检测的国家标准以及检测方法和实例。最后对第4章和第5章的内容作了较大幅度的变动，以进一步满足读者的需求。

本书共8章。第1章介绍液压元件与系统组成、应用以及故障诊断技术的发展趋势；第2章介绍液压油的特性、选用以及污染防治技术。第3章介绍液压元件的结构、选用、故障与维修。第4章介绍液压基本回路的应用以及常见故障与排除。第5章在首先介绍十余个液压系统故障诊断过程与方法的基础上，对液压系统常见故障与排除方法的共性进行了总结。第6章介绍了液压系统的安装、调试、使用与维护；第7章介绍液压系统的故障诊断步骤、方法与实例。第8章介绍了液压元件的检测标准以及测试方法与实例。

本书可供从事液压技术的设计、制造、使用和维护的工程技术人员、现场工作人员参阅使用，也可作为应用型工科院校的教学参考书或者专业硕士实践类教材使用。

本书由山东大学机械工程学院刘延俊编著。谢玉东、湛国林、陶兴珍、彭建军、张募群、刘坤、罗华清、荆访锦、胡东东、薛钢、张伟、刘广凯、张健、贾瑞、高新华、刘秀梅、任慧丽等参与了本书文献资料搜集、文稿录入整理和部分插图的绘制等工作。

感谢本书编写过程中曾给予大力支持的单位、个人及参考文献的各位作者，特别感谢山东拓普液压气动有限公司为本书的编写提供了大量详实的技术资料和应用实例。

由于作者学识水平有限，书中不妥之处在所难免，恳求广大读者和从事液压技术工作的专家及同行们批评指正。

编著者

（作者联系方式：E-mail：lyj111ky@163.com）

目录
Contents

第1章 液压元件及传动系统概述

1.1 液压传动系统的组成

1.1.1 液压元件在液压传动系统中的作用

液压传动系统和机械传动系统相比，由于具备功率密度高、结构小巧、配置灵活、组装方便、可靠耐用等特点，因此在国民经济的各个行业中得到了广泛采用。液压传动系统是以运动着的液体作为工作介质通过能量转换装置，将原动机的机械能转变为液体的压力能，然后通过封闭管道、调节控制元件，再通过另一能量装置将液体的压力能转变为机械能的系统。液压传动系统实际上包含液压传动和液压控制两方面的内容，并且两者是相互联系的。

图 1-1 所示为一个典型的涂胶设备液压传动系统，它的组成部分有以下五个方面。

① 能源装置　它把原动机的机械能转变成液体的压力能。如图 1-1 中的液压泵 4，它给液压系统提供压力油，使整个系统能够动作起来，液压泵最常见的驱动动力是电动机。

② 执行装置　将液压油的压力能转变成机械能，并对外做功。常用的执行元件是液压缸或液压马达，如图 1-1 中的液压缸 9。

③ 调节控制装置　用于调节、控制液压系统中液压油的压力、流量和流动方向。图 1-1 中，电磁换向阀 8、节流阀 7、溢流阀 10 等液压元件都属于这类装置。

④ 辅助装置　是除上述三项以外的其他装置，如图 1-1 中的油箱 1、滤油器 2、空气滤清器 11 等。它们对保证液压系统可靠、稳定、持久工作有重要作用，同时可显示液压系统的压力、液位、流量等工作状态。

⑤ 工作介质　液压油或其他合成液体。

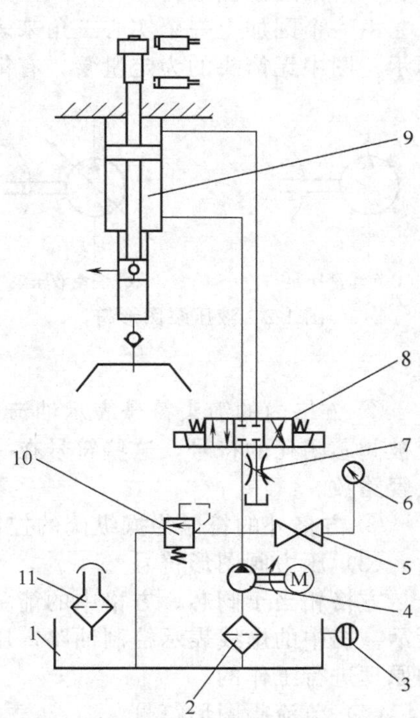

图 1-1　涂胶设备液压传动系统图

1—油箱；2—滤油器；3—液位计；4—液压泵；5—压力表开关；6—压力表；7—节流阀；8—电磁换向阀；9—液压缸；10—溢流阀；11—空气滤清器

1.1.2 液压元件的分类

液压阀的品种已达到几百个品种上千个规格，从不同角度分析液压阀有不同分类方式：按用途可分为方向控制阀、压力控制阀、流量控制阀；按连接方式分为管式连接、板式连接、法兰式连接阀，目前还出现了叠加式连接阀、插装式连接阀；按工作原理可分为通断式、比例式和伺服式元件；按组合程度可分为单一阀和组合阀等。

1.1.3 液压元件的基本参数

液压元件的工作能力由其性能参数决定，液压元件的基本参数与液压元件的种类有关，不同的液压元件，具有不同的性能参数，其共性的参数与压力和流量相关。

① 公称压力　公称压力是标志液压元件承载能力大小的参数。液压元件的公称压力指其在额定工作状态下的名义压力，液压元件的公称压力单位为 MPa（10^6 Pa）。

② 公称流量　公称流量是标志液压元件流通性能的参数，是指液压阀在额定工作状态下通过的名义流量，常用单位 L/min。

公称压力、公称流量一般在液压元件或液压站的铭牌上表示出来，使用液压元件时，工作压力和通过液压元件的流量，不要超过其公称压力和公称流量。

1.2 液压传动系统的图形符号

1.2.1 概述

图 1-1 中各元件均采用符号来表示，这些符号只表示元件的职能，不表示元件的结构和参数。GB/T 786.1—1993 中规定液压元件的职能符号。

为便于大家看懂用职能符号表示的液压系统图，现将图 1-1 中出现的液压元件的主要图形符号介绍如下。

（1）液压泵图形符号

由一个圆加上一个实心三角来表示，三角箭头向外，表示液压油的输出方向，如图 1-2 所示。图中无箭头的为定量泵，有箭头的为变量泵。

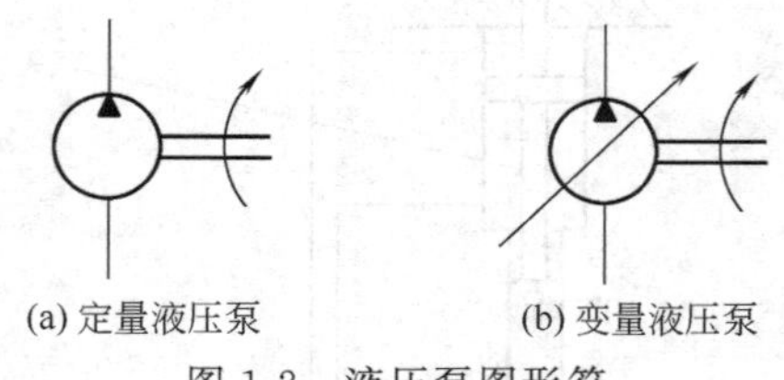

图 1-2　液压泵图形符

（2）换向阀的图形符号

为改变液压油的流动方向，换向阀的阀芯位置要变换，它一般可变动 2～3 个位置，例如图 1-1 中，电磁换向阀 8 有 3 个工作位置，阀上的外接通路为 4。根据阀芯可变动的位置数和阀体上的通路数，可组成×位×通阀。其图形意义如下。

① 换向阀的工作位置用方格表示，有几个方格即表示几位阀。

② 方格内的箭头符号表示油流的连通情况（有时与油液流动方向一致），“⊤”表示油液被阀芯闭死的符号，这些符号在一个方格内和方格的交点数即表示阀的通路数，也就是外接管路数。

③ 方格外的符号为操纵阀的控制符号，控制形式有手动，电动和液动等。

（3）压力阀图形符号

方格相当于阀芯，方格中的箭头表示油流的通道，两侧的直线代表进出油管，如图 1-3 所示。图中的虚线表示控制油路，压力阀就是利用控制油路的液压力与另一侧弹簧力相平衡的原理进行工作的。

（4）节流阀图形符号

如图 1-4 所示，方格中两圆弧所形成的缝隙表示节流孔道，油液通过节流孔使流量减少，图中的箭头表示节流孔的大小可以改变，亦即通过该阀的流量是可以调节的。

液压系统图中规定：液压元件的图形符号应以元件的静止状态或零位来表示。为了使读者更好地了解液压元件与系统的图形符号，下面分别介绍液压元件的结构要素。

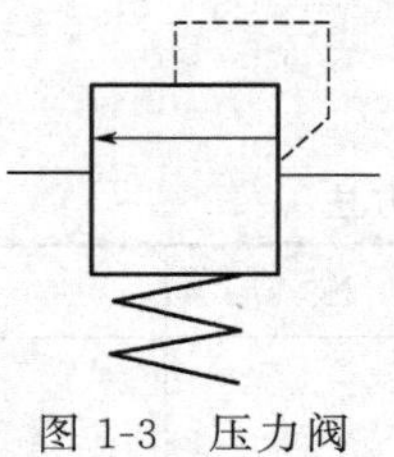
图 1-3　压力阀

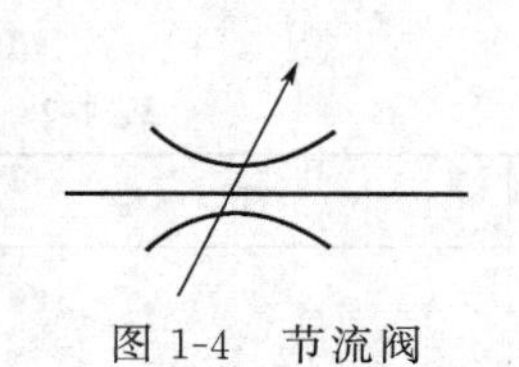
图 1-4　节流阀

1.2.2　基本符号、管路及连接（表 1-1）

表 1-1　基本符号、管路及连接

名　称	符　号	名　称	符　号
工作管路		管端连接于油箱底部	
控制管路		密闭式油箱	
连接管路		直接排气	
交叉管路		带连接措施的排气口	
柔性管路		带单向阀的快换接头	
组合元件线		不带单向阀的快换接头	
管口在液面以上的油箱		单通路旋转接头	
管口在液面以下的油箱		三通路旋转接头	

1.2.3 控制机构和控制方法（表 1-2）

表 1-2 控制机构和控制方法

名称	符号	名称	符号
按钮式人力控制	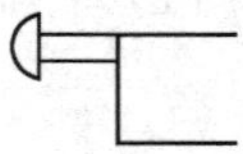	双作用电磁铁	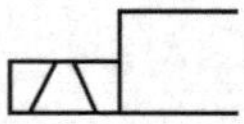
手柄式人力控制	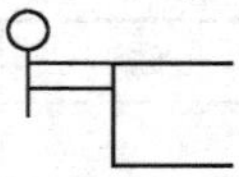	比例电磁铁	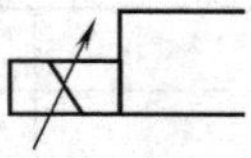
踏板式人力控制	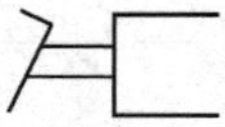	加压或泄压控制	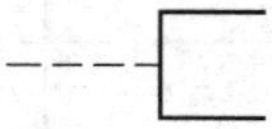
顶杆式机械控制	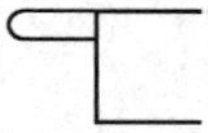	内部压力控制	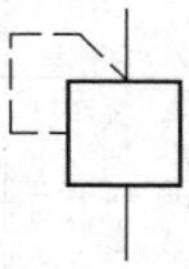
弹簧控制	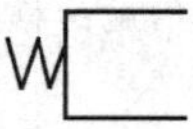	外部压力控制	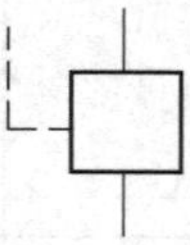
滚轮式机械控制	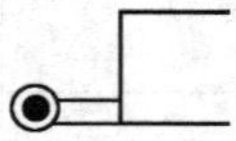	液压先导控制	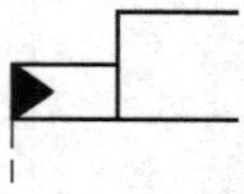
单作用电磁铁	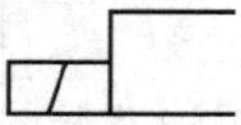	电-液先导控制	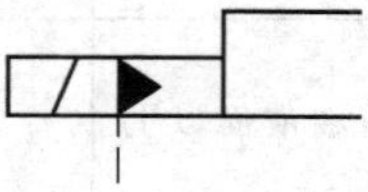
气压先导控制	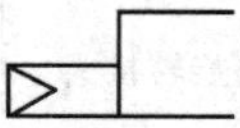	电磁-气压先导控制	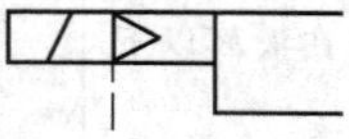

1.2.4 泵、马达和缸（表 1-3）

表 1-3　泵、马达和缸

名　称	符　号	名　称	符　号
单向定量液压泵	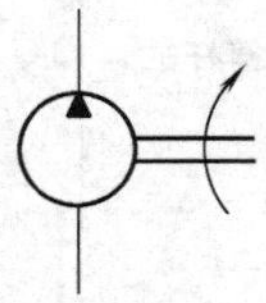	摆动马达	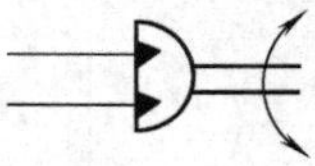
双向定量液压泵	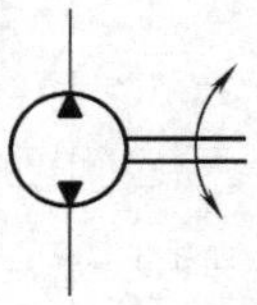	单作用弹簧复位缸	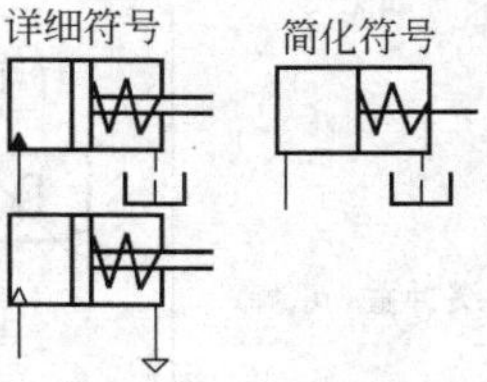 详细符号　简化符号
单向定量马达	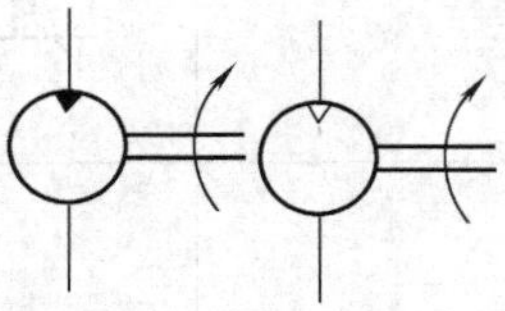	单作用伸缩缸	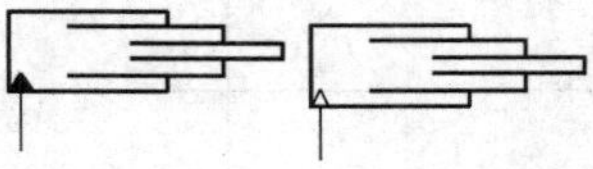
双向定量马达	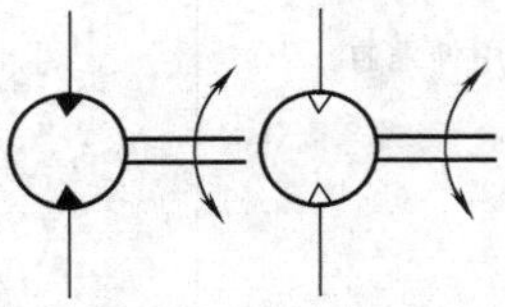	双向变量马达	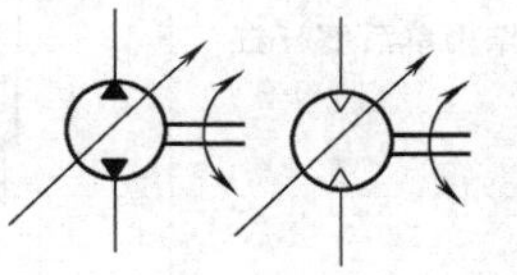
单向变量马达	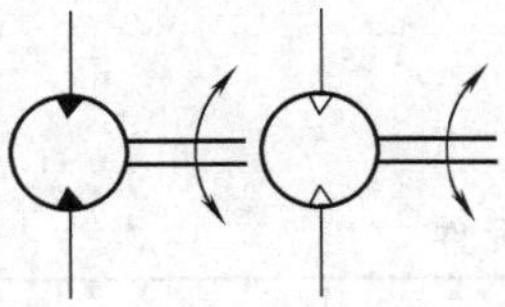	定量液压泵—马达	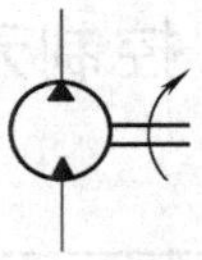
单向变量液压泵	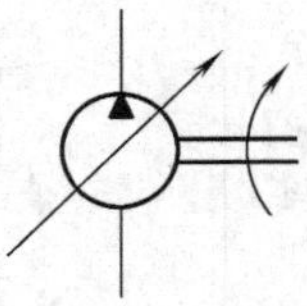	变量液压泵—马达	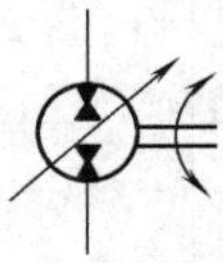
双向变量液压泵	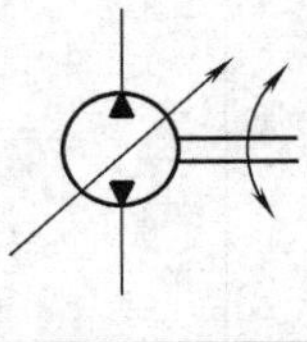	液压源	

续表

名　称	符　号	名　称	符　号
压力补偿变量泵	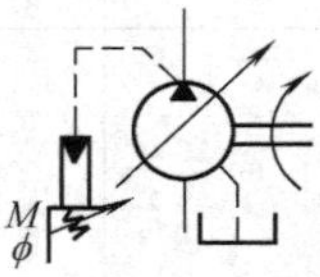 M φ	双作用双活塞杆缸	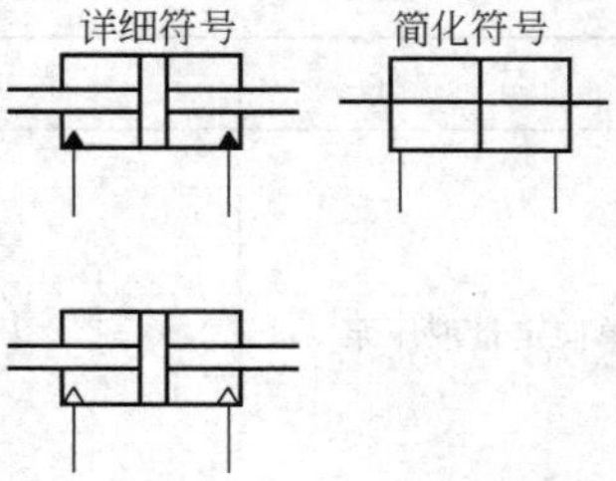 详细符号 简化符号
单向缓冲缸（可调）	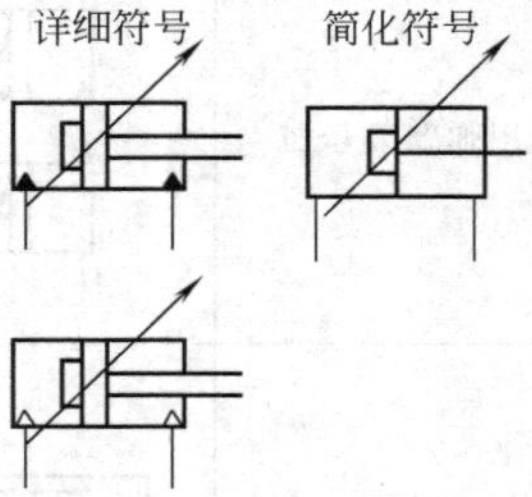 详细符号 简化符号	双向缓冲缸（可调）	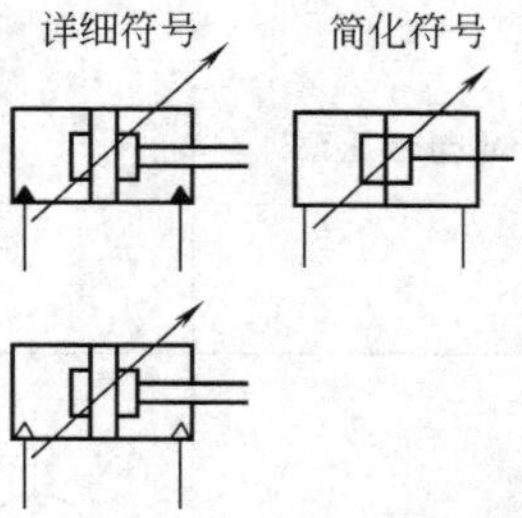 详细符号 简化符号
双作用单活塞杆缸	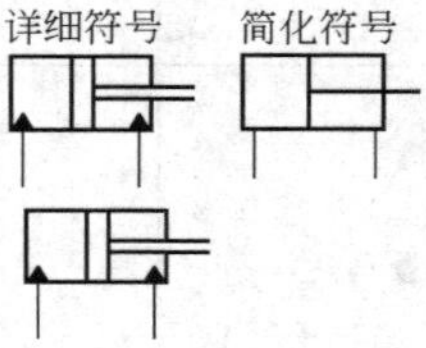 详细符号 简化符号	双作用伸缩缸	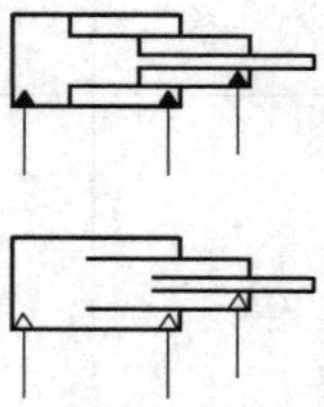

1.2.5 控制元件（表 1-4）

表 1-4　控制元件

名　称	符　号	名　称	符　号
直动型溢流阀	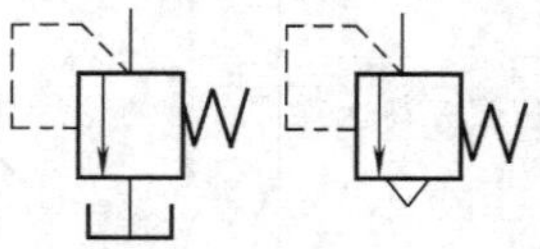	先导型比例电磁溢流阀	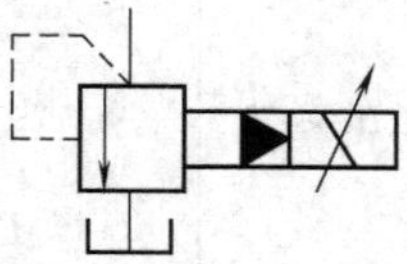
先导型溢流阀	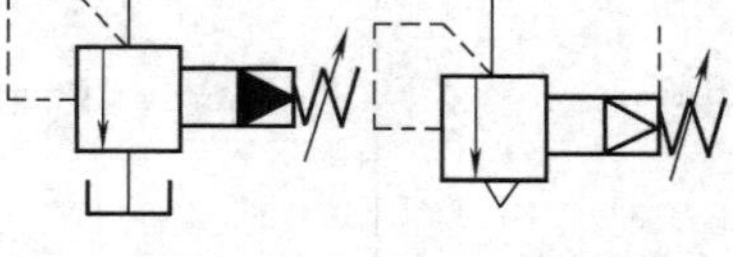	直动型减压阀	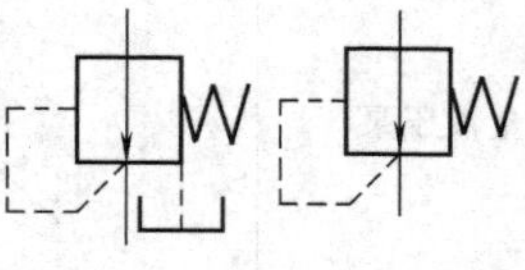

续表

名称	符号	名称	符号
双向溢流阀	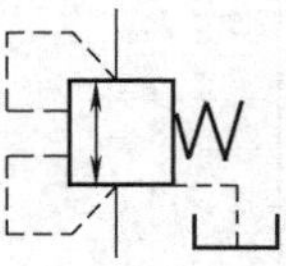	先导型顺序阀	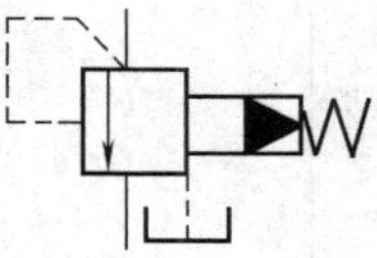
不可调节流阀		卸荷阀	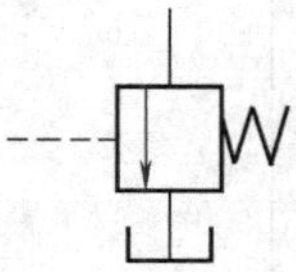
先导型减压阀	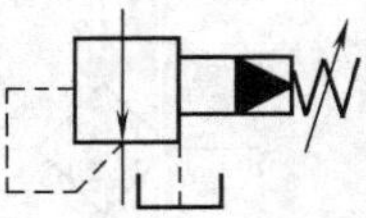 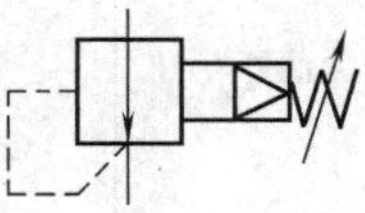	溢流减压阀	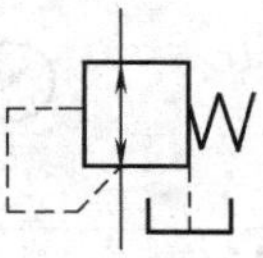 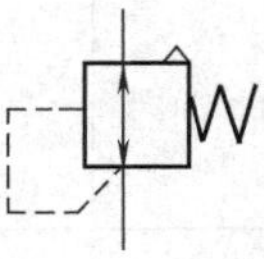
直动阀顺序阀	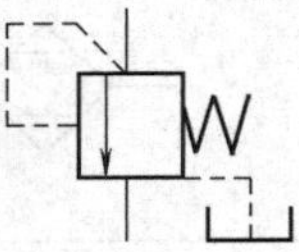 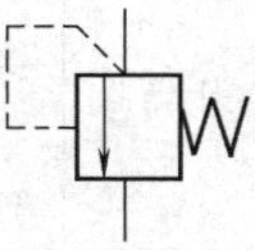	旁通型调速阀	详细符号 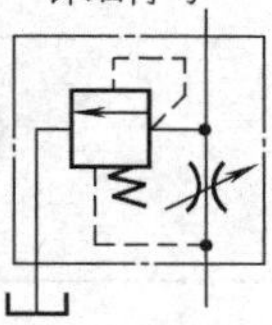 简化符号 

1.2.6 辅助元件（表1-5）

表1-5 辅助元件

名称	符号	名称	符号
过滤器	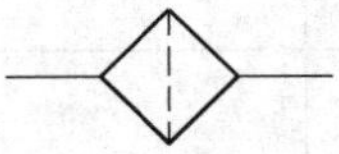	加热器	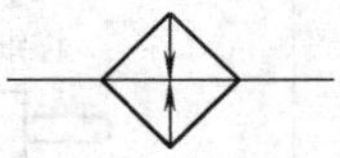
磁芯过滤器	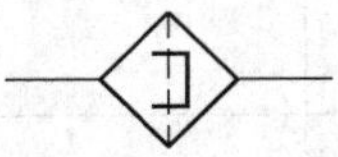	流量计	
污染指示过滤器	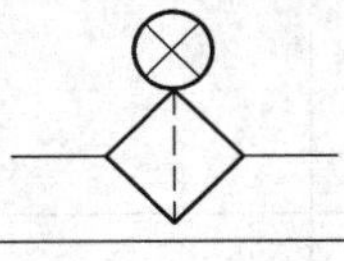	压力继电器	详细符号  一般符号 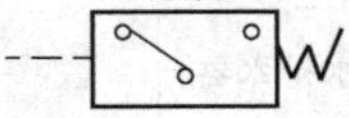
冷却器	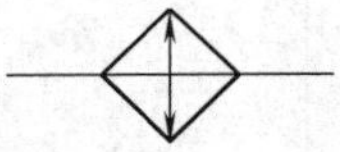	压力指示器	

续表

名　称	符　号	名　称	符　号
蓄能器(一般符号)		空气过滤器	
蓄能器(气体隔离式)		除油器	
压力计		空气干燥器	
液面计		油雾器	
温度计		气源调节装置	
电动机	M	消声器	
原动机	M	气-液转换器	
行程开关	详细符号　一般符号	气压源	
分水排水器			

1.3　液压系统的应用特点与故障诊断技术的发展趋势

1.3.1　液压系统的应用特点

液压传动系统由于具有易于实现回转、直线运动、元件排列布置灵活方便、可在运行中实现无级调速等诸多优点，在国民经济各部门中都得到了广泛的应用，但各部门应用液压传动的出发点不同：工程机械、压力机械采用的原因是结构简单、输出力量大；航空工业采用的原因是重量轻、体积小；机床中采用主要是可实现无级变速，易于实现自动化，能实现换向频繁的往复运动。

在实际应用过程中，设计者经常会遇到按照给定的条件选择最优系统及其元件的问题，为了正确选用系统，表1-6给出了几种常用系统的对比资料。

表1-6　液压、气动、电气系统的对比

对比项目	液压系统	气动系统	电气系统
功率重量比	大	中	小
系统尺寸	采用高压时最小	中	大
运动平稳性	好	差	中
重复定位精度	高	低	中
传动系统总效率	70%左右	小于30%	小于90%
传递信号速度/$m \cdot s^{-1}$	1000	360以内	300000
输出装置动作时间/s	0.06～0.1	0.02～0.1	0.05～0.15
蓄能装置	采用蓄能器	采用简单压力容器	采用蓄电池
磁场的影响	无影响	无影响	引起误动作

1.3.2　液压系统故障诊断的发展趋势

随着数据处理技术、计算机技术、网络技术和通信技术飞速发展以及不同学科之间的融合，液压系统的故障诊断技术已经逐渐从传统的主观分析方法，向着虚拟化、高精度化、状态化、智能化、网络化、交叉化的方向发展。

(1) 虚拟化

虚拟化是指监测与诊断仪器的虚拟化。传统仪器是由工厂制造的，其功能和技术指标都是由厂家定义好的，用户只能操作使用，仪器的功能和技术指标一般是不可更改的。随着计算机技术、微电子技术和软件技术的迅速发展和不断更新，在国际上出现了在测试领域挑战整个传统测试测量仪器的新技术，这就是虚拟仪器技术。

“软件就是仪器”，反映了虚拟仪器技术的本质特征。一般来说，基于计算机的虚拟仪器系统主要是由计算机、软面板及插在计算机内外扩槽中的板卡或标准机箱中的模块等硬件组成，有些虚拟仪器还包括有传统的仪器。由于其开发环境友善，具有开放性和柔性，若增加新的功能可方便地由用户根据自己的需要对软件进行适当改变即可实现，用户可以不必懂得总线技术和掌握面向对象的语言等，因此，将其应用于液压系统乃至整个机械设备监测与诊断仪器及系统是一个新的发展方向。

(2) 高精度化

对于高精度化，是指在信号处理技术方面提高信号分析的信噪比。不同类型的信号具有不同的特点，即使是同一类型的信号也可以从不同的角度进行描述和分析，以揭示事物不同侧面之间的内在规律和固有特性。对于液压系统而言，其信号、系数通常是瞬态的、非线性的、突变的，而传统的时域和频域分析只适用于稳态信号，因此往往不能揭示其中隐含的故障信息，这就需要寻找一种能够同时表现信号时域和频域信息的方法，时频分析就应运而生。小波分析就是这种分析的典型应用，将小波理论应用于这些信号的处理上，可以大大提高其分辨率。可以预见，信号分析处理技术的发展必将带动故障诊断技术的高精度化。

(3) 状态化

状态化是对监测与诊断而言的。据美国设备维修专家分析，有将近1/3的维修费用属于“维修过剩”造成，原因在于：目前普遍采用的预防性定期检修的间隔周期是根据统计结果确定的，在这个周期内仅有2%的设备可能出现故障，而98%的设备还有剩余的运行寿命，这种谨慎的定期大修反而增加了停机率。美国航空公司对235套设备普查的结果表明，66%的设备由于人的干预破坏了原来的良好配合，降低了可靠性，造成故障率上升。因此，将预防性定期维修逐步过渡到“状态维修”已经成为提高生产率的一条重要途径，也是现代设备管理的需要。随着科技的发展，可以利用传感技术、电子技术、计算机技术、红外测温技术和超声波技术，跟踪液体流经管路时的流速、压力、噪声的综合载体信号产生的时差流量信号和压力信号，并结合现场的各种传感器，对液压系统动态参数（压力、流量、温度、转速、密封性能）进行“在线”实时检测。这就能从根本上克服目前对液压系统“解体体检”的弊端，并能实现监测与诊断的状态化，解决“维修不足”与“维修过剩”的矛盾。

(4) 智能化

随着人工智能技术的迅速发展，特别是知识工程、专家系统和人工神经网络在诊断领域中的进一步应用，人们已经意识到其所能产生的巨大的经济和社会效益。同时由于液压系统故障所呈现的隐蔽性、多样性、成因的复杂性和进行故障诊断所需要的知识对领域专家实践经验和诊断策略的严重依赖，使得研制智能化的液压故障诊断系统成为当前的趋势。以数据处理为核心的过程将被以知识处理为核心的过程所替代；同时，由于实现了信号检测、数据处理与知识处理的统一，使得先进技术不再是少数专业人员才能掌握的技术，而是一般设备操作工人所使用的工具。

(5) 网络化

随着社会的进步，现代大型液压系统非常复杂、十分专业，需要设备供应商的参与才能对它的故障进行快速有效诊断，而设备供应商和其他专家往往身处异地，这就使建立基于Internet的远程在线监测与故障诊断成为开发液压系统故障诊断的必然趋势。远程分布式设备状态监测和故障诊断系统的典型结构如图1-5所示。

首先在企业的各个分厂的重要关键液压设备上建立实时监测点，实时监测系统进行在线监测并采集故障诊断所需的设备状态数据，并上传到厂级诊断中心；同时在企业内部建立企业级诊断中心，在技术力量较强的科研单位和设备生产厂家建立远程诊断中心。当然，并不是所有的诊断系统都需要建立企业级诊断中心。一般来说，对于生产规模比较大和分散的企业（如跨国企业等）可以构建企业级诊断中心，而对于小型的企业通常不需要。此外，对于数据传输时是采用专用网线、电话线，还是无线传输，这要根据企业的实际情况确定了。

当液压设备出现异常时，实时监测系统首先作出反应，实行报警并采取一些应急措施，并在厂级诊断中心进行备案和初步的诊断；厂级诊断中心不能自行处理的，则开始进入企业级诊断中心（没有企业级诊断中心的，则直接进入远程诊断中心）；而对于企业级诊断中心也不能解决的故障，则由企业级诊断中心通过计算机网络或卫星将获得的故障信息送到远程的诊断中心，远程诊断中心的领域专家或专家系统软件通过对传过来的数据进行分析，得出故障诊断结论和解决方案，并通过网络反馈给用户。

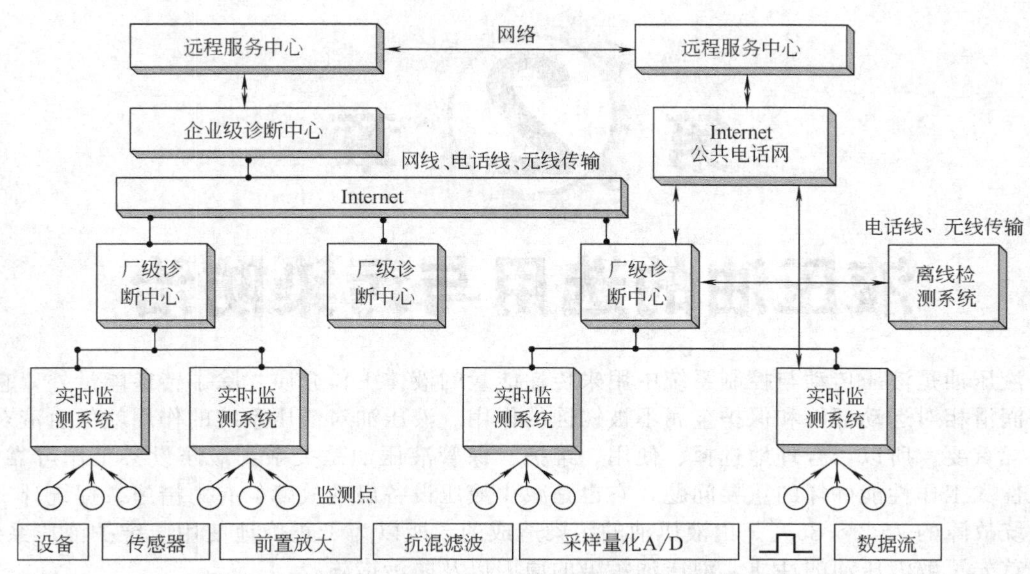

图 1-5　远程分布式设备状态监测和故障诊断系统的典型结构

当前，在构建远程故障诊断系统时，很少把设备制造厂家列为主要角色之一。这就意味着在进行设备的故障诊断时，不能充分利用到设备设计制造的有关数据资料。无论是从设备使用方，还是从设备生产方来说，这都会造成一种无形的损失。对设备使用方来说，他们无法充分享受设备的售后服务；而对于设备生产方，则难以从大量的设备运行历史记录中发现有价值的知识用于设备的优化设计和制造，同时丧失树立企业良好形象的机会。因此，在构建远程故障诊断系统时，为了充分发挥设备生产厂家在远程诊断中的作用，需要各设备生产厂家的积极参与，实现更大范围的资源共享。

(6) 交叉化

交叉化是指设备的故障诊断技术与人体医学诊断技术的发展交叉化。从广义上看，机械设备的故障诊断与人体的医学诊断一样，他们之间应该具有相通之处。特别是液压系统，更是如此。因为液压系统的组成与人体的构成具有许多可比性：液压油如同人的血液，液压泵如同人的心脏，压力表如同人的眼睛，执行元件如同人的四肢，而控制系统和传感器就如同人的大脑和神经，不断根据执行元件的反馈信息发出各种控制指令。

同整个机械设备的故障诊断技术相比，人体的医学诊断发展至今，已经发展得相当完美。机械设备的故障诊断技术自 20 世纪 60 年代开始至今，其发展史只是人体医学发展历史长河中的一滴，借鉴人体的医学诊断技术，可以使我们在设备诊断技术上取得突破，少走许多弯路。远程故障诊断从医学领域成功向机械设备领域的扩展就是一个很好的例子。此外，油液分析就可以说是液压系统的抽血化验，所以笔者为了引起使用者对液压油清洁度的重视，在给学生授课以及给相关液压控制系统的用户进行培训和解决现场系统故障时，经常做出这样的比喻：“油液被污染的液压系统就相当于人患了白血病”。目前虽说油液分析已应用得比较广泛，但从人体的血检所能获得的信息来看，油液中所能获取的设备故障信息远远不止目前的这些，应该进行深入的研究。随着科学技术的进一步发展，这必然为人们所认识。

综上所述，液压设备往往是结构复杂而且是高精度的机、电、液一体化的综合系统，系统具有机液耦合、非线性、时变性等特点。引起液压故障的原因较多，加大了故障诊断的难度。但是液压系统故障有着自身的特点与规律，正确把握液压系统故障诊断技术的发展方向，深入研究液压系统的故障诊断技术不仅具有很强的实用性，而且具有很重要的理论意义。

液压油的选用与污染防治

液压油是液压传动与控制系统中用来传递能量的液体工作介质，除了传递能量外，它还起着润滑相对运动部件和保护金属不被锈蚀的作用。液压油对液压系统的作用就像血液对人体一样重要。所以，合理地选择、使用、维护、保管液压油是关系到液压设备工作可靠性、耐久性和工作性能好坏的重要问题，它也是减少液压设备出现故障的有力措施。据统计，液压系统故障的75%～85%是由液压油的污染造成的，所以为了正确地使用与维护液压系统，应当首先了解液压油的性质、液压油污染的原因以及防治措施。

2.1 液压油的物理性质

2.1.1 液压油的密度

单位体积液体的质量称为液体的密度。通常用ρ表示，其单位为kg/m^3。

$$\rho=\frac{m}{V} \tag{2-1}$$

式中　V——液体的体积，m^3；

　　m——液体的质量，kg。

密度是液体的一个重要物理参数，主要用密度表示液体的质量。常用液压油的密度约为$900kg/m^3$，在实际使用中可认为密度不受温度和压力的影响。

2.1.2 液压油的可压缩性

液体的体积随压力的变化而变化的性质称为液体的可压缩性。其大小用体积压缩系数k表示。

$$k=-\frac{1}{dp}\times\frac{dV}{V} \tag{2-2}$$

即单位压力变化时，所引起体积的相对变化率称为液体的体积压缩系数。由于压力增大时液体的体积减小，即dp与dV的符号始终相反，为保证k为正值，所以在上式的右边加一负号。k值越大液体的可压缩性越大，反之液体的可压缩性越小。

液体体积压缩系数的倒数称为液体的体积弹性模量，用K表示，即：

$$K=\frac{1}{k}=-\frac{V}{dV}dp \tag{2-3}$$

K表示液体产生单位体积相对变化量所需要的压力增量。可用其说明液体抵抗压缩能力的大小。在常温下，纯净液压油的体积弹性模量$K=(1.4\sim2.0)\times10^3MPa$，数值很大，故一般可以认为液压油是不可压缩的。若液压油中混入空气，其抵抗压缩能力会显著下降，并严重影响液压系统的工作性能。因此，在分析液压油的可压缩性时，必须综合考虑液压油本身的可压缩性、混在油中空气的可压缩性以及盛放液压油的封闭容器（包括管道）的容积变形等因素的影响，常用等效体积弹性模量表示，在工程计算中常取液压油的体积弹性模量 $K=0.7\times10^3\,\text{MPa}$。

在变动压力下，液压油的可压缩性的作用极像一个弹簧，外力增大，体积减小；外力减小，体积增大。当作用在封闭容器内液体上的外力发生 ΔF 变化时，如液体承压面积 A 不变，则液柱的长度必有 Δl 的变化（见图 2-1）。在这里，体积变化为 $\Delta V=A\Delta l$，压力变化为 $\Delta p=\Delta F/A$，此时液体的体积弹性模量为

$$K=-\frac{V\Delta F}{A^2\Delta l}$$

液压弹簧刚度 k_h 为

$$k_h=-\frac{\Delta F}{\Delta l}=\frac{A^2}{V}K \tag{2-4}$$

液压油的可压缩性对液压传动系统的动态性能影响较大，但当液压传动系统在静态（稳态）下工作时，一般可以不予考虑。

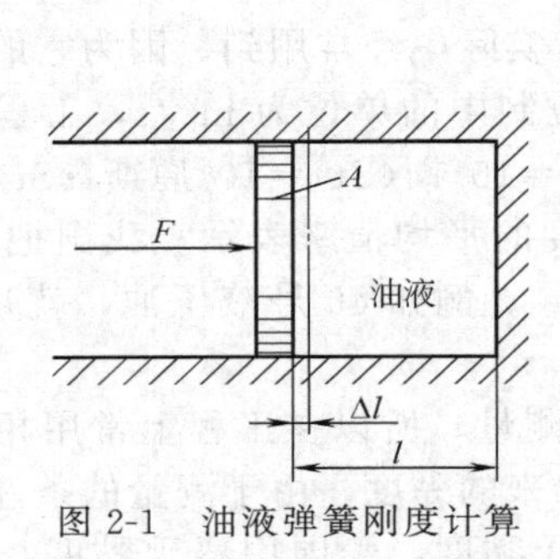

图 2-1　油液弹簧刚度计算

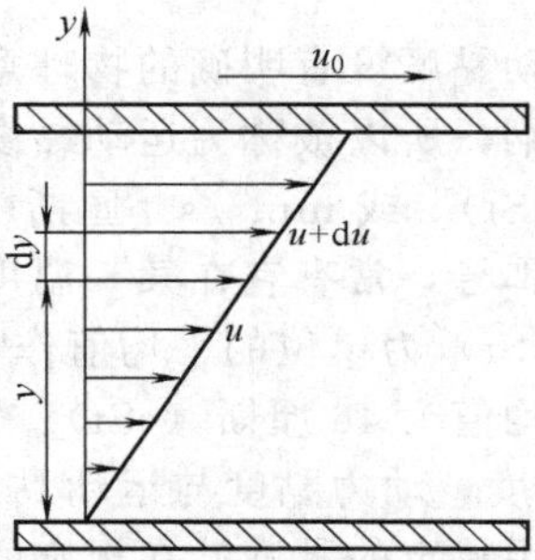

图 2-2　液体的黏性

2.1.3　液压油的黏性

（1）黏性的定义

液体在外力作用下流动（或具有流动趋势）时，分子间的内聚力要阻止分子间的相对运动而产生一种内摩擦力，这种现象称为液体的黏性。黏性是液体固有的属性，只有在流动时才能表现出来。

液体流动时，由于液体和固体壁面间的附着力以及液体本身的黏性会使液体各层间的速度大小不等。如图 2-2 所示，在两块平行平板间充满液体，其中一块板固定，另一块板以速度 u_0 运动。结果发现两平板间各层液体速度按线性规律变化。最下层液体的速度为零，最上层液体的速度为 u_0。实验表明，液体流动时相邻液层间的内摩擦力 F_f 与液层接触面积 A 成正比，与液层间的速度梯度 $\mathrm{d}u/\mathrm{d}y$ 成正比，并且与液体的性质有关，即

$$F_f=\mu A\frac{\mathrm{d}u}{\mathrm{d}y} \tag{2-5}$$

式中　μ——由液体性质决定的系数，Pa·s；

A——接触面积，m^2；

$\mathrm{d}u/\mathrm{d}y$——速度梯度，s^{-1}。

其应力形式为：

$$\tau=\mu\frac{\mathrm{d}u}{\mathrm{d}y} \tag{2-6}$$

τ 称为摩擦应力或切应力。

这就是著名的牛顿内摩擦定律。

(2) 黏度

液体黏性的大小用黏度表示。常用的表示方法有三种，即动力黏度、运动黏度和相对黏度。

① 动力黏度（或绝对黏度）μ　动力黏度就是牛顿内摩擦定律中的 μ，由式(2.5) 可得

$$\mu=\frac{F_{\mathrm{f}}}{A\dfrac{\mathrm{d}u}{\mathrm{d}y}} \tag{2-7}$$

式(2.7) 表示了动力黏度的物理意义，即液体在单位速度梯度下流动或有流动趋势时，相接触的液层间单位面积上产生的内摩擦力。在国际单位制中的单位为 Pa·s（N·s/m²），工程上用的单位是 P（泊）或 cP（厘泊）。1Pa·s＝10P＝10³cP。

② 运动黏度 ν　液体的动力黏度 μ 与其密度 ρ 的比值称为液体的运动黏度，即

$$\nu=\frac{\mu}{\rho} \tag{2-8}$$

液体的运动黏度没有明确的物理意义，但在工程实际中经常用到。因为它的单位只有长度和时间的量纲，所以被称为运动黏度。在国际单位制中的单位为 m²/s，工程上用的单位是 cm²/s［斯(St)］或 mm²/s［厘斯(cSt)］。1m²/s＝10⁴斯(St)＝10⁶厘斯(cSt)。

液压油的牌号，常有它在某一温度下的运动黏度的平均值来表示。我国把 40℃时运动黏度以厘斯（cSt）为单位的平均值作为液压油的牌号。例如 46 号液压油，就是在 40℃时，运动黏度的平均值为 46 厘斯（cSt）。

③ 相对黏度　动力黏度与运动黏度都很难直接测量，所以在工程上常用相对黏度。相对黏度就是采用特定的黏度计在规定的条件下测量出来的黏度。由于测量的条件不同，各国采用的相对黏度也不同，我国、俄罗斯、德国用恩氏黏度，美国用赛氏黏度，英国用雷氏黏度。

恩式黏度用恩式黏度计测定，即将 200mL、温度为 t℃的被测液体装入黏度计的容器内，由其下部直径为 2.8mm 的小孔流出，测出流尽所需的时间 t_1(s)，再测出 200mL、20℃蒸馏水在同一黏度计中流尽所需的时间 t_2(s)，这两个时间的比值称为被测液体的恩式黏度，即

$$^{\circ}\mathrm{E}=\frac{t_1}{t_2} \tag{2-9}$$

恩氏黏度与运动黏度的关系为

$$\nu=\left(7.31^{\circ}\mathrm{E}-\frac{6.31}{^{\circ}\mathrm{E}}\right)\times10^{-6}\quad(\mathrm{m^2/s}) \tag{2-10}$$

(3) 黏度与压力的关系

液体所受的压力增大时，其分子间的距离将减小，内摩擦力增大，黏度也随之增大。对于一般的液压系统，当压力在 20MPa 以下时，压力对黏度的影响不大，可以忽略不计。当压力较高或压力变化较大时，黏度的变化则不容忽视。石油型液压油的黏度与压力的关系可用下列公式表示

$$\nu_p=\nu_0(1+0.003p) \tag{2-11}$$

式中　ν_p——油液在压力 p 时的运动黏度；

　　ν_0——油液在（相对）压力为零时的运动黏度。

(4) 黏度与温度的关系

油液的黏度对温度的变化极为敏感，温度升高，油的黏度显著降低。油的黏度随温度变化的性质称为黏温特性。不同种类的液压油有不同的黏温特性，黏温特性较好的液压油，黏度随温度的变化较小，因而油温变化对液压系统性能的影响较小。液压油黏度与温度的关系可用下式表示

$$\mu_t = \mu_0 e^{-\lambda(t-t_0)} \tag{2-12}$$

式中　μ_t——温度为 t 时的动力黏度；

μ_0——温度为 t_0 的动力黏度；

λ——油液的黏温系数。

油液的黏温特性可用黏度指数Ⅵ来表示，Ⅵ值越大，表示油液黏度随温度的变化越小，即黏温特性越好。一般液压油要求Ⅵ值在 90 以上，精制的液压油及有添加剂的液压油，其值可大于 100。液压油液的黏度对温度的变化十分敏感，如图 2-3 所示，温度升高，黏度下降，这个变化率的大小直接影响液压油的使用，特别是一些需要保压的液压系统应特别注意这一特性。

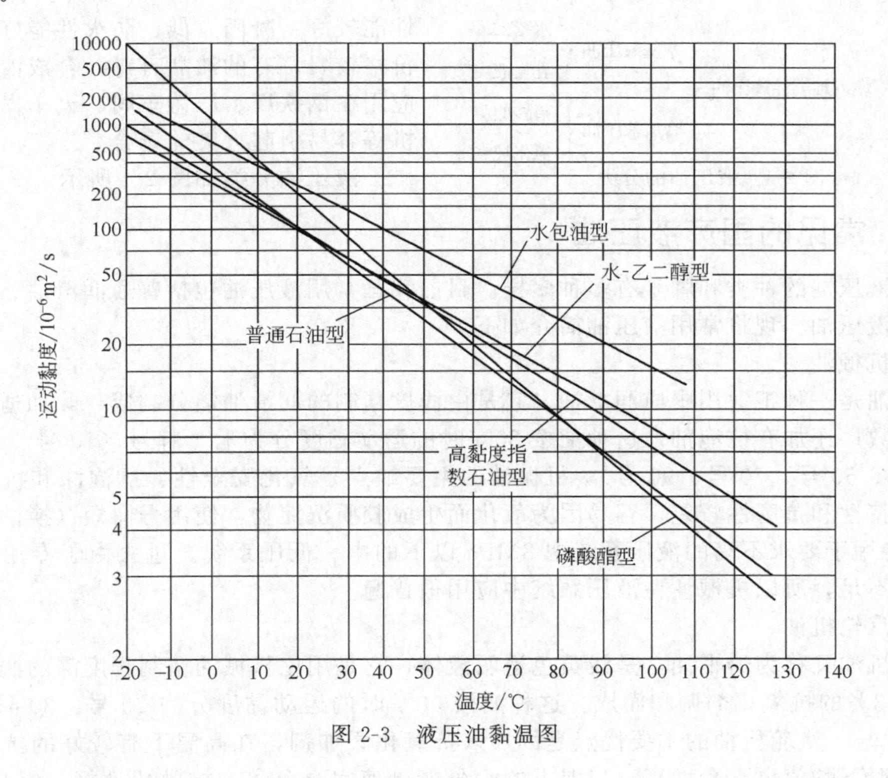

图 2-3　液压油黏温图

2.2　液压油的分类与选用

2.2.1　液压油的分类

液压油的分类方法很多，例如可以按照液压油的用途、制造方法分类，本书从抗燃特性进行分类。

目前，我国各种液压设备所采用的液压油，按抗燃特性可分为两大类：一类为矿物油系；另一类为不燃或难燃油系。矿物油系的主要成分是提炼后的石油加入各种添加剂精制而成。根据其性能和使用场合不同，矿物油系液压油有多种牌号，如 10 号航空液压油、11 号

柴油机油、20号机械油、30号汽轮机油、40号精密机械床液压油等。其优点是润滑性能好、腐蚀性小、化学安定性较好，故为大多数设备的液压系统所采用。

不燃或难燃液压油系可分为水基液压油与合成液压油两种。水基液压油的主要成分是水，加入防锈、润滑等添加剂。其优点是价格便宜，不怕火、不燃烧。缺点是润滑性能差，腐蚀性大，适用温度范围小，所以只是在液压机（水压机）、矿山机械中的液压支架等特殊场合下使用。合成液压油是由多种磷酸酯（三正丁磷酸酯、三甲酚酸酯等）和添加剂化学方法合成，目前国内已经研制成功4611、4612等多个品种。优点是润滑性能较好、凝固点低、防火性能好。缺点是价格较贵，有的油品有毒。合成液压油多数应用在钢铁厂、压铸车间、火车发电厂和飞机等容易引起火灾的场合。

液压油分类如图2-4所示。

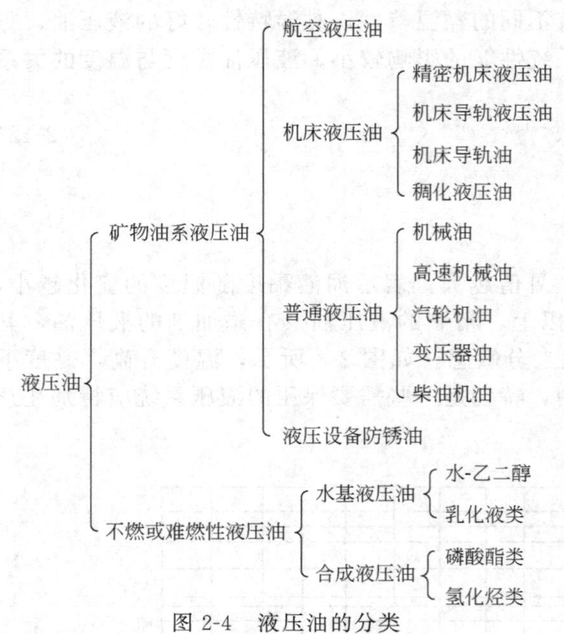

图2-4 液压油的分类

2.2.2 常见的国产液压油

国产液压油的种类和牌号有多种多样。目前我国常用液压油包括普通润滑油、专用液压油和抗燃液压油。现将常用液压油简介如下。

（1）机械油

机械油是一种工业用中质润滑油。它是由浅度精制的润滑油馏分制成，除加适量的降凝剂外，少数厂还加有抗泡剂。这种油按50℃时的运动黏度分为七个牌号（10号、20号、30号、40号、50号、70号、90号）。机械油的主要缺点是氧化安全性、抗泡沫和抗乳化能力以及黏温特性和抗磨性较差，容易因为氧化而生成胶质沉淀物，使用寿命短（换油期约为半年），只能用于要求不高的液压系统中8MPa以下的中、低压系统。过去由于专用液压油生产和推广不足，所以机械油在液压系统中应用很普遍。

（2）汽轮机油

汽轮机油又称为透平油，是浅黄色透明液体，它是用比机械油精制程度深的润滑油分馏后，加0.3%的抗氧化剂调和而成。这种油按50℃时的运动黏度分为20号、30号、40号、45号、55号。汽轮机油的主要优点是因加入抗氧化添加剂，在高温下有较好的抗空气氧化性，在高温下酸值也不会增高，与混入的水分能迅速完全分离，抗乳化性好，并且酸性低、灰分少、机械杂质少、使用寿命长（换油期约为1年）。汽轮机油适用于要求较高的液压传动系统（一般应用在8MPa以下较精密的中低液压系统）。价格比机械油高1/3～1/2，产量比较少（只是机械油的1/10），要酌情选用。

（3）变压器油

变压器油经过高度精制，机械杂质和水分的含量极少，酸性及灰分低，黏度和凝固点也较低（黏度在50℃下小于9.6mm²/s，凝固点低于－25℃），并具有很高的抗氧化性。变压油常用于低温、轻载、低压系统中，价格与汽轮机油相仿。

（4）柴油机油

柴油机油按100℃时的运动黏度分为8号、11号、14号、16号、20号等牌号。油中加有抗氧化、抗腐蚀和使发动机清洁的添加剂，润滑性能好，黏温特性优良，一般在工程机械、起重运输机械、拖拉机及林业机械的液压系统中应用。夏季常用 11 号，冬季用 8 号。

(5) 11 号汽缸油

11 号汽缸油是一种重工业润滑油，适用于低速、重负荷及周围环境温度很高的液压传动系统。

(6) 普通液压油（即精密机床液压油）

普通液压油采用汽轮机油馏分作基础油，并加入抗氧化、抗磨损、抗泡沫、防锈蚀等添加剂，其黏温特性好，是一种精制润滑油。这种油按 50℃时的运动黏度分为 20 号、30 号、40 号等牌号，适用于精密机床液压系统，换油期达 1 年以上。但是由于这种油凝点为 −10℃，所以不适用低温条件下工作，只适用于室内设备的液压系统（只适用于 0℃以上的工作环境)，过去这种油仅用于精密机床液压系统中，而在其他机床液压系统中，普遍采用各种牌号的机械油。从使用效果、油液寿命、经济效果看，采用普遍机械油是不合理的，因此今后在机床液压系统中，希望尽量采用精密机床液压油，以改变过去不合理状况。

(7) 液压-导轨油

这种油的基础油与精密机床液压油相同，除精密机床液压油所具有的全部添加剂外，还加入了防爬行性能的添加剂，所以具有较好的爬行性能。当液压系统中的工作油液要兼起机床导轨面的润滑作用时，宜选用这种油液。有静压导轨的机床必须选用这种油作为导轨部分的工作油。

(8) 低凝液压油

这种油用低凝点的机械油或汽轮机油，加入抗氧化、抗腐蚀、降凝点和增黏等添加剂调和而成。低凝液压油在低温条件下有较好的启动性能，在正常温度下又具有满意的工作性能，其黏度指数在 130 以上，而且抗剪切性能好，适用于环境温度为 −15℃以下的高压、低温液压系统或环境温度变化较大的户外液压设备（凝点为 −30℃)。广泛应用于建筑机械、工程机械、起重运输机械的液压系统中。

(9) 数控液压油

这是低黏度的变压器分馏后并加有抗磨损、抗氧化、增黏等添加剂调和而成。这种油的突出优点是黏度指标可达 175 以上，主要应用于数控机床及电液脉冲马达上。

(10) 抗磨液压油

抗磨液压油的基础油与液压油相同，仅针对摩擦金属材料的不同，加入一定数量的抗磨剂（如钢对钢加二烷基二硫代磷酸锌；对含有银或青铜材料的零件用只含力硫、磷的抗磨剂，称无灰型抗磨液压油)，此外还加有抗氧、抗磨、抗泡、抗锈等添加剂，总量在1.5%～3%时，抗磨效果比较好。适用于高、中压液压系统，特别适用于高压叶片泵。凝点为 −25℃，故适用于 −15℃以上的工作环境。

抗磨液压油现在已有两代产品。第一代是以二烷基二硫作为极压添加剂，称为有灰型或锌型；第二代是以硫磷或化合物作为极压添加剂，称为无灰型。有灰型价格低，已在高压系统中得到广泛应用。无灰型在各方面性能比有灰型好，但价格昂贵。随着添加剂的改善，无灰型终究要代替有灰型。

(11) 舵机液压油

舵机液压油适用于船舶舵机的液压系统，是一种专用液压油。

(12) 航空液压油

这是一种经过特殊加工的石油基润滑油。油中加有增加黏度指数和润滑性添加剂，凝固点低，黏度性能好、无腐蚀、不损伤密封物，具有良好的润滑性能。该油分 10 号、12 号、15 号、18 号和 4611、4602-1 等品种。前四种是经特殊加工的石油基精制矿物油；后两种属于多种磷酸酯（二正丁基一苯基磷酸65.8%，三正丁基磷酸酯占16.3%的合成油）。这些牌号油的共同特点是闪点高、凝点低、工作温度范围大。10号航空油（YH-10）可在-50～100℃环境温度下工作；12号可在-50～150℃环境温度下工作；这两种油呈鲜红色，俗称“红油”。10号航空油的密度为0.818g/cm^3，在-50℃时的运动黏度不大于1250mm^2/s，+100℃时为5.8mm^2/s。一般在飞机液压系统和液压伺服控制系统中应用，价格较贵。

合成油4611、4612两个品种呈蓝色，俗称“蓝油”，可在温度-60～100℃范围内使用。基本性能指标为：100℃时运动黏度不大于3～4mm^2/s；-50℃时不大于3500mm^2/s。合成油4602-1可以在-20～200℃温度范围内工作，并可在250℃下短期工作，是一种抗燃液压油。

2.2.3 对液压油的要求

不同的液压传动系统、不同的使用情况对液压油的要求有很大不同，为了更好地传递动力和运动，液压系统使用的液压油应具备如下性能。

① 合适的黏度，较好的黏温特性。

② 润滑性能好。

③ 质地纯净，杂质少。

④ 具有良好的相容性。

⑤ 具有良好的稳定性（热、水解、氧化、剪切）。

⑥ 具有良好的抗泡沫性、抗乳化性、防锈性，腐蚀性小。

⑦ 体积膨胀系数低，比热容高。

⑧ 流动点和凝固点低，闪点和燃点高。

⑨ 对人体无害，成本低。

2.2.4 液压油的选择和使用

（1）液压油的选择

正确合理地选择液压油，对保证液压系统正常工作、延长液压系统和液压元件的使用寿命、提高液压系统的工作可靠性等都有重要影响。

选择液压油时应考虑的因素见表2-1。

表2-1 选择液压油时考虑的因素

系统工作环境	抗燃性、废液处理、噪声、毒性、气味
系统工作条件	温度范围、压力范围
油液质量	理化指标、相容性、稳定性等
经济性	价格、寿命、使用维护

液压油液的选择，一般要经历下述四个基本步骤。

① 定出所用油液的某些特性（黏度、密度、蒸气压、空气溶解率、体积模量、抗燃性、温度界限、压力限、润滑性、相容性、毒性等）的容许范围。

② 查看说明书，找出符合或基本符合上述各项特性要求的油液。

③ 进行综合、权衡，调整各方面的要求和参数。

④ 征询油液制造厂的最终意见。

液压油的选用，首先应根据液压系统的工作环境和工作条件选择合适的液压油类型，然后再选择液压油的牌号。

对液压油牌号的选择，主要是对油液黏度等级的选择，这是因为黏度对液压系统的稳定性、可靠性、效率、温升以及磨损都有很大的影响。在选择黏度时应注意以下几方面情况。

① 液压系统的工作压力　工作压力较高的液压系统宜选用黏度较大的液压油，以便于密封，减少泄漏；反之，可选用黏度较小的液压油。

② 环境温度　环境温度较高时宜选用黏度较大的液压油，主要目的是减少泄漏，因为环境温度高会使液压油的黏度下降；反之，选用黏度较小的液压油。

③ 运动速度　当工作部件的运动速度较高时，为减少液流的摩擦损失，宜选用黏度较小的液压油；反之，为了减少泄漏，应选用黏度较大的液压油。

在液压系统中，液压泵对液压油的要求最严格，因为泵内零件的运动速度最高，承受的压力最大，且承压时间长、温升高。因此，常根据液压泵的类型及其要求来选择液压油的黏度。各类液压泵适用的黏度范围如表 2-2 所示。

表 2-2　各类液压泵适用黏度范围　$mm^2 \cdot s^{-1}$

液压泵类型		环境温度			
		5～40℃		40～80℃	
		40℃黏度	50℃黏度	40℃黏度	50℃黏度
齿轮泵		30～70	17～40	54～110	58～98
叶片泵	$p<7MPa$	30～50	17～29	43～77	25～44
	$p\geqslant7MPa$	54～70	31～40	65～95	35～55
柱塞泵	轴向式	43～77	25～44	70～172	40～98
	径向式	30～128	17～62	65～270	37～154

(2) 液压油的使用

根据一定的要求来选择或配制液压油液之后，不能认为液压系统工作介质的问题已全部解决了。事实上，使用不当还是会使油液的性质发生变化的。例如，通常认为油液在某一温度和压力下的黏度是一定值，与流动情况无关，实际上油液被过度剪切后，黏度会显著减小，因此在使用液压油液时，应注意如下几点。

① 对长期使用的液压油液，氧化、热稳定性是决定温度界限的因素，因此，应使液压油液长期处在低于它开始氧化的温度下工作（尽量是液压油工作温度控制在 60℃以下）。液压油液的应用温度范围见图 2-5。

② 在储存、搬运及加注过程中，应防止油液被污染。

③ 对油液定期抽样检验，并建立定期换油制度，一般情况下，一年至少更换 2 次液压油。

④ 调试用液压油，原则上不能直接作为系统的正常用油使用。

⑤ 油箱的储油量应充分，以利于系统散热。

⑥ 保持系统的密封，一旦有泄漏，就应立即排除。

一般来说，只要对使用石油型液压油的液压系统进行彻底清洗以及更换某些密封件和油箱涂料后，便可更换成高水基液压液。但是，由于高水基液压液存在黏度低、泄漏大、润滑性差、蒸发和汽蚀等一系列缺点，因此在实际使用高水基液的液压系统时，还必须注意下述几点。

① 由于黏度低、泄漏大，系统的最高压力不要超过 7MPa。

② 要防止汽蚀现象，可用高位油箱使泵吸油口处压力增大，泵的转速不要超过 1200r/min。

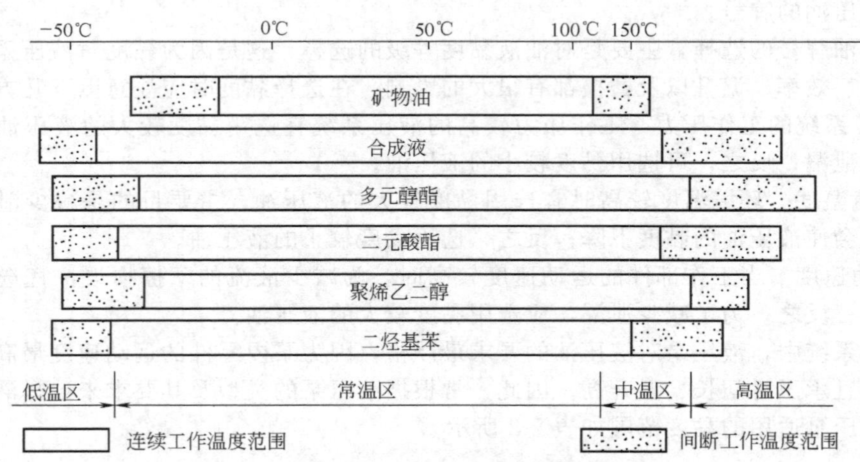

图 2-5 液压油液的应用温度范围

③ 系统浸渍不到油液的部位，金属的气相锈蚀较为严重，因此应使系统尽量充满油液。

④ 由于油液的 pH 值高，容易发生由金属电位差引起的腐蚀，因此应避免使用镁合金、锌、镉之类金属。

⑤ 定期检查油液的 pH 值、浓度、霉菌生长情况，并对其进行控制。

⑥ 滤网的通流能力必须 4 倍于泵的流量，而不是常规的 1.5 倍。

2.3 液压油的污染控制

实践证明，液压油液的污染是系统发生故障主要原因，它严重影响着液压系统的可靠性及元件的寿命。由于液压油液被污染，液压元件的实际使用寿命往往比设计寿命低得多。因此液压油液的正确使用、管理以及污染控制，是提高系统可靠性及延长元件使用寿命的重要手段。

2.3.1 污染物的种类及危害

液压系统中的污染物，是指包含在油液中的固体颗粒、水、空气、化学物质、微生物和污染能量等杂物。液压油液被污染后，将对系统及元件产生下述不良后果。

① 固体颗粒加速元件磨损，堵塞缝隙及滤油器，使泵、阀性能下降，产生噪声。

② 水的侵入加速油液的氧化，并和添加剂起作用产生黏性胶质，使滤芯堵塞。

③ 空气的混入降低油液的体积模量，引起汽蚀，降低油液的润滑性。

④ 溶剂、表面活性化合物化学物质使金属腐蚀。

⑤ 微生物的生成使油液变质，降低润滑性能，加速元件腐蚀。对高水基液压液的危害更大。

除此之外，不正当的热能、静电能、磁场能及放射能也常被认为是对油液的污染，它们有的使油温超过规定限度，导致油液变质，有的则招致火灾。

2.3.2 污染的原因

液压油液遭受污染的原因是很复杂的，污染物的来源如表 2-3 所示。表中的液压装置组装时残留下来的污染物主要是指切屑、毛刺、型砂、磨粒、焊渣、铁锈等；从周围环境混入的污染物主要是指空气、尘埃、水滴等；在工作过程中产生的污染物主要指金属微粒、锈斑、涂料剥离片、密封材料剥离片、水分、气泡以及液压油液变质后的胶状生成物等。

表 2-3 液压油液中的污染物来源

外界侵入的污染物			工作过程中产生的污染物	
液压油液运输过程中带来的污染物	液压装置组装时残留下来的污染物	从周围环境混入的污染物	液压装置中相对运动件磨损时产生的污染物	液压油液物理化学性能变化时产生的污染物

2.3.3 污染的测定

下面仅讨论油液中固体颗粒污染物的测定问题。油液的污染度是指单位容积油液中固体颗粒污染物的含量。含量可用质量或颗粒数表示，因而相应的污染度测定方法有称重法和颗粒计数法两种。

（1）称重法

把 100mL 的油液样品进行真空过滤并烘干后，在精密天平上称出颗粒的重量，然后依标准定出污染等级。这种方法只能表示油液中颗粒污染物的总量，不能反映颗粒尺寸的大小及其分布情况。这种方法设备简单，操作方便，重复精度高，适用于液压油液日常性的管理场合。

（2）颗粒计数法

颗粒计数法是测定液压油液样品单位容积中不同尺寸范围内颗粒污染物的颗粒数，借以查明其区间颗粒浓度（指单位容积油液中含有某给定尺寸范围的颗粒数）或累计颗粒浓度（指单位容积油液中含有大于某给定尺寸的颗粒数）。目前，用得较普遍的有显微镜法和自动颗粒计数法。

显微镜法也是将 100mL 油液样品进行真空过滤，并把得到的颗粒进行溶剂处理后，放在显微镜下，找出其尺寸大小及数量，然后依标准确定油液的污染度。这种方法的优点是能够直接看到颗粒的种类、大小及数量，从而可推测污染的原因，缺点是时间长，劳动强度大，精度低，且要求熟练的操作技术。

自动颗粒计数法是利用光源照射油液样品时，油液中颗粒在光电传感器上投影所发出的脉冲信号来测定油液污染度的。由于信号的强弱和多少分别与颗粒的大小和数量有关，将测得的信号与标准颗粒产生的信号相比较，就可以算出油液样品中颗粒的大小与数量。这种方法能自动计数，测定简便、迅速、精确，可以及时从高压管道中抽样测定，因此得到了广泛的应用，但是此法不能直接观察到污染颗粒本身。

2.3.4 污染度的等级

为了描述和评定液压油液污染的程度，以便对它进行控制，有必要规定出液压油液的污染度等级。下面介绍目前仍被采用的美国 NAS1638 油液污染度等级和我国制定的污染度等级国家标准。

美国 NAS1638 污染度等级如表 2-4 所示。以颗粒浓度为基础，按 100mL 液压油液中在给定的 5 个颗粒尺寸区间内的最大允许颗粒数划分为 14 个等级，最清洁的为 00 级，污染最高的为 12 级。

表 2-4 NAS1638 污染度等级（100mL 液压油液中颗粒数）

尺寸范围 /μm	污染等级													
	00	0	1	2	3	4	5	6	7	8	9	10	11	12
	每 100mL 液压油液中所含颗粒的数目													
5～15	125	250	500	1000	2000	4000	8000	16000	32000	64000	128000	256000	512000	1024000
15～25	22	44	89	178	356	712	1425	2850	5700	11400	22800	45600	91200	182400
25～50	4	8	16	32	63	126	253	506	1012	2025	4050	8100	16200	32400
50～100	1	2	3	6	11	22	45	90	180	360	720	1440	2880	5760
＞100	0	0	1	1	2	4	8	16	32	64	128	256	512	1024

我国制定的液压油液颗粒污染度等级标准采用ISO 4406。这个污染度等级标准用两个代号表示油液的污染度。前面的代号表示1mL油液中大于5μm颗粒数的等级，后面的代号表示1mL油液中大于15μm颗粒数的等级，两个代号间用一斜线分隔。代号的含义如表2-5所示。例如，等级代号为20/17的液压油液，表示它在1mL内大于5μm的颗粒数在5000～10000之间，大于15μm的颗粒数在640～1300之间。这种双代号标志法说明实质性的工程问题是很科学的，因为5μm左右的颗粒对堵塞元件缝隙的危害最大，而大于15μm的颗粒对元件的磨损作用最为显著，用它们来反映油液的污染度最为恰当，因而这种标准得到了普遍的采用。

表2-5 污染度等级国家标准（ISO 4406）

1mL油液中的颗粒数	等级代号	1mL油液中的颗粒数	等级代号
＞5000000	30	＞80～160	14
＞2500000～5000000	29	＞40～80	13
＞1300000～2500000	28	＞20～40	12
＞640000～1300000	27	＞10～20	11
＞320000～640000	26	＞5～10	10
＞160000～320000	25	＞2.5～5	9
＞80000～160000	24	＞1.3～2.5	8
＞40000～80000	23	＞0.64～1.3	7
＞20000～40000	22	＞0.32～0.64	6
＞10000～20000	21	＞0.16～0.32	5
＞5000～10000	20	＞0.08～0.16	4
＞2500～5000	19	＞0.04～0.08	3
＞1300～2500	18	＞0.02～0.04	2
＞640～1300	17	＞0.01～0.02	1
＞320～640	16	≤0.01	0
＞160～320	15		

表2-6是典型液压系统的清洁度等级。

表2-6 典型液压系统的清洁度等级

	级别①	4	5	6	7	8	9	10	11	12	13	14
	清洁度等级②	12/9	13/10	14/11	15/12	16/13	17/14	18/15	19/16	20/17	21/18	22/19
系统类型	污染极敏感的系统	—	—	—	—	—						
	伺服系统		—	—	—	—	—					
	高压系统			—	—	—	—	—				
	中压系统					—	—	—	—	—		
	低压系统						—	—	—	—	—	
	低敏感系统							—	—	—	—	—
	数控机床液压系统		—	—	—	—	—					
	机床液压系统					—	—	—	—	—		
	一般机器液压系统						—	—	—	—	—	
	行走机械液压系统				—	—	—	—	—			
	重型设备液压系统					—	—	—	—	—		
	重型和行走设备传动系统						—	—	—	—	—	
	冶金轧钢设备液压系统				—	—	—	—	—			

①这里的级别指NAS 1638。

②相当于ISO 4406。

2.3.5 液压油液品质的判断

在液压系统中使用的液压油，经长期使用或在不良环境的影响下，液压油品质会逐渐发生改变。如果刚刚开始变化的液压油不进行适当处理，液压油品质会急剧变化，从而引起液压系统的故障，所以对液压油必须进行定期的检验与适当处理。

(1) 目视判断液压油液品质的方法

目视判断液压油品质的方法，简单易行。其方法是：抽取在运转后经24h放置，离油箱底部5cm处的液压油（建议在设计油箱时，在此处留一工艺孔，以便取样）样品，装入试管与新液压油作对比，现将目视判断方法列在表2-7中。

(2) 液压油液物理性质试验

液压油可根据其物理性质进行试验。如果其物理性质发生改变，说明液压油品质已经开始变化，应及时处理。表2-8列出了液压油物理性质变化的原因。

表2-7 目视判断液压油品质的方法

外观	气味	状态	对策
透明且无颜色变化	良	良	继续使用
透明而色淡	良	混入异种液压油	黏度良好时可使用
变成乳白色	良	混入水分	分离水分
变成黑褐色	恶臭	氧化	更换液压油
透明但有小黑点	良	混入异物	过滤后使用

表2-8 液压油物理性质变化的原因

项目	液压油污染引起的变化	原因
密度	增加	液压油变化,异种油混入
闪点	降低	液压油变化,异种油混入
黏度	增加,降低	液压油变化而增加,因冲洗而降低
pH值	增加	油温上升,金属(粉状)进入
抗乳化性	蒸气乳化度升高	液压油变化
抗泡沫性	起泡增加,消泡不良	添加剂消耗,液压油变化

2.3.6 液压油液的污染控制

液压油液污染的原因很复杂，液压油液自身又在不断产生脏物，因此要彻底解决液压油液的污染问题是困难的。为了延长液压元件的寿命，保证液压系统可靠工作，将液压油液的污染度控制在某一限度以内是较为切实可行的办法。

为了减少液压油液的污染，常采取以下措施。

① 对元件和系统进行清洗，清除在加工和组装过程中残留的污染物。液压元件在加工的每道工序后都应净化，装配后经严格清洗。

系统在组装前，油箱和管道必须清洗。用机械方法除去残渣和表面氧化物，然后进行酸洗磷化处理。系统在组装后进行全面清洗，最好用系统工作时使用的油液清洗，不可用煤油。清洗时除油箱的通气孔（加防尘罩）外必须全部密封。清洗时应尽可能加大流量，有可能时采用热油冲洗。机械油在80℃时的黏度为其25℃时的1/8，因此80℃的热机械油能冲掉许多25℃的机械油冲不掉的污物。系统在冲洗时应装设高效滤油器，同时使元件动作，并用铜锤敲打焊口和连接部位。

② 防止污染物从外界侵入。液压油液在工作过程中会受到环境污染，因此可在油箱呼吸孔上装设高效的空气滤清器或采用密封油箱，防止尘土、磨料和冷却物侵入。液压油液在运输和保管过程中会受到污染，买来的油液必须静置数天，然后通过滤油器注入系统。另外，对活塞杆端应装防尘密封，经常检查并定期更换。

③ 采用合适的过滤器。这是控制液压油液污染度的重要手段，应根据系统的不同情况选用不同过滤精度、不同结构的过滤器，并定期检查和清洗。

④ 控制液压油液的温度。液压油液工作温度过高对液压装置不利，液压油液本身也会加速氧化变质，产生各种生成物，缩短它的使用期限。一般液压系统的工作温度最好控制在60℃以下，机床液压系统还应更低些。

⑤ 定期检查和更换液压油液。每隔一定时间，对系统中的油液进行抽样检查，分析其污染度是否还在该系统容许的使用范围之内。如已不合要求，必须立即更换。不应在油液脏到使系统工作出现故障时才更换。在更换新油液前，整个系统必须先清洗一次。

2.4 液压油的使用与维护

2.4.1 液压油的存放

液压油存放在清洁的、通风良好的室内，此储存室应满足一切适用的安全标准。然而，没打开的油桶不得已存放在室外时，应遵守以下规定。

① 油桶宜以侧面存放且借助木质垫板或滑行架保持底面洁清，以防下部锈蚀，绝不允许直接放在易腐蚀金属的表面上。

② 油桶绝不可在上边切一大孔或完全去掉一端。因为即便孔被盖上，污染的概率也大为增加。同理，把一个敞口容器沉入油液中汲油也是一种错误的做法，因为这样有可能使空气中的污物侵入，而且汲取容器本身的外侧就可能是脏的。

③ 油桶要以其侧面放置在适当高度的木质托架上，用开关控制向外释放油液。开关下要备有集液槽。另一办法是，桶可以直立，借助于手动或电动泵汲取油液。

④ 如果由于某种原因，油桶不得不以端部存放时，则应高出地面且应倒置（即桶盖作底）。如不这样，则应把桶覆盖上，以使雨水不能聚积在四周和浸泡桶盖。水污染无论对哪类油液都是不良的。而水汽可能穿过看上去似乎完全正常的桶盖进入桶里这一事实，却尚未被人们所了解。放置在露天的油桶会受到昼热和夜冷的影响，这就导致膨胀和收缩。这种情形，是由于桶内液面上部空间的空气，白天受热而压力稍高于大气压，夜晚变冷又稍有真空的作用之结果。这种压力变化可以达到足以产生“呼吸”作用的程度，从而空气白天被压出油桶，夜晚又吸入油桶。因此，如果通过包围着水的桶盖产生“呼吸”作用，则一些水可能被吸入桶内，经过一段时间后，桶内就可能积存相当大量的水。

⑤ 用来分配液压流体的容器、漏斗及管子等必须保持清洁，并应专用。这些容器要定期清洗，并用不起毛的棉纤维拭干。

⑥ 当油液存放在大容器中时，很可能产生冷凝水和精细的灰尘结合到一起且在箱底形成一层淤泥的情形。所以，可行的办法是，储油箱底应是碟形的或倾斜的，并且底上要设有排污塞。排污塞应定期打开以排除沉渣。在有条件的单位，最好应制定一个对大容量储油箱日常净化的保养制度。

⑦ 要对所有储油器进行常规检查和漏损检验。

2.4.2　液压油使用过程中存在的问题

经过几十年来的发展，我国液压技术的进步较快，有的液压设备，特别是大批引进设备的液压部分，已达到国外同等设备的先进水平。但是，我国的液压系统用油还基本处于 20 世纪 50～60 年代的水平，除了少数液压系统采用了国产新研制的液压油和进口液压油外，多数液压系统（不论新设备还是老设备，国产设备还是进口设备，精密机械还是一般机械，高压设备还是低压设备）仍采用机械油作为压力传递介质，使液压系统泡沫多，生成胶质堵塞过滤器和管路，造成液压元件磨损严重等问题。

我国液压系统用油水平低的原因归纳起来大致有以下几点。

① 有些从事液压系统设计、使用和维修的部门及人员，缺乏液压油方面的知识，往往不知道不同性能参数的液压系统应使用不同性能的液压油，误认为机械油是“万用油”，任何情况下都可以使用。在选用液压系统用油时，只考虑黏度大小和价钱是否“便宜”，对于抗氧、防锈和抗磨等性能对液压元件的影响不予考虑。更甚的是有些液压元件的研究、生产单位，在进行液压元件性能试验时，不论是压力高低、规格大小，都用同种油品进行性能试验，连黏度的大小对液压元件、效率性能的影响都不考虑，结果不能真实地反映出液压元件的性能参数对元件质量的影响。

② 有些从事液压设计和使用、维护的人员，虽知不同液压油的作用及对液压系统的影响，但不了解国内液压油新品种，或因国产液压油的品种还不齐全，没有相应的液压油供应，故不得不使用机械油。

③ 投入市场使用的液压油，质量还不稳定，有的产品性能较差，以至于和机械油相比没有多大区别，不能满足使用者的要求。

④ 设备漏油严重，液压系统用油需不断加新油补充，这就难以比较机械油和液压油的优劣，再加上液压油的售价比机械油高，用机械油反而比用液压油经济。

2.4.3　液压油的使用与维护

通过了解污染产生的原因可见，要想从根本上消除污染，在实际工作中根本办不到，因为根据油液污染的原因分析，没有一个绝对纯净的液压系统，只要运动就必须会产生热量，密封再严密，水、污物和空气也会通过各种渠道混入系统申去。所以只能力求减少污染产生，并且当它们产生后设法从系统中把它们清除出去，使液压系统保持相对的纯净。根据这一原则，在液压系统使用和维护时就要注意以下几个问题。

① 可针对液压油的污染原因，采取措施来防止油液被污染。在使用前应注意保持油液清洁。油液进厂后，如果暂时不用，应该密封存放在室内通风良好的地方或放在阴凉干燥处，不得放在露天暴晒、雨淋。向油箱内加注液压油时必须按照系统的要求进行过滤。注油时应保持罐口、桶口、漏斗等器皿的清洁。安装后运转前一定要进行冲洗，以清除元件和系统内部的原有污垢。

② 控制油温。油箱内温度一般不超过 60℃，最高温度不应超过液压设备所允许的临界值。

③ 防水和放水。油箱底部必须设排水阀，油箱、管路和各冷却器管等应密封，不得漏水。

④ 为了防止空气进入系统应采取如下措施。

a. 将所有回油管都接入油箱液面以下，并将回油管口切成斜断面以减少液流形成旋涡或产生搅动作用。

b. 泵吸入口应远离回油管，以保证从系统回油到泵重新吸入的时间间隔内，油液中的多余空气能及时逸出。

c. 合理使用排气阀。

d. 保证系统完全密封（特别是液压泵吸油管路），以防止吸入空气。

e. 为防止外界各种杂质混入系统，外漏的油液不允许直接流回油箱；油箱透气口必须设空气滤清器；更换液压油时要彻底清洗系统；加入的新油必须过滤。

f. 尽量避免采用能在油中起催化作用的锌、铅、铜等材料，油箱内表面采用酸洗磷化处理，密封材料的耐油性能要好。

g. 应根据使用条件定期检查液压油的质量。

h. 应定期检查液面高度，如低于油位计下限时，必须补充加油至规定的液面高度，添加的液压油必须是同一牌号，否则将会引起油质劣化。

第 3 章 液压元件使用与维修

3.1 液压泵使用与维修

3.1.1 液压泵使用与维护概述

(1) 液压泵的作用

在液压传动系统中，能源装置是为整个液压系统提供能量的，就如同人的心脏为人体各部分输送血液一样，在整个液压系统中起着极其重要的作用。液压泵就是一种能量转换装置，它将驱动电动机的机械能转换为油液的压力能，以满足执行机构驱动外负载的需要。

目前液压系统中使用的液压泵，其工作原理几乎都是一样的，就是靠液压密封的工作腔的容积变化来实现吸油和压油的，因此又称为容积式液压泵。

(2) 液压泵的分类

① 按液压泵单位时间内输出油液的体积能否变化分

a. 定量泵——单位时间内输出的油液体积不能变化。

b. 变量泵——单位时间内输出油液的体积能够变化。

② 按泵的结构来分

a. 齿轮泵——又可分为内啮合齿轮泵和外啮合齿轮泵。

b. 叶片泵——又可分为单作用式叶片泵和双作用式叶片泵。

c. 柱塞泵——又可分为径向柱塞泵和轴向柱塞泵。

(3) 液压泵使用的注意事项

虽然液压泵的结构大不相同，但是在安装与使用方面存在许多共同点。

① 液压泵连接注意事项

a. 液压泵可以用支座或法兰安装，泵和原动机应采用共同的基础支座，法兰和基础都应有足够的刚性。特别注意对于流量大于（或等于）160L/min 的柱塞泵，不宜安装在油箱上。

b. 液压泵和原动机输出轴间应采用弹性联轴器连接，严禁在液压泵轴上安装带轮或齿轮驱动液压泵，若一定要带轮或齿轮与泵连接，则应加一对支座来安装带轮或齿轮，该支座与泵轴的同轴度误差不大于 $\phi 0.05$mm。

c. 吸油管要尽量短、直、大、厚，吸油管路一般需设置公称流量不小于泵流量 2 倍的粗过滤器（过滤精度一般为 80～180μm）。液压泵的泄油管应直接接油箱，回油背压应不大于 0.05MPa。油泵的吸油管、回油管口均需在油箱最低油面 200mm 以下。特别注意在柱塞泵吸油管道上不允许安装滤油器，吸油管道上的截止阀通径应比吸油管道通径大一挡，吸油管道长 $L<2500$mm，管道弯头不多于 2 个。

d. 液压泵进、出油口应安装牢固，密封装置要可靠，否则会产生吸入空气或漏油现象，影响液压泵的性能。

e. 液压泵自吸高度不超过 500mm（或进口真空度不超过 0.03MPa），若采用补油泵供油，供油压力不得超过 0.5MPa。当供油压力超过 0.5MPa 时，要改用耐压密封圈。对于柱塞泵，尽量采用倒灌自吸方式。

f. 液压泵装机前应检查安装孔的深度是否大于泵的轴伸长度，防止产生顶轴现象，否则将烧毁泵。

② 液压泵使用注意事项

a. 液压泵启动时应先点动数次，确定油流方向和声音都正常后，在低压下运转 5～10min，然后投入正常运行。柱塞泵启动前，必须通过壳上的泄油口向泵内灌满清洁的工作油。

b. 油的黏度受温度影响而变化，油温升高黏度随之降低，故油温要求保持在 60℃以下，为使液压泵在不同的工作温度下能够稳定工作，所选的油液应具有黏度受温度变化影响较小的特性以及较好的化学稳定性、抗泡沫性能等。推荐使用 L-HM32 或 L-HM46（GB 11118.1—94）抗磨液压油。

c. 油液必须洁净，不得混有机械杂质和腐蚀物质，吸油管路上无过滤装置的液压系统，必须经滤油车（过滤精度小于 25μm）加油至油箱。

d. 液压泵的最高压力和最高转速，是指在使用中短暂时间内允许的峰值，应避免长期使用，否则将影响液压泵的寿命。

e. 液压泵的正常工作油温为 15～65℃，泵壳上的最高温度一般比油箱内泵入口处的油温高 10～20℃，当油箱内油温达 65℃时，泵壳上最高温度不超过 75～85℃。

3.1.2 柱塞泵常见故障及排除

(1) 柱塞泵典型结构

柱塞泵具有工作压力高、流量调节方便、体积小、效率高、寿命长、结构紧凑、维护使用方便等优点，广泛应用于航空、船舶、冶金、矿山、压铸、锻造、机床等各类机械中的液压系统中。柱塞泵分为轴向和径向两大类，而轴向柱塞泵又分为斜轴式和斜盘式。斜盘式 SCY14-1B 型手动变量轴向柱塞泵结构见图 3-1。图中的中部和右半部为主体部分（零件1～14）。中间泵体 1 和前泵体 8 组成泵体，传动轴 9 通过花键带动泵体 5 旋转，使轴向均匀分布在泵体上的 7 个柱塞 4 绕传动轴的轴线旋转。每个柱塞的头部都装有滑靴 3，滑靴与柱塞是球铰连接，可以任意转动。定心弹簧 10 的作用力通过内套 11、钢球 13 和回程盘 14 将滑靴压靠在斜盘 20 的斜面上。

(2) 柱塞泵常见故障分析及排除

① 柱塞泵无流量输出或输出流量不足

a. 柱塞泵输出流量不足。可能的原因是：泵的转向不对、进油管漏气、油位过低、液压油黏度过大等。

b. 泵泄漏量过大。主要原因是密封不良，液压油黏度过低也会造成泄漏增加。

c. 柱塞泵斜盘实际倾角太小，使得泵的排量减小，需要重新调整斜盘倾角。

d. 压盘损坏。柱塞泵压盘损坏，造成泵无法吸油。更换压盘，过滤系统。

② 斜盘零角度时仍有液体排出　从理论上讲，斜盘零角度时液体排油量应为零。但是在实际使用时往往会出现零角度时仍有液体输出的现象。其原因在于斜盘耳轴磨损、控制器的位置偏离、松动或损坏等。这需要通过更换斜盘或研磨耳轴，重新调零、紧固或更换元件及调整控制油压力等来解决。

③ 输出流量波动

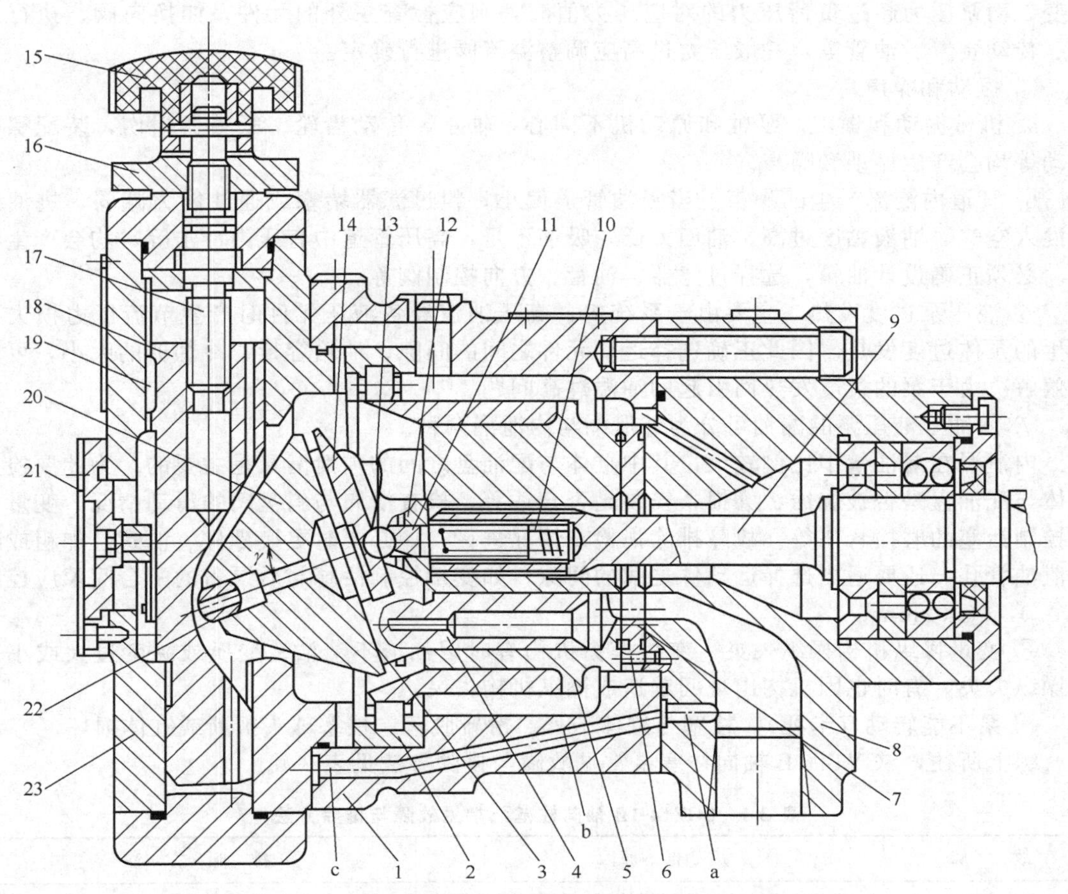

图 3-1 SCY14-1B型手动变量轴向柱塞泵结构简图

1—中间泵体；2—圆柱滚子轴承；3—滑靴；4—柱塞；5—泵体；6,7—配流盘；8—前泵体；9—传动轴；10—定心弹簧；11—内套；12—外套；13—钢球；14—回程盘；15—手轮；16—螺母；17—螺杆；18—变量活塞；19—键；20—斜盘；21—刻度盘；22—销轴；23—变量壳体

a. 若流量波动与旋转速度同步，为有规则变化，则可认为是与排油行程有关的零件发生了损伤，如缸体与配油盘、滑履与斜盘、柱塞与柱塞孔等。

b. 若流量波动很大，对于变量泵主要原因是变量机构的控制作用不佳。如异物混入变量机构、控制活塞上划出伤痕等，引起控制活塞运动的不稳定。其他原因还有：如弹簧控制系统可能伴随负载的变化产生自激振荡，控制活塞阻尼器效果差引起控制活塞运动的不稳定等。

流量的不稳定又往往伴随着压力的波动。出现这类故障，一般都需要拆开液压泵，更换受损零件，加大阻尼，改进弹簧刚度，提高控制压力等。

④ 输出压力异常

a. 输出压力不上升。原因有：溢流阀有故障或调整压力过低，使系统压力上不去，应该维修或更换溢流阀，或重新检查调整压力；单向阀、换向阀及液压执行元件（液压缸、液压马达）有较大泄漏，系统压力上不去，这需要找出泄漏处，更换元件；液压泵本身自吸进油管道漏气或因油中杂质划伤零件造成内漏过甚等，可紧固或更换元件，以提高压力。

b. 输出压力过高。系统外负荷上升，泵压力随负荷上升而增加，这是正常的。若负荷不变，而泵压力超过负荷压力的对应压力值时，则应检查泵外的元件，如换向阀、执行元件、传动装置、油管等，一般压力过高应调整溢流阀进行确定。

⑤ 振动和噪声

a. 机械振动和噪声。泵轴和原动机不同心，轴承、传动齿轮、联轴器损伤，装配螺栓松动等均会产生振动和噪声。

b. 管道内液流产生的噪声。当吸油管道偏小，粗过滤器堵塞或通油能力减弱，进油道中混入空气，油液黏度过高，油面太低，吸油不足，高压管道中有压力冲击等，均会产生噪声。必须正确设计油箱，选择过滤器、油管、方向控制阀等。

⑥ 液压泵过度发热　主要由于系统内，高压油流经各液压元件时产生节流压力损失而产生的泵体过度发热。因此正确选择运动元件之间的间隙、油箱容量、冷却器的大小，可以有效解决由于泵的过度发热而引起的油温过高问题。

⑦ 漏油　液压泵的漏油可分为外泄漏与内泄漏两种。

内泄漏在漏油量中比例较大，其中缸体与配油盘之间的内泄漏又是主要的。为此要检查缸体与配油盘是否被烧蚀、磨损，安装是否合适等，检查滑履与斜盘间的滑动情况，变量机构控制活塞的磨损状态等。故障排除视检查情况进行，如必要时更换零件、油封、加粗或疏通泄油管孔，还要适当选择运动件之间的间隙，如变量控制活塞与后泵盖的配合间隙应控制在0.01～0.02mm。

⑧ 变量操纵机构操纵失灵　变量操纵机构有时因油液不清洁、变质或黏度过大或小造成操纵失灵，有时也因机构出现问题造成操纵机构失灵。

⑨ 泵不能转动（卡死）　柱塞与缸体卡死、滑靴脱落、柱塞球头折断或缸体损坏。

综上所述，SCY14-1B轴向柱塞泵常见故障与排除方法见表3-1。

表3-1　SCY14-1B轴向柱塞泵常见故障与排除方法

故　障	引起的原因	排　除　方　法
1. 流量不够	油脏造成进油口滤清器堵死，或阀门吸油阻力较大	去掉滤清器，提高油液清洁度；增大阀门尺寸，减少吸油阻力
	吸油管漏气，油面太低	排除漏气，增高油面
	中心弹簧断裂，缸体和配油盘无初始密封力	更换中心弹簧
	变量泵倾角处于小偏角	增大偏角
	配油盘与泵体配油面贴合不平或严重磨损	消除贴合不平的原因，重新安装配油盘；更换配油盘
	油温过高	降低油温
2. 压力波动压力表指示值不稳	液压系统中压力阀本身不能正常工作	更换压力阀
	系统中有空气	排除空气
	吸油腔真空度太大	降低真空度值使其小于0.016MPa
	因油脏等原因使配油面严重磨损	修复或更换零件并消除磨损原因
	压力表座处于振动状态	消除表座振动原因
3. 无压力或大量泄漏	滑靴脱落	更换柱塞滑靴
	配油面严重磨损	更换或修复零件并消除磨损原因
	调压阀未调整好或建立不起压力	重新调整或更换调压阀
	中心弹簧断裂，无初始密封力	更换中心弹簧
	泵和电动机安装不同轴，造成泄漏严重	调整泵轴与电动机轴的同轴度

续表

故　障	引起的原因	排除方法
4. 噪声过大	吸油阻力太大,自吸真空度太大、接头处不密封,吸入空气	密封原因,排除系统中的空气
	泵和电动机安装不同轴,主轴受径向力	调整泵和电动机的同轴度
	油液的黏度太大	降低黏度
	油液大量泡沫	视不同情况消除进气原因
5. 油温提升过快	油箱容积太小	增加容积,或加置冷却装置
	液压泵内部漏损太大	检修液压泵
	液压系统泄漏太大	修复或更换有关元件
	周围环境温度过高	改善环境条件或加冷却环节
6. 伺服变量机构失灵不变量	伺服活塞卡死	消除卡死原因
	变量活塞卡死	消除卡死原因
	变量头转动不灵活	消除转动不灵原因
	单向阀弹簧断裂	更换弹簧
7. 泵不能转动(卡死)	柱塞与缸体卡死(油脏或油温变化引起的)	更换新油、控制油温
	滑靴脱落(柱塞卡死、负载过大)	更换或重新装配滑靴
	或柱塞球头折断(柱塞卡死、负载过大)	更换零件
	缸体损坏	更换缸体

(3) 柱塞泵的维修

柱塞泵的维修比较麻烦，其多数易损零件均有较高的技术要求和加工难度，往往需要专用设备和专用工夹具才能修理，当然由于柱塞泵价格较高，如能修复当然更好。在修理过程中如能买到易损件对于维修会更加有利。但如果现场急用又无配件，则可由有经验的技术人员拆开检查以下部分（拆检时仅需将泵的后盖螺钉拆下，即可取出有关零件）。

① 配油盘的表面是否磨损，如发现磨损，可将配油盘放在零级精度的平板上用氧化铝研磨，然后在煤油中洗净，再抛光至 $Ra0.1\mu m$，该零件表面的平面度误差不大于0.005mm。

② 缸体的配油面是否研坏，如发现磨损痕迹较重，可将该平面放在平磨上磨平，然后抛光至 $Ra0.1\mu m$，表面的平面度误差不大于0.005mm。注意：为了防止金刚砂嵌入铜缸体表面，不准用研磨剂研磨该平面！

③ 检查变量头或止推板表面是否磨损，其修理方法同配油盘。

④ 检查滑靴端面是否磨损，如磨损严重，必须由制造厂重新更换，如磨损轻微，只要抛光一下即可（其方法同抛光缸体端面一样）。

⑤ 如果滑靴与柱塞的铆合球面脱落，或松动严重，则应和制造厂联系修理或更换。

⑥ 检修各零件后重新安装泵时要注意以下几点。

• 要将所有零件用清洁的煤油洗干净，不许有脏物、铁屑、棉纱、研磨剂等带入泵内。

• 泵上所有各运动部分零件均是按一定公差配合制造的，装配时不允许用榔头敲打。

• 在泵装配时要谨防定心弹簧的钢球脱落，装配者可先将钢球上涂上清洁的黄油（或其他润滑脂），使钢球粘在弹簧内套或回程盘上，再进行装配。如果此钢球在装配过程中落入泵内，则运转时必然将泵内零件全部打坏，并使泵无法再修理。装拆者对此必须特别注意！

3.1.3 齿轮泵常见故障及排除

齿轮泵主要有两大类：内啮合齿轮泵和外啮合齿轮泵。本节分别介绍 NB 系列直齿共轭内啮合齿轮泵和 CB-G 系列外啮合齿轮泵的结构和常见故障与排除方法。

（1）齿轮泵结构

图 3-2 为 NB 系列直齿共轭内啮合单级齿轮泵的结构图，图 3-3 为 CB-G 系列外啮合齿轮泵的结构图。

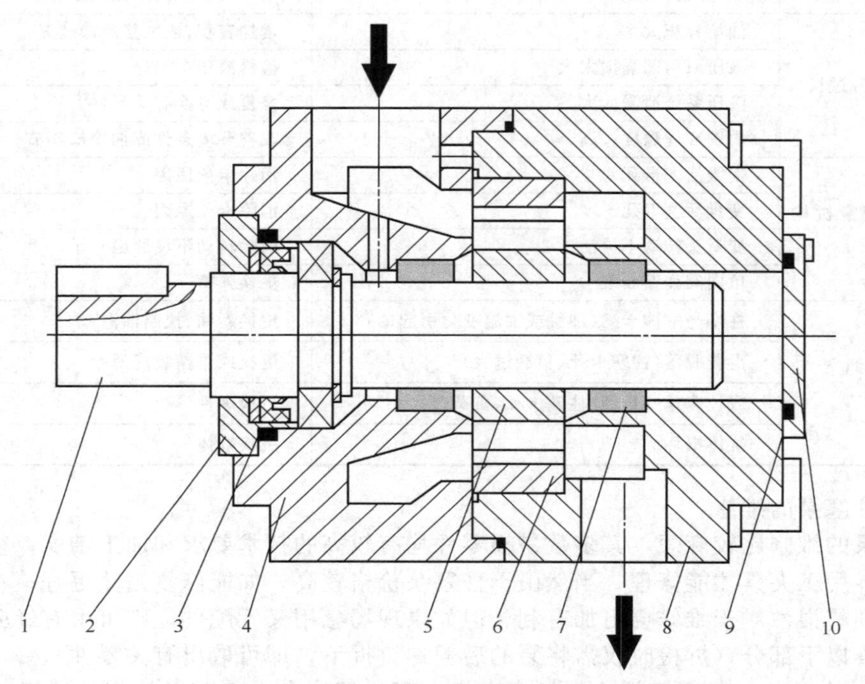

图 3-2 NB 系列直齿共轭内啮合单级齿轮泵的结构图

1—轴；2—前盖；3—旋转密封；4—进油泵体；5—齿轮；6—齿圈；7—滑动轴承；8—排油泵体；9—O 形密封圈；10—后盖

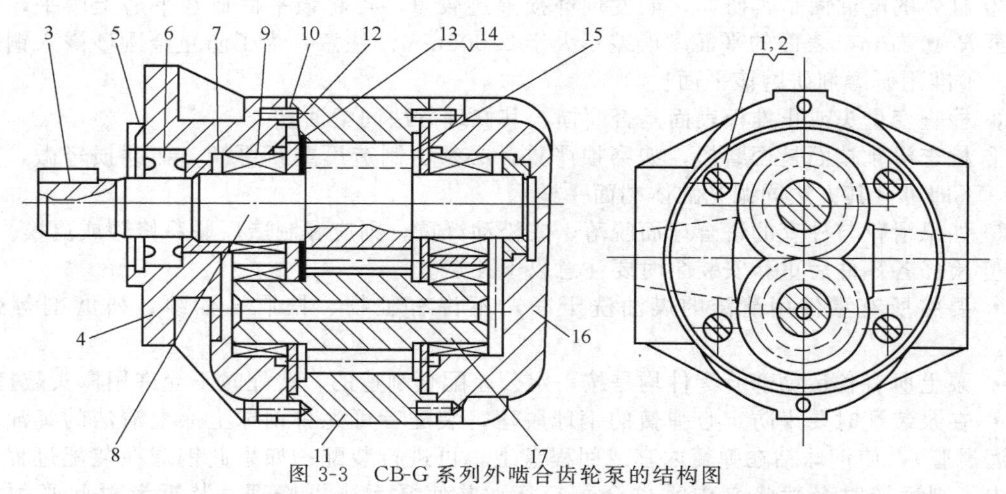

图 3-3 CB-G 系列外啮合齿轮泵的结构图

1—螺栓；2—垫圈；3—平键；4—前泵盖；5,14—挡圈；6—油封；7—密封环；8—主动齿轮轴；9—滚动轴承；10—圆柱销；11—泵体；12—弓形圈；13—密封圈；15—侧板；16—后泵盖；17—从动齿轮轴

（2）齿轮泵常见故障及排除

表3-2为NB系列直齿共轭内啮合单级齿轮泵的常见故障及排除方法，表3-3为CB-G系列外啮合齿轮泵的常见故障及排除方法。

表3-2　NB系列直齿共轭内啮合单级齿轮泵的故障及排除方法

故　障	故　障　原　因	排　除　方　法
流量不够或不出油	吸油口滤油器吸入阻力较大	降低吸入阻力
	吸油管漏气，油液面太低	消除漏气原因，提高油液面
	吸入滤网堵死	清洗滤网
	油温过高	冷却油液
	零件磨损	更换零件
	泵反转	纠正转向
	键剪断	换新键
压力波动或没有压力	液压系统中压力阀本身不能正常工作	更换压力阀
	系统中有空气	排除空气
	吸入不足，夹有空气	加大吸油管径，消除吸入阻力
	吸油管上螺栓松动、漏气	拧紧吸入口连接螺栓
	泵中零件损坏	更换零件
噪声过大	吸入阻力太大，吸力不足	增加管径，减少弯头
	泵体内有空气	开车前泵体内注满工作油
	前后盖密封圈损坏	换密封圈
	液压泵安装机架松动	固紧机架
	安装液压泵时，同轴度、垂直度超差，使主轴受径向力	重新安装校正同轴度、垂直度
	轴承磨损严重	更换轴承
	油液黏度太大	降低黏度
	油箱油液有大量泡沫	消除进气原因
油温上升过快	油箱容积太小或油冷却器冷却效果太差	增加油箱容积，改进冷却装置
	液压泵零件损坏	更换损坏零件
	油液黏度过高	选用合适油液
液压泵漏油	前后盖O形密封圈或前盖油封损坏	更换损坏零件
	泵体内回油孔堵塞	清洗泵体回油孔

表3-3　CB-G系列外啮合齿轮泵的故障及排除方法

故　障	故　障　原　因	排　除　方　法
泵不输出油、输出油量不足、压力提不高	原动机转向不对 吸油管路或过滤器堵塞 间隙过大（端面、径向） 泄漏引起空气混入 油液黏度过大或温升过大	纠正转向 疏通管路、清洗过滤器 修复零件 紧固连接件 控制油液黏度在合适的范围内

续表

故　　障	故 障 原 因	排 除 方 法
噪声大、压力波动严重	泵与原动机不同轴 齿轮精度太低 骨架油封损坏 吸油管路或过滤器堵塞 油中有空气	调整同轴度 更换齿轮或修研齿轮 更换油封 疏通管路、清洗过滤器 排空气体
泵旋转不灵活或卡死	间隙过小（端面、径向） 装配不良 油液中有杂质	修复零件 重新装配 保持油液清洁

3.1.4 叶片泵常见故障及排除

叶片泵有单作用式（变量泵）和双作用式（定量泵）两大类，在液压系统中得到广泛的应用。叶片泵输出流量均匀、脉动小、噪声小，但结构较复杂、吸油特性不太好、对油液中的污染也比较敏感，由此可见，叶片泵的故障与油液状况和吸油特性有很大关系，在使用和维护叶片泵时要特别注意。

（1）使用叶片泵时的注意事项

① 转轴方向　顺时针方向（从轴端看）为标准品，逆时针方向为特殊式样。回转方向的确认可用瞬间启动马达来检查。

② 液压油　7MPa 以下，使用 40℃时黏度 20～50cSt（ISO VG32）的液压油；7MPa 以上，使用 40℃时黏度为 30～68cSt（ISO VG46，VG68）的液压油。

③ 泄油管压力　泄油管一定要直接插到油箱的油面下，配管所产生的背压，应维持在 0.03MPa 以下。

④ 工作油温　连续运转的温度为 15～60℃。

⑤ 轴心配合　泵轴与马达的偏心误差为 0.05mm，角度误差为 1°。

⑥ 吸油压力　吸油口的压力为－0.03～0.03MPa。

⑦ 新机运转　新机开始运转时，应在无压力的状态下反复启动电动机，以排除泵内和吸油管中的空气。为确保系统内的空气排除，可在无负载的状态下，连续运转 10min 左右。

（2）叶片泵故障与排除方法

常见叶片泵故障及排除方法见表 3-4。

表 3-4　叶片泵常见故障及排除方法

故　　障	故 障 原 因	排 除 方 法
外泄漏	密封件老化 进出油口连接部位松动 密封面磕碰或泵壳体砂眼	更换密封 紧固管接头或螺钉 修磨密封面或更换壳体
过度发热	油温过高 油黏度太大、内泄过大 工作压力过高 回油口直接接到泵入口	改善油箱散热条件或使用冷却器 选用合适的液压油 降低工作压力 回油口接至油箱液面以下
泵不吸油或无压力	泵转向不对或漏装传动键 泵转速过低或油箱液面过低 油温过低或油液黏度过大 吸油管路或过滤器堵塞 吸油管路漏气	纠正转向或重装传动键 提高转速或补油至最低液面以上 加热至合适黏度后使用 疏通管路、清洗过滤器 密封吸油管路

续表

故障	故障原因	排除方法
输油量不足或压力不高	叶片移动不灵活 各连接处漏气 间隙过大(端面、径向) 吸油不畅或液面太低 叶片和定子内表面接触不良	不灵活叶片单独配研 加强密封 修复或更换零件 清洗过滤器或向油箱内补油 定子磨损发生在吸油区，双作用叶片泵可将定子旋转 180°后重新定位装配
噪声、振动过大	吸油不畅或液面太低 有空气侵入 油液黏度过高 转速过高 泵与原动机不同轴 配油盘端面与内孔不垂直或叶片垂直度太差	清洗过滤器或向油箱内补油 检查吸油管、注意液位 适当降低油液黏度 降低转速 调整同轴度至规定值 修磨配油盘端面或提高叶片垂直度

3.2 液压控制阀使用与维修

3.2.1 液压控制阀概述

在液压系统中，液压阀是控制和调节液流的压力、流量和流向的元件。液压阀的种类繁多，结构复杂，新型阀不断涌现，但其基本原理是不变的，所以使用和维护液压控制阀的基础必须是在了解其基本原理和结构的基础上进行的。

液压阀属于控制调节元件，本身有一定的能量消耗。液压阀的阀芯与阀体间的密封方式一般采取间隙密封（球芯阀除外），这种密封方式不可避免地存在内泄漏。为使阀芯能灵活运动而又减少泄漏，对液压阀性能的基本要求是：制造精度要高，阀芯动作要灵活，工作性能可靠，密封性要好，阀的结构要紧凑，工作效率高，通用性好。在选用液压元件时，注意其工作压力要低于其额定压力，通过液压元件的实际流量小于其额定流量；如果液压元件与电气控制有关，要注意其额定电压与交直流的匹配关系。

3.2.2 方向控制阀常见故障及排除

方向控制阀是用以控制和改变液压系统中各油路之间液流方向的阀，方向控制阀可分为单向阀和换向阀两大类。

（1）普通单向阀常见故障及排除

单向阀是用以防止液流倒流的元件。按控制方式不同，单向阀可分为普通单向阀和液控单向阀两类。单向阀在液压系统中的主要作用如下。

• 保护液压泵。液压泵输出油的压力管道中，一般都装有单向阀，用来防止由于系统压力的突然升高而损坏液压泵。

• 作背压阀使用。对于主阀中位机能为 M、H、K 型的电液动换向阀，当采用内部压力油控制形式时，将单向阀换用稍硬弹簧作回油背压阀使用，可保证电液动换向阀的控制油压力，而使换向正常。

• 组成复合阀。单向阀除经常单独使用外，也可以与其他元件并联使用。如与节流阀、减压阀等并联组合使用，成为单向节流阀、单向减压阀等，可构成执行元件正向慢速，反向快速；或者正向减压，反向自由流通的控制回路等。

单向阀在使用过程中的常见故障主要有以下几种。

① 阀与阀座泄漏 阀与阀座（锥阀芯和钢球）产生泄漏，而且当反向压力比较低时更容易发生。产生上述现象的主要原因如下。

a. 阀座孔与阀芯孔同轴度较差，阀芯导向后接触面不均匀，有部分“搁空”。

b. 阀座压入阀体孔中时产生偏歪或拉毛损伤等。

c. 阀座碎裂。

d. 弹簧变弱。

排除方法与处理措施如下。

a. 对上述 a、b 项，重新铰、研加工或者将阀座拆出重新压装再研配。

b. 对 c、d 项，予以更换。

② 单向阀起闭不灵活，有卡阻现象 在开启压力较小和单向阀水平安放时易发生。

主要原因如下。

a. 阀体孔与芯阀加工尺寸、形状精度较差，间隙不适当。

b. 阀芯变形或阀体孔安装时因螺钉紧固不均匀而变形。

c. 弹簧变形扭曲，对阀芯形成径向分力，使阀芯运动受阻。

处理措施如下。

a. 修研抛光有关变形阀件并调整间隙。

b. 换用新弹簧。

③ 工作时发出异常声音 主要原因如下。

a. 油流流量超过允许值。

b. 与其他阀发生共振现象发出激荡声。

c. 在卸压单向阀中，用于立式大液压缸等的回油，缺少卸压装量。

处理措施如下。

a. 换用流量比较大的规格阀。

b. 换用弹力强弱合适的弹簧。

注：主要还是改进系统回路本身的设计，必要时加装蓄能器等。

c. 加设卸压装置回路。

表 3-5、表 3-6 分别列出了普通单向阀和液控单向阀的常见故障及排除方法。

表 3-5 普通单向阀常见故障及排除方法

现象	故障原因	排除方法
不起单向控制作用（不保压、液体可逆流）	密封不良：阀芯与阀体孔接触不良，阀芯精度低 阀芯卡住：阀芯与阀体孔配合间隙太小、有污物 弹簧断裂	配研结合面，更换阀芯（钢球或锥阀芯） 控制间隙至合理值、清洗 更换
内泄漏严重	密封不良：阀芯与阀体孔接触不良，阀芯精度低 阀芯与阀体孔不同轴	配研结合面，更换阀芯（钢球或锥阀芯） 更换或配研
外泄漏严重	管式单向阀：螺纹连接处 板式单向阀：结合面处	螺纹连接处加密封胶 更换结合面处的密封圈

表 3-6　液控单向阀的常见故障及排除方法

现　象	故障原因		排除方法
油液不逆流	单向阀打不开	控制压力低	提高控制压力
		控制阀芯卡死	清洗、修配或更换
		控制油路泄漏	检查并消除泄漏
		单向阀卡死	清洗、修配、过滤油液
逆方向密封不良	逆流时单向阀不密封	单向阀芯与阀体孔配合间隙太小、弹簧刚性太差	修配间隙、更换弹簧
		阀芯与阀体孔接触不良	检修、更换或过滤油液
		控制阀芯(柱塞)卡死	修配或更换
		预控锥阀接触不良	检查原因并排除
噪声大	共振	与其他阀共振	更换弹簧
	选用错误	超过额定流量	选择合适规格

(2) 方向控制阀的常见故障与排除

方向控制阀因中位机能、通径大小和控制方式的不同，其品种较多，但其原理却是相似的，在实际应用中，以电磁（液）换向阀应用最为广泛。

电磁换向阀在安装、使用中的常见故障与排除如下。

① 交流电磁铁线圈烧毁

a. 线圈绝缘不良，引起匝间断路而烧毁，必须更换线圈。

b. 供电电压高出电磁铁额定电压，引起线圈过热而烧毁。

c. 电源电压太低，使电磁铁电流过大，引起过热而烧毁线圈。

d. 电磁铁铁芯轴线与阀芯轴线同轴度太差，衔铁吸合不了，引起过热而烧毁。此时，应将电磁铁拆下重新装配至规定精度。

e. 电磁力不能克服阀芯移动阻力，引起电流过大，使线圈过热而致烧毁，对此，一般应拆开电磁阀仔细检查并对症解决。

ⓐ 是否由于弹阀过硬而推不动阀芯。

ⓑ 是否阀芯被污物、杂质卡死而推不动阀芯。

ⓒ 是否因推杆弯曲而推不动。

ⓓ 是否由于电磁阀安装在底板上、由于接触面不平或螺钉紧固不一，而使阀体变形。

ⓔ 是否由于回油口背压过高等。

f. 推杆长度过长，推动阀芯到位后，电磁铁衔铁距离吸合尚有一段距离，以致电流过大、线圈过热而至烧毁。

用户自行更换电磁铁时，经常易发生上述毛病。若更换后电磁铁的安装距离比原来短，而衔铁吸合行程是符合规定要求并与原来电磁铁一致，这样，与阀装配后，就产生上述衔铁行程大于推杆推动阀芯行程的现象，将使衔铁吸合不上而产生噪声、抖动、过热甚至烧毁。

若更换的电磁铁，其安装距离较原来较长，则与阀装配后，由于与推杆的距离加大而使推动阀芯的有效行程缩短，会使阀的开口度变小，压损增大，影响执行机构的运动速度等。因此，在使用者自行更换电磁铁时，必须认真测量一下，推杆的伸长度与衔铁行程是否相匹配，不能随意更换。

g. 换向频率过高，线圈过热而烧毁。

交流电磁铁也发生该现象；直流电磁铁一般不会因上述故障而烧毁。

② 阀芯不动作、电磁铁通电不换向；电磁铁断电，不复位

a. 阀芯被毛刺、毛边、垃圾等卡住。

b. 板式阀的安装底板翘曲不平，阀体紧固螺钉旋紧后，引起阀体变形而卡住阀芯。

c. 复位弹簧折断或卡住。

d. 有专用泄油口的电磁阀，泄油口未接通油箱，或泄油管路背压太高造成阀芯“闷车”而不能移位。

e. 电磁阀安装位置不正确，未使轴线处于水平状态，而是倾斜和垂直着，故由于阀芯、芯铁自重等原因造成换向或复位不能正常到位。

f. 弹簧太硬，阀芯推移不动或推不到位；弹簧太软，在电磁铁断开后，阀芯不能自动复位。

g. 工作温度太高，阀芯受热膨胀卡住阀体孔。

h. 电磁铁损坏。

③ 换向时出现噪声　是由于电磁铁衔铁吸合不良，主要有以下原因。

a. 铁芯或衔铁吸合端面被污染物黏附。

b. 衔铁和铁芯接触面凹凸不平或接触不良。

c. 电磁铁推杆过长或过短。

④ 板式阀安装底面漏油

a. 安装底板表面应磨加工，平面度误差不大于0.02mm，不得内凸；表面粗糙度应大于$Ra\,8\mu m$。

b. 紧固螺钉拧紧力量不均匀。

c. 螺钉材料未用热处理过的合金钢螺钉，换用普通碳钢螺钉后，因承受油压作用而受拉伸变形、变长，造成结合面出现空隙而漏油。

d. 电磁阀接合底面有关O形密封圈损坏或老化失效。

⑤ 干式阀向外泄漏油液

a. 推杆处O形密封圈损坏，油液进入电磁铁后，常从端面应急手动推杆处向外泄漏。

b. 电磁阀阀芯两端一般为泄油腔L或回油腔O，检查是否存在过高的背压及背压产生原因，注意油箱空气滤清器不能堵塞而造成油箱内存在压力。

⑥ 湿式电磁铁吸合释放过于迟缓　电磁铁后端有放气螺钉，电磁铁试车时，导磁液压缸内存有空气，当油液通过衔铁周隙进入液压缸后，若后腔空气排放不掉，将受压缩而形成阻尼，使衔铁动作迟缓。应在试车时，拧开放气螺钉排气，当油液充满后，再旋紧密封。

⑦ 电磁阀的选用型号正确，但油流通路实际上与图形符号不相吻合　这是使用电磁阀时十分容易产生的问题，要引起我们的高度注意和理解。这手动、液动、电液动换向阀的使用与安装时，也是经常会发生的问题。

在前面有关电磁铁换向滑阀机能的内容中，我们已介绍了电磁阀的多种阀芯结构，我们应该知道，标准性的符号，它仅代表一种类型阀的代号，属公称性的，但不是具体阀的结构式代号，它们之间会存在差距。

由于产品阀芯结构的特殊，或是装配时阀芯已反方向安装，因而常造成同类型阀实际油流通路与设计所需图形不吻合。如果发现上述问题，二位阀可通过阀芯调头或电磁铁及有关零件调头的方法来解决。对三位阀，常用换接电气线路的方法加以调整解决。

如果仍无法调整过来，在工艺不复杂时，就需要调整工作油腔管路位置，或者加设过渡油板来解决。

为了避免上述现象发生，有经验的液压技术工作者在购买液压阀时和安装前，常进行简便的不解体检验，现以板式连接阀为例介绍如下。

a. 用手指或其他物体暂时封堵电磁阀的所有油路出口。

b. 在阀的结合面上找出P、A、B、T(O)、L等腔位置，一般在各腔口附近，都用酸印打有该腔字母符号（或铸出的字母）。如字迹辨认不清，则应对照产品样本认清有关腔口。

c. 先检查各类阀的初始位置的滑阀机能，是否符合使用要求。例如，该阀滑阀机能O型，则向P腔注入清洁机油时，油液不流入其他腔口，注满后，仅从P腔溢出，然后再分别向A腔、B腔、T腔等注入清洁机油，情况都是一样的，则可认定为O型机滑。若为H型时，则从P腔（或从A、B、T中任一腔）注入机油后，可以看见机油将从A、B、T腔上同时反映出来，直至所有腔口都充满机油。

d. 推动电磁阀端头的“手动应急推杆”，使电磁阀分别处于不同工作位置时，再按a的顺序，检查油路通道是否正确。

e. 认可或调整。

本节前述的有关滑阀机能的图、表，均是对阀测定、对照和调整时的实用技术资料，应当与产品样本结合起来使用。

(3) 电液换向阀的常见故障

① 阀芯不能运动

a. 电磁铁方面的故障

• 交流电磁铁，由于滑阀卡住，铁芯吸不到底，电压太低或太高而致过热烧毁。

• 电磁铁漏磁，吸力不足，推不动阀芯。

• 电磁铁接线不良，接触不好甚至假焊。

• 控制电磁铁的其他传感元件如行程开关、限位开关、压力继电器等未能输出控制信号。

• 电磁铁铁芯与衔铁之间有污物，使衔铁卡死。

b. 先导电磁阀产生故障。主要有：阀芯与阀体孔卡死，或者弹簧弯曲折断，使阀芯卡死等。产生原因与处理方法同电磁换向阀。

c. 液动阀阀芯卡死

• 阀体孔与阀芯配合间隙过小，油温升高后，阀芯胀卡在阀孔内。

• 阀芯几何尺寸与形位公差超差，阀芯与阀孔装配轴线不重合，产生轴向液压卡死现象。

• 阀芯表面有毛刺，或者阀芯（或阀体）被碰伤卡死。

d. 液动换向阀控制油路存在故障

• 油液控制动力源的压力不够，滑阀未被推动，故不能换向或换向不到位。

• 电磁先导阀存在故障，未能工作。

• 控制油路堵塞。

• 可调节流阀调整不当，通油口过小或堵塞。

• 滑阀两端泄油口没有接回油箱，或泄油背压太高，或泄油管堵塞。

• 阀端盖处因螺钉松动或接触面不平等原因导致泄漏严重，使控制油压不足。

e. 油液污染严重

• 油液污染严重，未能滤去的颗粒杂质卡死阀芯。

• 油温长期过高，使油液变质产生胶质物质，粘在阀芯表面卡死。

• 油液黏度太高，使阀芯移动困难甚至卡住不动。

f. 安装精度太差，紧固螺钉不均匀，不按规定顺序，或管道阀兰接头处发生翘曲使阀体变形。

g. 弹簧对中式液动阀的复位弹簧太硬、太粗，推动力太大；弹簧卡阻或弹簧折断，致阀芯不能对中复位。

② 阀芯换向后，通过流量不够　造成阀芯换向后通过流量不够的主要原因是开口量不够，主要有以下原因。

a. 行程调节型主阀的螺杆调整不当。

b. 电磁阀由于长期不使用，使推杆磨损过短，或更换电磁铁后，其安装距离较原来为大，使主阀控制油进入不够而致。

c. 主阀阀芯和阀孔间隙不当，几何精度差，阀芯不能在全程内顺利移动，阀芯达不到规定位置。

d. 弹簧太弱，推力不足，使阀芯行程达不到规定位置。

③ 电液阀进出油口处压降太大

a. 通流阀口面积太小，阻尼作用严重。主要原因是阀芯移动达不到规定位置。

b. 通过流量过多，远远大于额定流量。此时，应选择与流量相配的电液阀。

④ 主阀换向速度不易调节

a. 单向阀泄漏严重。应拆下重新研配以保证密封程度。

b. 节流阀芯弯曲，螺纹处碰毛，致使无法转动而失去调节功能。

c. 针式节流阀调节性能差或被污染物堵塞。应拆下清洗或改用三角槽式节流阀。

d. 电磁铁过热或发出嗡嗡声，主要原因如下。

• 电磁铁铁芯与衔铁轴线不同轴度过大，衔铁吸合不良。

• 电磁铁线圈绝缘不良。

• 电压变动太大、太低或太高。一般电压波动值不应超过±10%，电网上常有过大波动时，应加设稳压器。

• 换向阻力过大，回油背压超高。

• 换向操作频率太高。

⑤ 换向冲击与噪声

a. 控制流量过大，滑阀移动速度太快，因而，产生冲击声。

一般可以通过调小单向节流阀流口的方法来减慢滑阀移动速度。

b. 单向节流阀阀芯与孔配合间隙太大，或者单向阀弹簧漏装，使阻尼作用失效，产生换向冲击声。

c. 液压系统中，压差很大的两个回路瞬时接通，而产生液压冲击，并可能振动配管及其他元件而发出噪声。

对上述故障，在允许的情况下，应控制回路压力差；应考虑换向时的过渡位置机能。可能时，采用软性过渡；可选用湿式交流或带缓冲的电磁阀，以调节换向时间。

d. 阀芯被污物卡阻，且时动时卡，产生振动及噪声。

e. 电磁铁的螺钉松动，致使液流换向时产生位移振动及噪声。

针对上述故障及产生原因，应根据实际情况，及时、准确地采取相适应的措施，进行处理。

将电磁换向阀与电液换向阀常见故障汇总至表 3-7。

表3-7 电磁（液）换向阀的常见故障与排除方法

故障	故障原因		排除方法
主阀芯不动作	电磁铁故障	电气控制线路故障	查原因、消除故障
		电磁铁铁芯卡死	更换
	先导阀故障	阀芯与阀体孔卡死	调整间隙、过滤油液
		弹簧弯曲或变形太大	更换弹簧
	主阀芯卡死	阀芯与阀体孔精度低	提高零件精度
		阀芯与阀体孔间隙太小	修配间隙
		阀芯表面损伤	修理或更换
	油液原因	油液黏度太大或被污染	调和液压油或过滤油液
		油温偏高	控制油温
	控制油路系统故障	控制油路没油	检查原因，清洗管路
		控制油路压力低	清洗节流阀并调整合适
	复位弹簧不合要求	弹簧力过大、变形、断裂	更换弹簧
	安装不当	安装螺钉用力不均	重新紧固螺钉
		阀体上连接管路别劲	重新安装
压降过大	参数选择不当	实际流量大于额定值	更换换向阀
流量不足	开口量不足	电磁阀推杆过短 阀芯移动不到位 弹簧刚性差	更换推杆 配研阀芯 更换弹簧
主阀阀芯换向速度调节性能差	可调环节故障	单向阀密封性差	修理或更换
		节流阀性能差	更换
		排油腔盖处泄漏	更换密封，拧紧螺钉
电磁铁吸力不够	装配精度低	推杆过长	修磨推杆
		铁芯接触面不平或接触不良	处理接触面或消除污物
冲击振动有噪声	换向冲击	电磁铁吸合太快	采用电液阀
		液动阀芯移动速度太快	调节节流阀
		单向阀故障	检修单向阀
	振动	电磁铁螺钉松动	紧固螺钉
电磁铁过热或线圈烧坏	电磁铁故障	线圈绝缘不好	更换
		电磁铁芯不合适，吸不住	更换
		电压太低或不稳定	电压的变化值应在额定电压的10%以内
		电极焊接不好	重新焊接
	负荷变化	换向压力超过预定	降低压力
		换向流量超过预定	更换规格合适的电液换向阀
		回油口背压太高	调整背压使其在规定值内
	装配不良	电磁铁铁芯与阀芯轴线同轴度不良	重新装配，保证有良好的同轴度

3.2.3 压力控制阀常见故障及排除

控制和调节液压系统中压力大小的阀通称为压力控制阀。在液压系统中系统压力阀的作用是控制液压系统的压力或以液体压力的变化来控制油路的通断以及发出电信号。

压力控制阀按其功能可分为溢流阀、减压阀、顺序阀和压力继电器等。在此主要介绍各种压力阀的常见故障及排除方法。

（1）溢流阀常见故障及排除

溢流阀的功用是当系统的压力达到其调定值时，开始溢流，将系统的压力基本稳定在调定的数值上。按调压性能和结构特征区分，溢流阀可分为直动式溢流阀和先导式溢流阀两大类。溢流阀应用十分广泛，每一个液压系统都必须使用溢流阀。溢流阀在液压系统中有如下应用。

a. 作溢流阀用。在采用定量泵供油的节流调速回路中，泵的流量大于节流阀允许通过的流量，溢流阀使多余的油液流回油箱，此时泵的出口压力保持恒定。

b. 作安全阀用。在采用变量泵组成的液压系统中，用溢流阀限制系统的最高压力，防止系统过载。系统在正常工作状态下，溢流阀关闭；当系统过载时，溢流阀打开，使压力油经阀流回油箱。此时，溢流阀为安全阀。

c. 作背压阀用。将溢流阀串联在回油路上，溢流阀产生背压后使运动部件运动平稳。此时溢流阀为背压阀。

d. 作卸荷阀用。在先导式溢流阀的遥控口串接一小流量的电磁阀，当电磁铁通电时，溢流阀的遥控口通油箱，此时液压泵卸荷。溢流阀的这时作为卸荷阀使用。

由于溢流阀种类较多，本节以三节同心先导式溢流阀（图 3-4）为例说明其常见故障与排除方法。

溢流阀在使用中的主要故障是调压失灵、压力不稳及振动、噪声等。

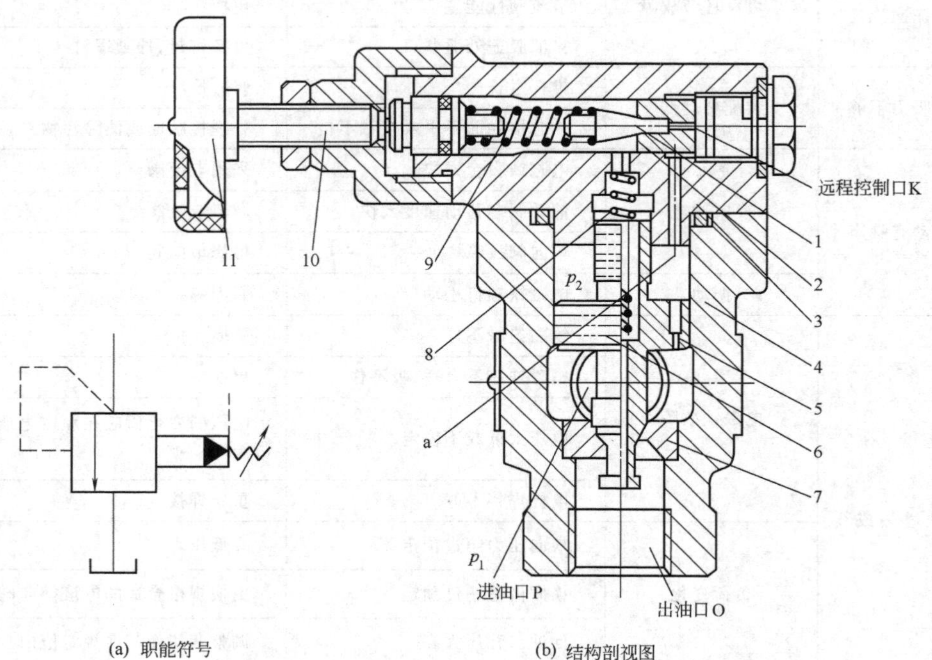

(a) 职能符号　　(b) 结构剖视图

图 3-4　三节同心先导式溢流阀

1—先导阀阀芯；2—先导阀阀座；3—先导阀阀体；4—主阀阀体；5—阻尼孔；6—主阀阀芯；7—主阀座；8—主阀弹簧；9—先导阀调压弹簧；10—调节螺钉；11—调压手轮

① 调压失灵

a. 旋动调压手轮，压力达不到额定值。系统压力达不到额定值的主要原因，常由于调压弹簧变形、断裂或弹力太弱，选用错误，调压弹簧行程不够，先导锥阀密封不良，泄漏严重，远程遥控口泄漏，主阀芯与阀座（锥阀式）或与阀体孔（滑锥式）密封不良，泄漏严重等。

采取更换、研配等方法即可进行修复。

b. 系统上压后，立刻失压，旋动手轮再也不能调节起压。该故障多系主阀芯阻尼孔在使用中突然被污物堵塞所致。该阻尼孔堵赛后，系统油压直接作用于主阀芯下端面，此时，系统上压，推动主阀上腔的存油顶开先导锥阀后，上腔卸压，主阀打开，系统立即卸压。由于主阀阻尼孔被堵，系统压力油再无法进入主阀上腔，即使系统压力下降，主阀也不能下降。主阀阀口开度不会减小，系统压力不断被溢流，在这种情况下，无论怎样旋动手轮，也不能使系统上压。

当主阀在全开状态时，若主阀芯被污物卡阻，也会出现上述现象。

c. 系统超压，甚至超高压，溢流阀不起溢流作用。当先导锥阀前的阻尼孔被堵塞后，油压再高也无法作用和顶开锥阀阀芯，调压弹簧一直将锥阀关闭，先导阀不能溢流，主阀芯上、下腔压力始终相等，在主阀弹簧作用下，主阀一直关闭，不能打开，溢流阀失去限压溢流作用，系统压力随着负载的增高而增高，当执行元件终止运动，系统压力在液压泵的作用下，甚至产生超高压现象。此时，很容易造成拉断螺栓、泵被打坏等恶性事故。

对上述 b、c 的故障，通过拆洗阀件、疏通阻尼孔即可排除。

② 压力不稳定，脉动较大

a. 先导阀稳定性不好，锥阀与阀座同轴度不好，配合不良，或是油液污染严重，有时杂质卡住锥阀，使锥阀运动不规则。

应该纠正阀座的安装，研修锥阀配合面，并控制油液的清洁度，清洗阀件。

b. 油中有气泡或油温太高。完全排除系统内的空气并采取措施降低油液温底即可。

③ 压力轻微摆动并发出异常声响

a. 与其他阀件发生共振。可重新调定压力，使其稍高或稍低于额定压力。最好能更换适合的弹簧，采取外部泄油形式等。

b. 先导阀口有磨耗，或远程控制口腔内存有空气。应修复或更换先导阀并驱除系统中空气。

c. 流量过大。更换大规格阀，最好能采用外部泄油方式。

d. 油箱管路有背压，管件有机械振动。应改用溢流阀的外部泄油方式。

e. 滑阀式阀芯制造时或使用后，产生鼓形面，应当修理或更换阀芯。

f. 压力调节反应迟缓

- 弹簧刚度不当，或扭曲变形有卡阻现象，以更换合用弹簧为宜。
- 锥阀阻尼孔中有杂质污物，使阻尼孔流通面积大为减少。应拆洗锥阀，疏通孔道。
- 管路系统有空气。对执行元件进行全程运行，驱除系统空气。

④ 噪声和振动

a. 先导锥阀在高压下溢流时，阀芯开口轴向位移量仅为 0.03～0.06mm，通流面积小，流速很高，可达 200m/s。若锥阀及锥阀座加工时产生椭圆度，导阀口粘着污物及调压弹簧变形等，均使锥阀径向力不平衡，造成振荡产生尖叫声。对锥阀封油面圆度误差应控制在 0.005～0.01mm 之内，表面粗糙度应大于 $Ra0.4\mu m$。

b. 阀体与主阀阀芯制造几何精度差，棱边有毛刺或阀体内有污物，使配合间隙增大并使阀芯偏向一边，造成主阀径向力不平衡，性能不稳定，而产生振动及噪声。应当去除毛刺，更换不合技术要求的零件。

c. 阀的远程控制口至电磁换向阀之间管件通径不宜太大，过大会引起振动。一般取管径为 6mm。

d. 空穴噪声。当空气被吸入油液中或油液压力低于大气压时，将会出现空穴现象。此外，阀芯、阀座、阀体等零件的几何形状误差和精度对空穴现象及流体噪声均有很大影响，在零件设计上应足够重视。

e. 因装配或维修不当产生机械噪声

• 阀芯与阀孔配合过紧，阀芯移动困难，引起振动和噪声。配合过松，间隙太大，泄漏严重及液动力等也会导致振动和噪声。装配时，要严格保证合适的间隙。

• 调压弹簧刚度不够，产生弯曲变形。液动力能引起弹簧自振，当弹簧振动频率与系统频率相同时，即出现共振和噪声。更换适当的弹簧即可排除。

• 调压手轮松动。压力由手轮旋转调定后，需用锁紧螺母将其锁牢。

• 出油口油路中有空气时，将产生溢流噪声，必须排净空气并防止空气进入。

• 系统中其他元件的连接松动，若溢流阀与松动元件同步共振，将增大振幅和噪声。

此外，电磁溢流阀、卸荷溢流阀的主阀故障与上述情况基本相同。

综上所述，将溢流阀常见故障与排除方法汇总后列于表 3-8 中。

表 3-8 溢流阀常见故障与排除方法

现　　象	故障原因	排除方法
压力波动不稳定	1. 锥阀与阀座接触不良或磨损 2. 弹簧刚度差 3. 滑阀变形或损伤 4. 油液污染,阻尼孔堵赛	1. 配研或更换 2. 更换 3. 配磨或更换 4. 更换或过滤液压油,疏通阻尼孔
压力调整无效	1. 阻尼孔堵赛 2. 弹簧断裂或漏装 3. 主阀阀芯卡住 4. 漏装锥阀 5. 进出油口反装	1. 疏通阻尼孔 2. 更换或补装弹簧 3. 检查、修配 4. 检查、补装 5. 纠正方向
泄漏显著	1. 主阀阀芯与阀体间隙过大 2. 锥阀与阀座接触不良或磨损	1. 更换阀芯,重配间隙 2. 配研或更换
噪声振动大	1. 弹簧变形 2. 螺母松动 3. 主阀芯动作不良 4. 锥阀磨损 5. 流量超过额定值 6. 与其他阀共振	1. 更换 2. 紧固 3. 检查与阀体的同轴度或修配阀的间隙 4. 更换或配研 5. 更换大流量阀 6. 调整各压力阀的工作压力,使其差值在 0.5MPa 以上

(2) 减压阀常见故障及排除

减压阀的功用是能使其出口压力低于进口压力，并使出口压力可以调节。在液压系统中，减压阀用于降低或调节系统中某一支路的压力，以满足某些执行元件的需要。减压阀常用于夹紧回路、润滑系统中。

减压阀按其调节性能又分为定值减压阀、定比减压阀和定差减压阀三种。定差减压阀能保持阀的进出油口压力之间有近似恒定的差值；定比减压阀能使阀的进出油口压力之间保持近似恒定的比值。这两种阀不单独使用，一般与其他功能的阀组合形成相应的组合阀，限于篇幅，在此不单独分析，在讨论到相应的阀时一并研究。

定压减压阀简称减压阀，能使其出油口压力低于进口压力，并能保持出口压力近似恒定值。与溢流阀一样，减压阀也分为直动式和先导式。

图3-5为新型先导式减压阀。图中P_1为进油口，P_2为出油口，压力油由P_1口进入，经主阀芯2周围的径向孔9从P_2口流出。同时，压力油经阻尼孔1、控制油道3、阻尼孔4打开先导阀芯7后由外泄漏口K流回油箱。与传统型先导阀原理相似，当压力不高时，先导阀关闭，主阀芯2上下腔压力相等。主阀芯弹簧8使阀芯处于下端，主阀芯径向孔9全开，阀进出口压力相等；当压力达到阀的调定值时，先导阀芯7打开，压力油流经阻尼孔1、4产生压差，使得主阀芯2两端产生压差，克服主阀芯弹簧8的弹簧力后，阀芯抬起，主阀芯径向孔9被固定的阀套部分遮蔽，从而产生节流作用，使得减压阀出口压力低于进口压力。当阀出口压力变化时，主阀芯直动反馈，使主阀芯径向孔9被固定的阀套部分所遮蔽的部分（减压节流口）逆向变化，以补偿压力的波动值，从而使阀的出口压力稳定在调定值上。

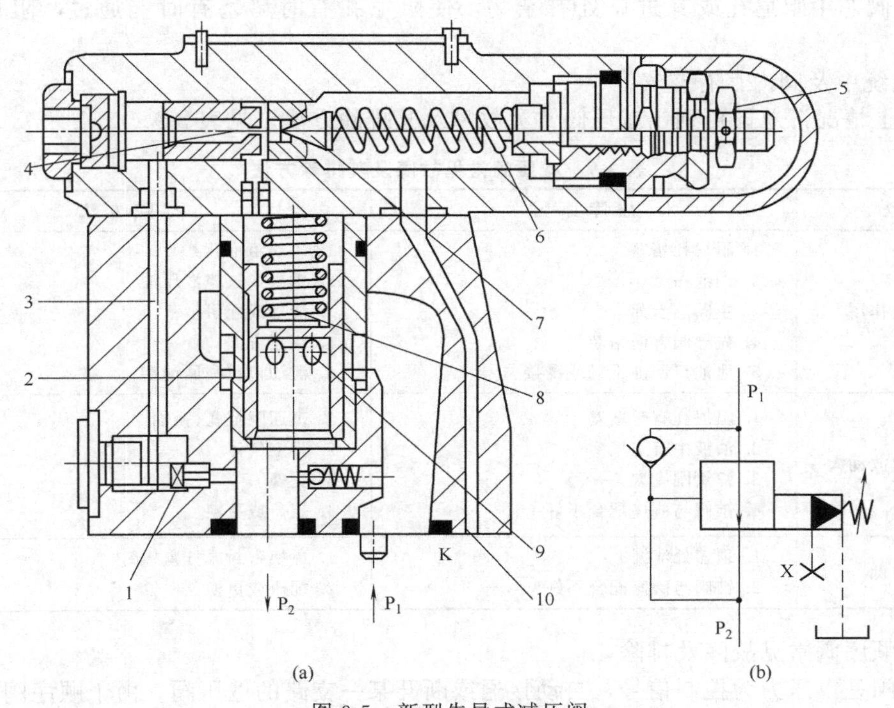

图3-5　新型先导式减压阀

1,4—阻尼孔；2—主阀芯；3—控制油道；5—螺母；6—先导阀弹簧；7—先导阀芯；8—主阀芯弹簧；9—主阀芯径向孔；10—泄漏孔通道

减压阀在使用时的常见故障如下。

① 减压出油口压力上不去，且出油很少或无油流出

a. 主阀芯阻尼孔堵塞。主阀芯上腔及先导阀前腔成为无油液充入的空腔，主阀成为一个弹簧力很弱的直动滑阀，出油口只要稍一上压，立即可将主阀芯抬起而使减压阀口关闭，使出油口建立不起压力，且油流很少。

b. 主阀芯在关闭状态下被卡死。

c. 手轮调节不当或调压弹簧太软。

d. 先导锥阀密封不好，泄漏严重，甚至锥阀漏装。

e. 外控口未封堵或泄漏严重。

② 不起减压作用

a. 先导阀上阻尼孔堵塞。该孔堵塞后，先导阀不起控制作用，而出口压力油液通过主阀内阻尼孔充入主阀上腔，主阀芯在弹簧作用下，处于最下端位置，阀口一直大开，故阀不起减压作用，进出口压力同步上升或下降。

b. 泄油口堵塞。该口堵塞后，先导阀无法泄油，不能工作的后果与先导阀上阻尼孔堵塞一样，故进出口油压也是同步上升或下降。

c. 主阀芯在全开状态下被卡死。

d. 单向减压阀中，因单向阀泄漏严重，进油口压力由此传给出油口，故进出油口压力也同步变化。

③ 二次压力不稳定

a. 先导调压弹簧扭曲、变形或阀口接触不良，形状不规则，使锥阀启闭时无定值。

b. 主阀芯与阀孔几何精度差，阀芯工作时移动不顺畅。

c. 主阀芯中阻尼孔或其进口处有杂物，使阻尼孔有时堵塞有时能通过，阻尼作用不稳定。

d. 系统中及阀内存有空气。

将以上情况汇总即可列出减压阀常见故障及其排除方法，见表 3-9。

表 3-9 减压阀常见故障及其排除方法

现象	故障原因	排除方法
不起减压作用	1. 阻尼孔堵塞 2. 油液污染 3. 主阀芯卡死 4. 先导阀方向错装 5. 泄油口回油不畅或漏接	1. 疏通阻尼孔 2. 更换或过滤液压油 3. 清理或配研 4. 纠正方向 5. 泄油口单独回油箱
输出压力波动大	1. 阻尼孔有时堵塞 2. 油液中有空气 3. 弹簧刚度太差 4. 锥阀与阀座配合不好	1. 疏通阻尼孔、换油 2. 排空气体 3. 更换 4. 配研或更换
输出压力低	1. 顶盖处泄漏 2. 锥阀与阀座配合不好	1. 更换密封或拧紧螺钉 2. 配研或更换

(3) 顺序阀常见故障及排除

顺序阀是以压力为控制信号，自动接通或断开某一支路的液压阀。由于顺序阀可以控制执行元件顺序动作，由此称为顺序阀。

顺序阀按其控制方式不同可分为内控式顺序阀和外控式顺序阀。内控式顺序阀直接利用阀的进口压力油控制阀的启闭，一般称为顺序阀；外控式顺序阀利用外来的压力油控制阀的启闭，故也称为液控顺序阀。按顺序阀的结构不同，又可分为直动式顺序阀和先导式顺序阀。

顺序阀常用于实现执行元件的顺序动作，或串在垂直运动的执行元件上用以平衡执行元件及所带动运动部件的重量。在液压系统中，除顺序阀外，单向顺序阀也得到了广泛应用。为此本节介绍顺序阀和单向顺序阀产生控制失灵的主要现象，常有以下几种情况。

① 顺序阀出油腔压力和进油腔压力，总是同时上升或同时下降 产生这种故障的主要原因如下。

a. 顺序阀主阀芯的阻尼孔堵塞。该阻尼孔堵塞以后，不但控制活塞的泄漏油无法进入调压弹簧腔流回油箱，而且，主阀进油腔压力油液经周壁缝隙进入阀芯底端位置后，也无法排出。阀芯底端面承压面积较控制活塞大得多，因此，顺序阀阀芯在比原调定压力小得多的情况下，早已开启，使进油腔与出油腔连通成为常通阀，而完全失去顺序控制的作用。因此，进出油腔压力会同时上升或下降。

b. 阀口打开时，主阀芯被卡死。

c. 单向阀在打开位置被卡死。

d. 单向阀密封不良，漏油严重。

e. 调压弹簧断裂或漏装。

f. 先导型阀中的锥阀漏装或泄漏严重。

② 顺序阀出口腔无油流

a. 下阀盖中，通入控制活塞腔的控制油孔道阻塞，控制活塞无推动压力，阀芯在弹簧作用下一直处于最下部，阀口常闭，故出油腔无油流。

b. 作顺序阀使用时，压力控制油泄油口为单独接回油箱，而是采用内部回油的安装方式，这样，主阀芯上腔（弹簧腔）具有出口油压，而且，对阀芯的承压面积较控制活塞大得多，阀芯在液压力的作用下，成为常闭阀而使出油腔无油流。

c. 泄油口有时虽然采用外泄式，若泄油道过细、过长，或存在部分堵塞，导致回油背压太高，也使滑阀不能打开。

d. 远控压力不足，或下端盖结合处漏油严重。

e. 主阀芯在关闭状态下被卡死。

此外，单向阀在关闭状况下卡死后，单向顺序阀会产生反向不能出油的故障现象。

以上故障的排除，一般都采取或更换、或清洗、或疏通、或研配等针对性修理方法来进行解决。

顺序阀常见故障及排除方法见表3-10。

表3-10 顺序阀的故障及排除方法

故障现象	产生原因	排除方法
始终出油，因而不起顺序作用	1. 阀芯在打开位置上卡死（如几何精度差，间隙太小，弹簧弯曲，断裂；油液太脏）	1. 修理，使配合间隙达到要求，并使阀芯移动灵活；检查油质，过滤或更换油液；更换弹簧
	2. 单向阀在打开位置上卡死（如几何精度差，间隙太小，弹簧弯曲，断裂；油液太脏）	2. 修理，使配合间隙达到要求，并使单向阀芯移动灵活；检查油质，过滤或更换油液；更换弹簧
	3. 单向阀密封不良（如几何精度差）	3. 修理，使单向阀密封良好
	4. 调压弹簧断裂	4. 更换调压弹簧
	5. 调压弹簧漏装	5. 补装调压弹簧
	6. 未装锥阀或钢球	6. 补装
	7. 锥阀或钢球碎裂	7. 更换
不出油，因而不起顺序作用	1. 阀芯在关闭位置上卡死（如几何精度低，弹簧弯曲，油液脏）	1. 修理，使滑阀移动灵活；更换弹簧；过滤或更换油液
	2. 锥阀芯在关闭位置卡死	2. 修理，使滑阀移动灵活；过滤或更换油液
	3. 控制油液流通不畅通（如阻尼孔堵死，或遥控管道被压扁堵死）	3. 清洗或更换管道，过滤或更换油液
	4. 遥控压力不足，或下端盖结合处漏油严重	4. 提高控制压力，拧紧螺钉并使之受力均匀
	5. 通向调压阀油路上的阻尼孔被堵死	5. 清洗
	6. 泄漏口管道中背压太高，使滑阀不能移动	6. 泄漏口管道不能接在回油管道上一起回油，应单独排回油箱
	7. 调节弹簧太硬，或压力调得太高	7. 更换弹簧，适当调整压力

续表

故障现象	产生原因	排除方法
调定压力值不符合要求	1. 调压弹簧调整不当 2. 调压弹簧变形,最高压力调不上去 3. 滑阀卡死,移动困难	1. 重新调整所需要的压力 2. 更换弹簧 3. 检查滑阀的配合间隙,修配使滑阀移动灵活;过滤或更换油液
振动与噪声	1. 回油阻力(背压)太高 2. 油温过高	1. 降低回油阻力 2. 控制油温在规定范围内

(4) 压力继电器的常见故障及排除方法

压力继电器是液压系统中的将液压油的压力信号转变成电信号的元件。压力继电器分为柱塞式和薄膜式,见图 3-6。

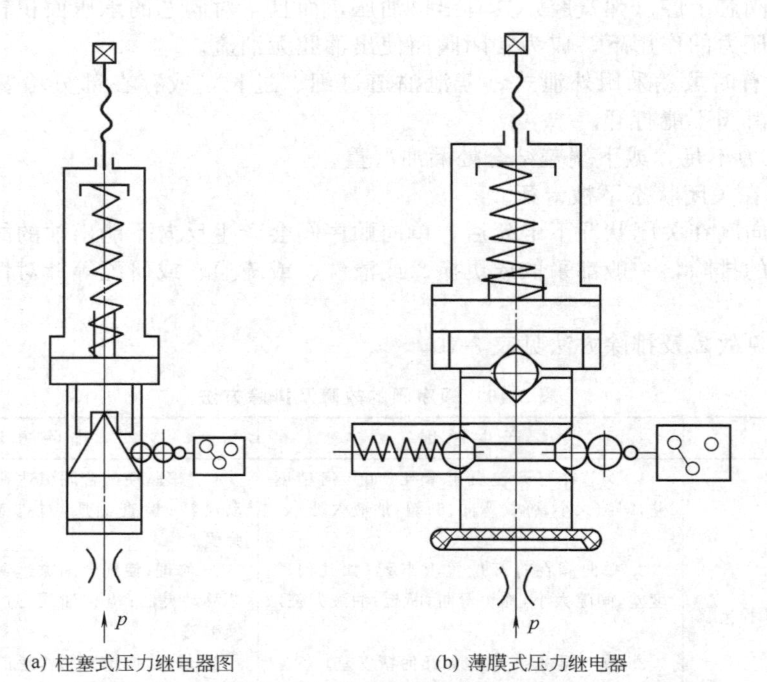

(a) 柱塞式压力继电器图　(b) 薄膜式压力继电器

图 3-6　压力继电器结构简图

柱塞式和薄膜式压力继电器常见故障及排除方法见表 3-11。

表 3-11　压力继电器的故障及排除方法

故障现象	产生原因	排除方法
输出量不合要求或无输出量	1. 微动开关损坏 2. 电气线路故障 3. 阀芯卡死或阻尼孔堵死 4. 进油管道弯曲,变形,使油液流动不畅通 5. 调节弹簧太硬或压力调得过高 6. 管接头处漏油 7. 与微动开关相接的触头未调整好 8. 弹簧和杠杆装配不良,有卡滞现象	1. 更换微动开关 2. 检查原因,排除故障 3. 清洗、修配,达到要求 4. 更换管子,使油液流动畅通 5. 更换合适的弹簧或按要求调节压力值 6. 拧紧接头,消除漏油 7. 精心调整,使接触点接触良好 8. 重新装配,使动作灵敏

续表

故障现象	产生原因	排除方法
灵敏度太差	1. 杠杆轴销处或钢球柱塞处摩擦力过大 2. 装配不良,动作不灵活 3. 微动开关接触行程太长 4. 钢球圆度差 5. 阀芯移动不灵活 6. 接触螺钉、杠杆调整不当	1. 重新装配,使动作灵敏 2. 重新装配,使动作灵敏 3. 合理调整位置 4. 更换钢球 5. 修理或清洗 6. 合理调整位置
信号发出太快	1. 阻尼孔偏大 2. 膜片损坏 3. 系统冲击大 4. 电气系统设计有缺陷	1. 减小阻尼孔 2. 更换 3. 增加阻尼,减小冲击 4. 重新设计电气系统活增加延时继电器

3.2.4 流量控制阀常见故障及排除

流量控制阀是通过改变节流口面积的大小而改变通过阀的流量的阀。在液压系统中，流量控制阀的作用是对执行元件的运动速度进行控制。常见的流量控制阀有节流阀、调速阀、溢流节流阀等。

流量控制阀种类很多，阀中节流口的形式直接影响阀的性能。理论上讲节流口可以是薄壁孔、细长孔和短孔，实际上，受到制造工艺和强度的限制，常见节流口的结构形式主要有图 3-7所示的几种。

图 3-7(a) 所示为针阀式节流口。其节流口的截面形状为环形缝隙。当改变阀芯轴向位置时，节流面积发生改变。此节流口的特点是：结构简单、易于制造，但水力半径小，流量稳定性差。用于对节流性能要求不高的系统。

图 3-7(b) 所示为周向三角槽式节流口。在阀芯上开有周向偏心槽，其截面为三角槽，转动阀芯，可改变通流面积。这种节流口水力半径较针阀式节流口大，流量稳定性较好，但在阀芯上有径向不平衡力，使阀芯转动费力。一般用于低压系统。

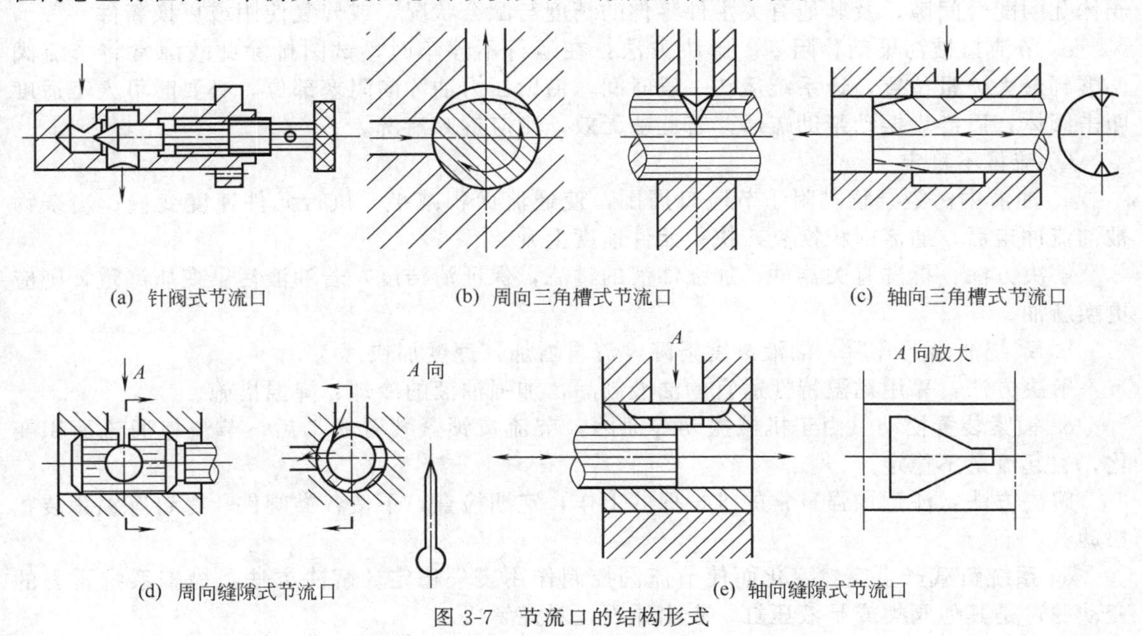

(a) 针阀式节流口　(b) 周向三角槽式节流口　(c) 轴向三角槽式节流口

(d) 周向缝隙式节流口　(e) 轴向缝隙式节流口

图 3-7 节流口的结构形式

图 3-7(c) 所示为轴向三角槽式节流口。在阀芯断面轴向开有两个轴向三角槽，当轴向移动阀芯时，三角槽与阀体间形成的节流口面积发生变化。这种节流口的特点是，工艺性好，径向力平衡，水力半径较大，调节方便。广泛应用于各种流量阀中。

图 3-7(d) 所示为周向缝隙式节流口。为得到薄壁孔的效果，在阀芯内孔局部铣出一薄壁区域，然后在薄壁区开出一周向缝隙（缝隙展开形状如 A 向视图所示）。此节流口形状近似矩形，通流性能较好，由于接近于薄壁孔，其流量稳定特性也较好。但由于存在径向不平衡力，只适用于压力不高、性能要求较高的系统。

图 3-7(e) 所示为轴向缝隙式节流口。此节流口形式为在阀套外壁铣削出一薄壁区域，然后在其中间开一个近似梯形窗口（如 A 向放大图所示）。圆柱形阀芯在阀套光滑圆孔内轴向移动时，阀芯前端与阀套所开梯形窗之间所形成的微小矩形，实现了由矩形到三角形节流口的变化。由于更接近于薄壁孔，且无径向不平衡力，通流性能较好，这种节流口为目前最好的节流口之一，用于要求较高的流量阀上。

(1) 节流阀常见故障、产生原因及排除方法

节流阀是结构最为简单的流量阀，常与其他形式的阀相组合，而形成单向节流阀或行程节流阀。节流阀和单向节流阀在使用中的常见故障是流量调节失灵、流量不稳定、内泄漏量增大等。其故障现象、产生原因及排除方法如下。

① 流量调节失灵或调节范围变小

a. 阀芯卡住

- 阀芯在全关闭位置时径向卡死，调节手轮无油液流出。
- 阀芯在开启位置时径向卡死，调节手轮流量不发生变化。

解决方法：拆卸、检查、修研或更换零件。

b. 单向节流阀进、出油腔安装相反，调节手轮，因单向阀代替节流阀工作，故流量不变。解决方法：重新正确安装。

c. 单向节流阀中的单向阀密封不良，或弹簧变形。解决方法：修研单向阀阀座或更换弹簧。

d. 节流阀阀芯与阀体孔配合间隙不大，造成严重泄漏。解决方法：检查滑阀式阀芯与阀体孔的配合间隙，及其他有关主件零件的精度与配合状况，或修复使用或更换新件。

e. 节流口被污染杂物阻塞。解决方法：在运行不停车时，试图排除此故障常将节流阀调整到最大流量位置，让系统运转一段时间，借助压力油冲向阻塞部位，必要时可人工适度叩击阀体，以产生振动帮助疏通，若此法无效，则应拆卸清洗。

② 流量不稳定

a. 油液中污染杂物黏附于节流口周围，使通流面积减小，执行元件速度变慢；当杂物被油流冲走后，通流面积恢复，执行元件速度上升。

解决方法：拆洗有关器件，加强油液的过滤，保证清洁度，若油液污染变质严重，则应更换新油。

b. 系统油温上升后，油液黏度下降，流量增加，速度加快。

解决方法：采用黏温特性适宜的油液制品，加强油液的冷却、降温措施。

c. 锁紧装置松动。由于机械振动等原因，节流口锁紧装置松动后，节流口通流面积变化，引起流量不稳定。

解决方法：注意加强日常的维护保养工作，定期检查，不使各类阀件、螺钉等锁紧装置松动。

d. 系统负载产生突然变化而使节流阀控制作用丧失稳定。解决方法：检查系统压力的变动源，是其他阀类或是液压缸，查出原因，对症解决。

e. 系统中有空气。解决方法：利用液压系统的驱放空气装置，将系统内空气驱除干净。

f. 内泄漏或外泄漏均会使流量不稳定，造成执行元件工作速度不稳定。解决方法：提高阀的零件的精度和配合间隙或更换新元件。

(2) 调速阀常见故障、产生原因及排除方法

由于通过节流阀的流量受其进出口两端压差变化的影响而变化。在液压系统中，执行元件的负载变化时引起系统压力变化，进而使节流阀两端的压差也发生变化，而执行元件的运动速度是由节流阀控制的流量确定，因此，负载的运动速度也相应发生变化。为了使流经节流阀的流量不受负载变化的影响，必须对节流阀前后的压差进行压力补偿，使其保持在一个稳定的值上。这种带压力补偿的流量阀称为调速阀。

目前调速阀中所采取的保持节流阀前后压差恒定的压力补偿的方式主要有两种：一是将减压阀与节流阀串联，称为调速阀；二是将定压溢流阀与节流阀并联，称为溢流节流阀。调速阀调节刚性大，在执行元件负载变化大，而对运动速度的稳定性又要求较高的液压调速回路中，常常取代节流阀使用。采用调速阀的调速液压回路与采用节流阀的调速回路连接方法完全一致。采用溢流节流阀进行调速控制时，应注意将调速阀串接在执行元件的进油路中。

调速阀在使用中易发生压力补偿装置失灵、流量不稳定、内泄漏增大等故障，产生这些故障的原因及排除方法如下。

① 压力补偿阀芯卡死

a. 阀芯、阀孔尺寸精度及形位公差超差，或间隙过小。

b. 弹簧扭曲、卡住阀芯。

c. 油液污染物卡阻。

解决方法：拆卸检查发生故障的零部件，采用修复、研配、更换新件等办法，恢复其应有的技术精度；更换弹簧；清洗疏通。

② 流量调节装配转动不灵活

a. 流量调节轴被杂质污染物卡阻，清洗疏通。

b. 流量调节轴弯曲，拆下后校正或更换。

③ 节流阀其他故障　参见节流阀故障产生原因及排除方法。

本节分别对节流阀、单项节流阀、调速阀故障现象、产生原因、排除方法作了介绍。现将流量控制阀的故障及排除方法汇总于表3-12中。

表3-12　流量控制阀的故障及排除方法

故障现象	产生原因		排除方法
调节节流阀手轮，不出油	压力补偿器不动作	压力补偿阀芯在关闭位置卡死	
		阀芯、阀套精度差、间隙小	检查精度、修配间隙
		弹簧弯曲变形使阀芯卡住	更换弹簧
		弹簧太软	更换弹簧
	节流阀故障	油液脏、节流口被堵	过滤油液
		手轮与节流阀芯装配不当	重新装配
		节流阀芯连接失落或未装键	更换或补装键
		节流阀芯配合间隙过小或变形	修配间隙、更换零件
		控制轴螺纹被脏物堵住	清洗
	系统未出油	换向阀芯未换向	

续表

故障现象	产生原因			排除方法
输出流量不稳定	压力补偿器故障	压力补偿阀芯工作不灵敏	阀芯卡死	修配使之灵活
			补偿器阻尼孔时通时堵	清洗阻尼孔，过滤油液
			弹簧弯曲、变形、垂直度差	更换弹簧
		压力补偿阀芯在全开位置卡死	补偿器阻尼孔堵死	清洗阻尼孔、过滤油液或更换
			阀芯、阀套精度差，间隙小	修理使之灵活
			弹簧弯曲变形使阀芯卡住	更换弹簧
	节流阀故障		节流口有污物，时通时堵	清洗、过滤或更换油液
			外负载变化引起流量变化	改为调速阀
	油液品质变化		温度过高	找出原因、降温
			温度补偿杆性能差	更换
			油液脏	过滤或更换油液
	泄漏		内、外泄漏	消除泄漏
	单向阀故障		单向阀密封性差	研磨单向阀
	管道振动		系统有空气，锁紧螺母松动	排出气体，锁紧螺母

3.2.5 叠加阀常见故障及排除

叠加阀是叠加式液压阀的简称。叠加阀是在集成块的基础上发展起来的一种新型液压元件，叠加阀的结构特点是阀体本身即是液压阀的机体，又具有通道体和连接体的功能。使用叠加阀可实现液压元件间无管化集成连接，使液压系统连接方式大为简化，系统紧凑，功耗减少，设计安装周期缩短。

目前，叠加阀的生产已形成系列：每一种通径系列的叠加阀的主油路通道的位置、直径，安装螺钉孔的大小、位置、数量都与相应通径的主换向阀相同。因此，每一通径系列的叠加阀都可叠加起来组成相应的液压系统。

在叠加式液压系统中，一个主换向阀及相关的其他控制阀所组成的子系统可以纵向叠加成一阀组，阀组与阀组之间可以用底板或油管连接形成总液压回路。因此，在进行液压系统设计时，完成了系统原理图的设计后，还要绘制成叠加阀式液压系统图。为便于设计和选用，目前所生产的叠加阀都给出其型谱符号。有关部门已颁布了国产普通叠加阀的典型系列型谱。

叠加阀根据工作性能，可分为单功能阀和复合功能阀两类。

叠加阀应用实例见图 3-8。

(1) 叠加阀使用注意事项

叠加阀系列液压系统由于在使用过程中，根据实际需要可以方便地增减液压元件，给新产品的安装调试以及适用、维修、更换提供了方便，但是叠加阀的位置并非可以任意放置，图 3-9 给出了在实际应用中叠加阀位置的正误图。图 3-9(a)、(b) 为速度控制与减压回路安装顺序图，图 3-9(a) 中 B 通 T 时，因单向节流阀的节流作用而产生背压，会使减压阀的开口量随节流阀的压力变化而变化，从而引起其输出流量的变化，使得液压缸输出速度发生变化，而图 3-9(b) 为所示正确安装顺序；图 3-9(c)、(d) 为锁紧回路与减压回路安装顺序

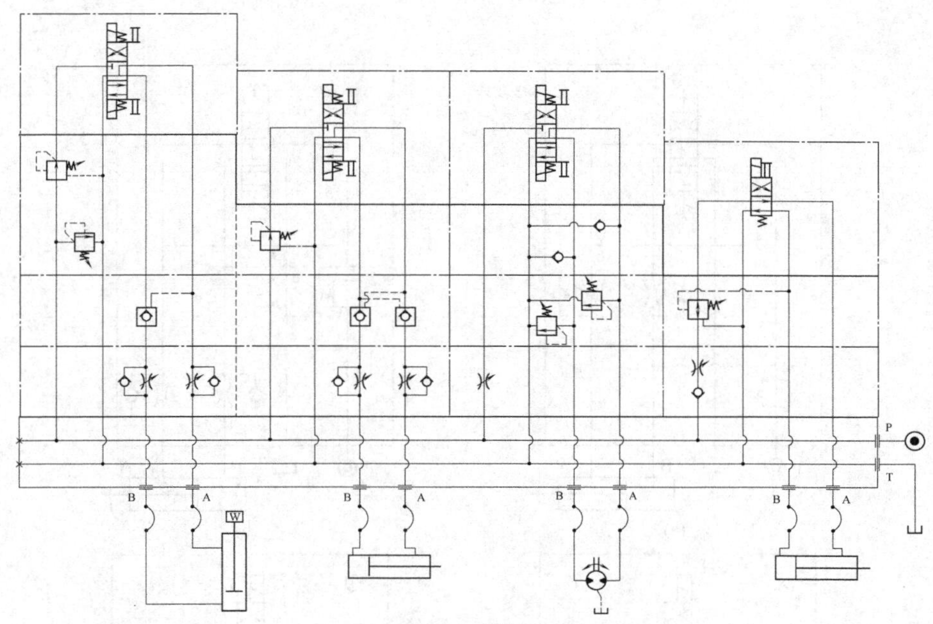

图 3-8　叠加阀应用实例

图，图 3-9(c) 的叠加顺序中，液压缸由于通过先导控制压力油路的泄漏而产生位移，所以使用双液控单向阀不能保证液压缸位置不变，而图 3-9(d) 所示为正确安装顺序；图 3-9(e)、(f) 为速度控制与锁紧回路安装顺序图，图 3-9(e) 中 A 通 T 时或 B 通 T 时，因单向节流阀的节流作用而产生背压，会使双液控单向阀作重复的关闭动作，使得液压缸产生振动，而图 3-9(f) 所示为正确安装顺序。

(2) 叠加阀常见故障及排除

由于叠加阀本身既是通路，又是液压元件，所以前面所述的液压元件的常见故障与排除方法完全适用于叠加阀。

3.2.6　插装阀常见故障及排除

插装阀又称为二通插装阀、逻辑阀、锥阀，简称插装阀，是一种以二通型单向元件为主体、采用先导控制和插装式连接的新型液压控制元件。插装阀具有一系列的优点，主阀芯质量小、行程短、动作迅速、响应灵敏、结构紧凑、工艺性好、工作可靠、寿命长，便于实现无管化连接和集成化控制等，特别适用于高压大流量系统。二通插装阀控制技术在锻压机械、塑料机械、冶金机械、铸造机械、船舶、矿山以及其他工程领域得到了广泛的应用。

(1) 插装阀的基本结构及工作原理

二通插装阀的主要结构包括插装件、控制盖板、先导控制阀和集成块四部分组成，如图 3-10 所示。

① 插装件　由阀芯、阀体、弹簧和密封件等组成，可以是锥阀式结构，也可以是滑阀式结构。插装件是插装阀的主体，插装元件为中空的圆柱形，前端为圆锥形密封面的组合体，性能不同的插装阀其阀芯的结构不同，如插装阀芯的圆锥端可以为封堵的锥面，也有带阻尼孔或开三角槽的圆锥面。插装元件安装在插装块体内，可以自由轴向移动。控制插装阀芯的启闭和开启量的大小，可以控制主油路液体的油流方向、压力和流量。常用插装元件的结构和职能符号如图 3-11 所示。

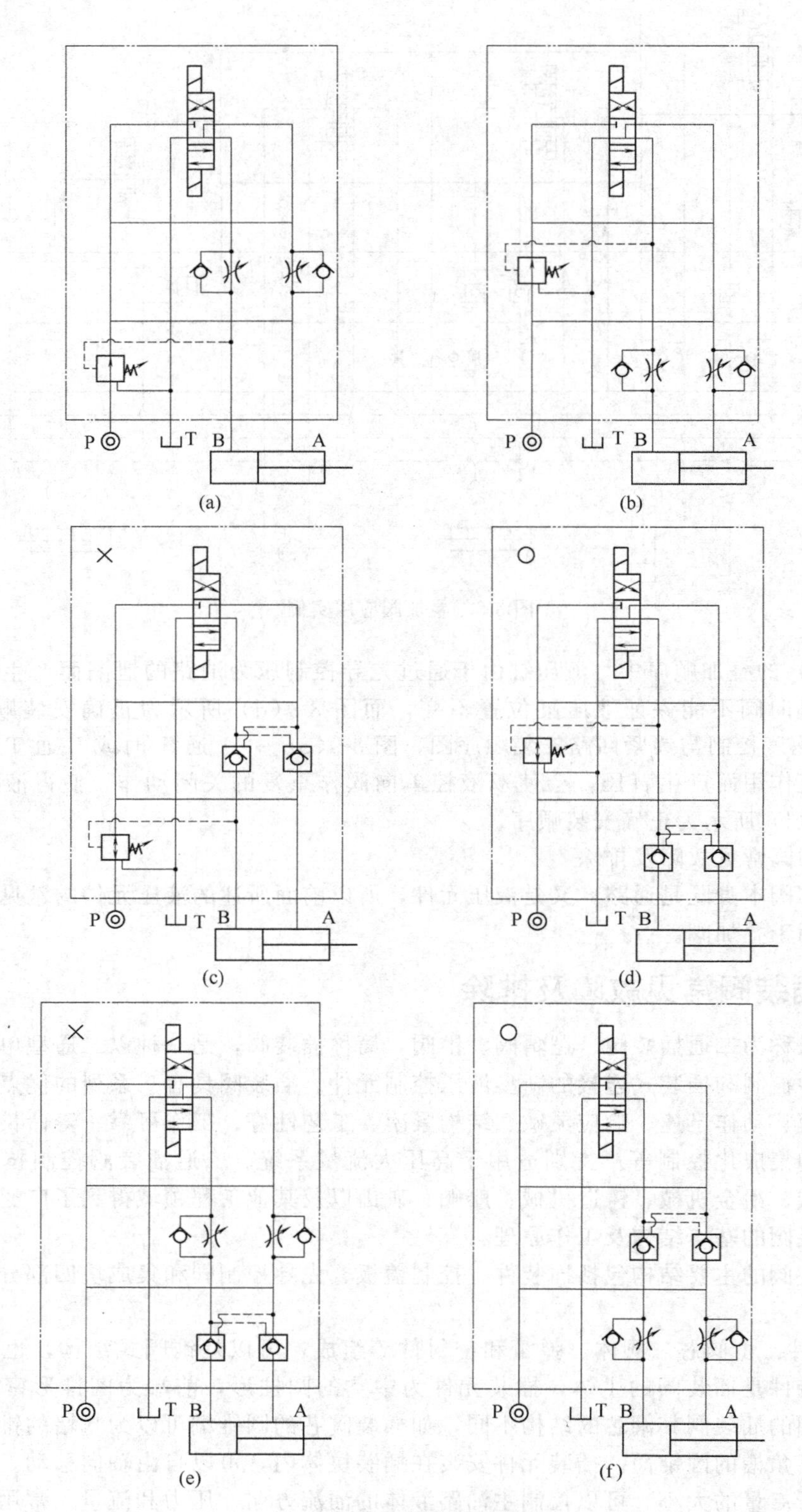

图 3-9 叠加阀位置正误图

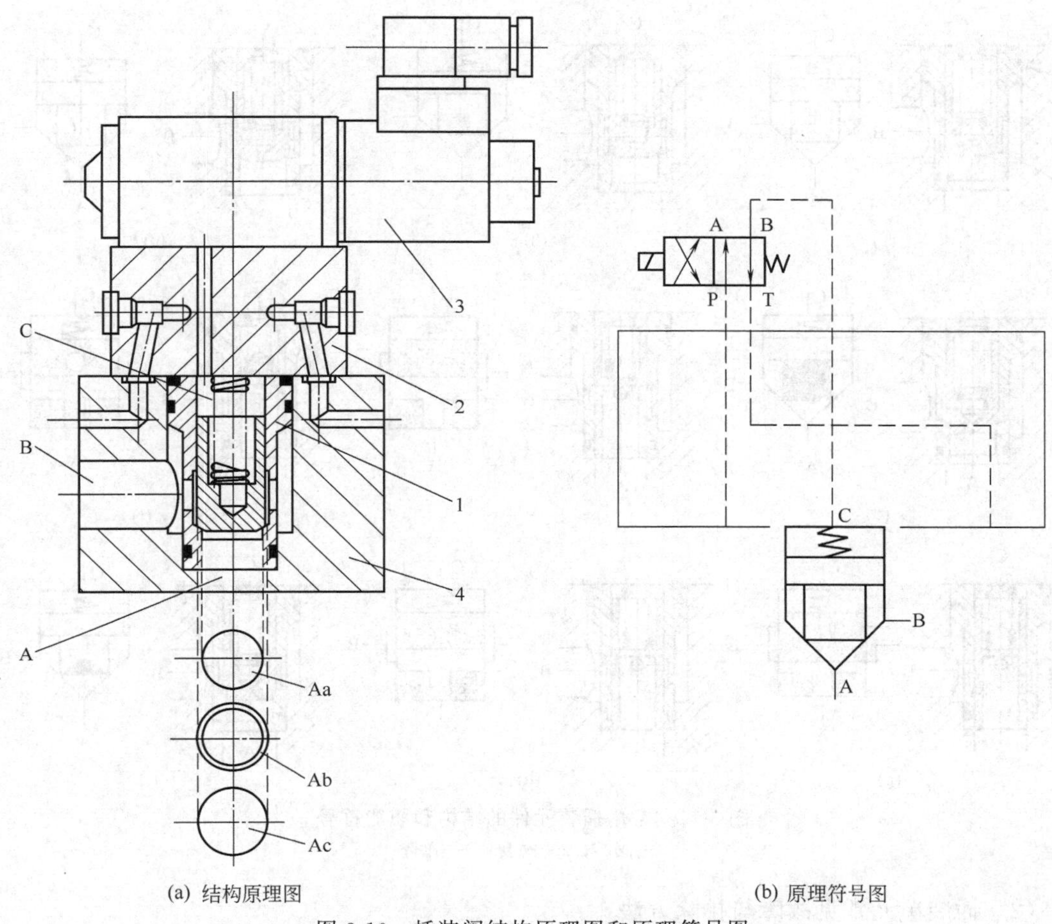

(a) 结构原理图

(b) 原理符号图

图 3-10　插装阀结构原理图和原理符号图

1—插装件；2—控制盖板；3—先导控制阀；4—集成块

② 控制盖板　由盖板内嵌装各种微型先导控制元件（如梭阀、单向阀、插式调压阀等）以及其他元件组成。内嵌的各种微型先导控制元件与先导控制阀结合可以控制插装件的工作状态；在控制盖板上还可以安装各种检测插装件工作状态的传感器等。根据控制功能不同，控制盖板可以分为方向控制盖板、压力控制盖板和流量控制盖板三大类。当具有两种以上功能时，称为复合控制盖板。控制盖板主要功能是固定插装件、沟通控制油路与主阀控制腔之间的联系等。

③ 先导控制阀　安装在控制盖板上（或集成块上），对插装件动作进行控制的小通径控制阀。主要有 6mm 和 10mm 通径的电磁换向阀、电磁球阀、压力阀、比例阀、可调阻尼器、缓冲器以及液控先导阀等。当主插件通径较大时，为了改善其动态特性，也可以用较小通径的插装件进行两级控制。先导控制元件用于控制插装件阀芯的动作，以实现插装阀的各种功能。

④ 集成块　用来安装插装件、控制盖板和其他控制阀，沟通主要油路。

选择适当的插装元件，连接不同的控制盖板或与不同的先导控制阀，可组成各种功能的大流量插装阀。例如可以组成插装方向控制阀、插装压力控制插装阀和插装式流量阀。总之插装阀经过适当的连接和组合，可组成各种功能的液压控制阀。实际的插装阀系统是一个集方向、流量、压力于一体的复合油路，一组插装油路也可以由不同通径规格的插装件组合，也可与普通液压阀组合组成复合系统，也可以与比例阀组成电液比例控制的插装阀系统。

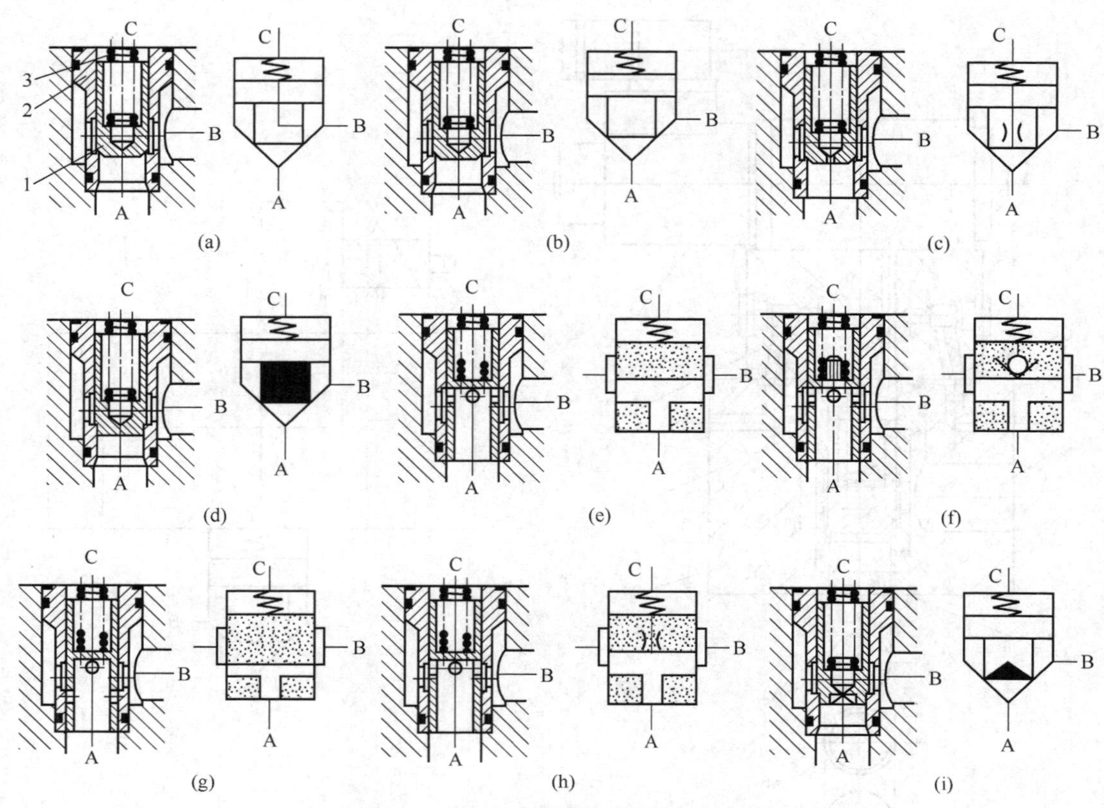

图 3-11 常用插装元件的结构和职能符号

1—阀芯；2—阀套；3—弹簧

(2) 插装单元常见故障与排除方法

插装阀是由先导控制部分和插装单元组成，先导控制部分与普通小流量电磁换向阀、压力控制阀、流量控制阀（节流阀）完全相同，所以先导控制阀的故障排除方法可以参照前面有关章节的内容。而插装单元部分其实质从原理上讲就是起“开”和“关”的作用，从结构上看，相当于一个单向阀。插装单元主要故障如下。

① 失去“开”和“关”的功能，不动作 产生这一故障的主要原因是阀芯卡死在开启或关闭的位置，具体原因如下。

a. 油液中的污物进入阀芯与阀套的配合间隙中。

b. 阀芯棱边处有毛刺，或者阀芯外表面有损伤。

c. 阀芯外圆和阀套内控几何精度差，产生液压卡紧。

d. 阀套嵌入集成块的过程中，内孔变形；或者阀芯和阀套配合间隙过小而卡住阀芯。

解决方法：过滤或更换液压油，保持油液清洁，处理阀芯和阀套的配合间隙至合理值，并注意检测阀芯和阀套的加工精度。

② 反向开启，不能可靠关闭 如图 3-12 所示，当 1DT 与 2DT 均断电时，两个插装单元的控制腔 X_1 与 X_2 均与控制油接通，此时两个插装单元应关闭。但当 P 腔卸荷或突然降至较低压力，而 A 腔还存在比较高的压力时，插装单元 1 可能开启，A、P 腔反向接通，不能可靠关闭，由于插装单元 2 的出口接油箱，并不存在反向开启的问题。

解决方法：如图 3-12(b) 所示，在控制油路上增加一个梭阀，来确保控制油路 X_1 上腔的压力，从而确保插装单元 1 的可靠关闭。

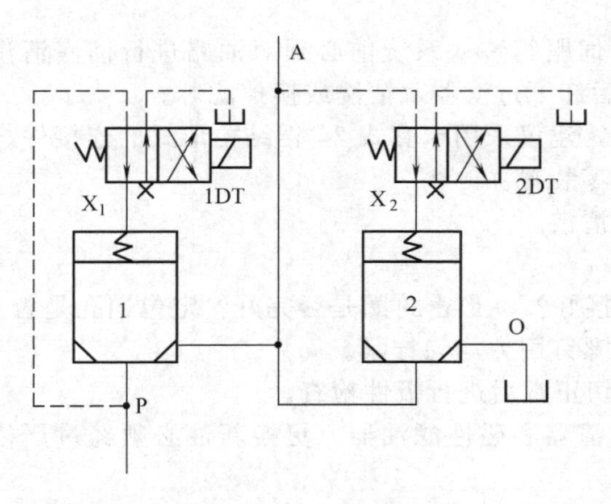

(a) 插装单元 1 不能可靠关闭

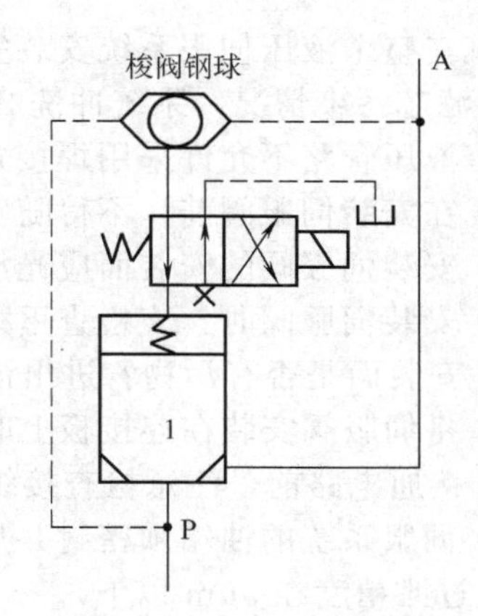

(b) 插装单元 1 能可靠关闭

图 3-12 插装阀的检查

应当指出的是当梭阀因污染原因卡住或梭阀密封性差时，也会出现反向开启问题。

③ 不能封闭保压

a. 导阀的原因：这种情况往往出现在使用普通电磁换向阀（滑阀式）作先导阀的情况下，由于普通电磁换向阀泄漏的原因，造成插装单元不能保压。

解决方法：如图 3-13 所示，采用零泄漏电磁球阀或外控式液控单向阀作导阀。

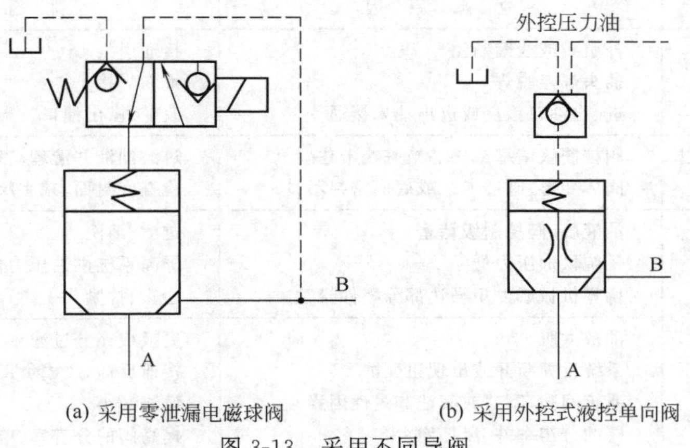

(a) 采用零泄漏电磁球阀　　(b) 采用外控式液控单向阀

图 3-13 采用不同导阀

b. 插装单元本身的原因

- 阀芯与阀套的配合锥面不密合。
- 阀套外圆柱面上的 O 形密封圈失效。

解决方法：提高阀芯与阀座的加工精度，确保良好的密封；更换密封圈。

④ 内、外泄漏　内泄漏的原因：阀芯与阀套配合间隙超差或锥面密合不良。

外泄漏的原因：先导控制阀与插装单元之间的结合面密封件损坏。

解决方法：提高阀芯与阀座的加工精度，确保良好的密封；更换密封圈。

3.2.7 伺服阀常见故障及排除

（1）伺服阀使用注意事项

① 特别注意油路的过滤和清洗问题，进入伺服阀前必须安装有过滤精度在 5μm 以下的精密过滤器。

② 在整个液压伺服系统安装完毕后，伺服阀装入系统前必须对油路进行彻底清洗，同时观察滤芯污染情况，系统冲洗24～36h后卸下过滤器，清洗或换掉滤芯。

③ 液压管路不允许采用焊接式连接件，建议采用卡套式24°锥结构形式的连接件。

④ 在安装伺服阀前，不得随意拨动调零装置。

⑤ 安装伺服阀的安装面应光滑平直、清洁。

⑥ 安装伺服阀时，应检查下列各项。

a. 安装面是否有污物？进出油口是否接好？O形密封圈是否完好？定位销孔是否正确？

b. 将伺服阀安装在连接板上时，连接螺钉用力均匀拧紧。

c. 接通电路前，注意检查接线柱，一切正常后进行极性检查。

⑦ 伺服系统的油箱须密封并加空气滤清器和磁性滤油器。更换新油必须经过严格的精过滤（过滤精度在5μm以下）。

⑧ 液压油定期更换，每半年换油一次，油液尽量保持40～50℃的范围内工作。

⑨ 伺服阀应严格按照说明书规定的条件使用。

⑩ 当系统发生严重的故障时，应首先检查和排除电路和伺服阀以外的环节后，再检查伺服阀。

(2) 伺服阀常见故障及排除

伺服阀常见故障及排除见表3-13。

表3-13 伺服阀常见故障及排除方法

现象	故障原因	排除方法
阀不工作(无流量、压力输出)	外引线或线圈断路 插头焊点脱焊 进、出油口接反或进出油未接通	接通引线 重新焊接 改变进、出油口方向或接通油路
阀输出流量或压力过大或不可控	阀控制级堵塞或阀芯被脏物卡住 阀体变形、阀芯卡死或底面密封不良	过滤油液并清理堵塞处 检查密封面，减小阀芯变形
阀反应迟钝，响应降低，零漂增大	油液脏、阀控制级堵塞 系统供油压力低 调零机械或力矩马达部分零件松动	过滤、清洗 提高系统供油压力低 检查、拧紧
阀输出流量或压力不能连续控制	油液太脏 系统反馈断开或出现正反馈 系统间隙、摩擦或其他非线性因素 阀的分辨率差、滞环增大	更换或充分过滤 接通反馈，改成负反馈 设法减小 提高阀的分辨率、减小滞环
系统出现抖动或振动	油液太脏，油中有气体 系统开环增益太大，系统接地干扰 放大器电源滤波不良 放大器噪声大 阀线圈或插头绝缘变差 阀控制级时通时堵	更换或充分过滤、排空 减小增益，消除接地干扰 处理电源 处理放大器 更换 过滤油液，清理控制级
系统变慢	油液太脏 系统极限环振荡 执行机构阻力大 阀零位灵敏度差 阀的分辨率差	更换或充分过滤 调整极限环参数 减小摩擦力，检查负载情况 更换或充分过滤油液，锁紧零位调整机构 提高阀的分辨率
外泄漏	安装面精度差或有污物 安装面密封件漏装或老化损坏 弹簧管损坏	清理安装面 补装或更换 更换

3.2.8 比例阀常见故障及排除

比例（控制）阀是一种能使所输出油液的参数（压力、流量和方向）随输入电信号参数（电流、电压）的变化而成比例的液压控制阀，它是集开关式电液控制元件和伺服式电液控制元件的优点于一体的新型液压控制元件。

同普通液压元件分类一样，比例控制阀按所控制参数种类的不同可分为比例压力阀、比例流量阀、比例方向阀和比例复合阀。按所控制参数的数量可分为单参数控制阀和多参数控制阀，比例压力阀、比例流量阀属于单参数控制阀，比例方向复合比例阀属于多参数控制阀。

由于比例控制阀能使所控制的参数成比例变化，所以，比例控制阀可使液压系统大为简化，所控参数的精度大为提高，特别是近期高性能电液比例阀的出现，使比例控制阀应用获得越来越广阔的空间。

比例控制阀由比例调节机构和液压阀两部分组成，前者结构较为特殊，性能也不同于所学过的电磁阀；后者与普通的液压阀十分相似。

比例阀种类很多，几乎所有种类、功能的普通液压阀都有相应种类、功能的电液比例阀。按照功能不同电液比例阀可分为电液比例压力阀、电液比例方向阀、电液比例流量法以及复合功能阀等。按反馈方式电液比例阀又可分为不带位移电反馈型和带位移电反馈型，前者配用普通比例电磁铁，控制简单，价格低廉，但其功率参数、重复精度等性能较差，用于要求不高的控制系统；后者控制精度高、动态特性好，适用于各类要求较高的控制系统。

比例阀的主要应用是用于比例压力回路、比例流量回路、比例方向回路或比例压力、流量符合控制回路，在比例阀的应用过程中，其比例信号的调节都是计算机（或 PLC）通过比例放大器来实现的。

(1) 使用注意事项

① 安装比例阀前应仔细阅读生产厂家的产品样本等技术资料，详细了解使用安装条件和注意事项。

② 比例阀应正确安装在连接底板上，注意不要损坏或漏装密封件，连接板平整、光洁，固定螺栓时用力均匀。

③ 放大器与比例阀配套使用，放大器接线要仔细，不要误接。

④ 油液进入比例阀前，必须经过滤精度 20μm 以下的过滤器过滤，油箱必须密封并加空气滤清器，使用前对比例系统要经过充分清洗、过滤。

⑤ 比例阀的零位、增益调节均设置在放大器上。比例阀工作时，要先启动液压系统，然后施加控制信号。

⑥ 注意比例阀的泄油口要单独回油箱。

(2) 常见故障与排除方法

① 常见故障如下。

a. 放大器接线错误或使用电压过高烧坏放大器。

b. 电气插头与阀连接不牢固。

c. 由于使用不当，致使电流过大烧坏电磁铁；或电流太小驱动力不够。

d. 比例阀安装方向错误，进出油口不在安装底板的正确位置，或底板加工精度差，底面渗油。

e. 油液污染导致元件卡死；杂质磨损零件使内泄漏增加。

② 排除方法如下。

a. 正确接线、控制工作电压在放大器的范围内。

b. 进一步牢固连接或更换。

c. 正确使用，合理选择，或在电磁铁输入电路中增加限电流元件。

d. 正确安装、处理安装面和密封件。

e. 充分过滤或更换液压油、对磨损零件进行配磨或更换。

3.3 液压执行元件使用与维修

液压系统中执行元件的作用是将压力能转化为机械能，对外做功。根据做功方式不同，分为两大类：以直线方式做功的执行元件为液压缸，液压缸的输入量是液体的流量和压力，输出量是直线速度和力。液压缸的活塞能完成往复直线运动，输出有限的直线位移。以旋转方式做功的执行元件为液压马达，其输出是转矩和转速。

3.3.1 液压马达常见故障及排除

液压马达通常分为高速和低速两大类。

额定转速高于500r/min的为高速液压马达，主要形式有齿轮式、螺杆式、叶片式和轴向柱塞式。其特点是转速较高、功率密度高、转动惯量小、排量小，启动、制动、调速及换向方便，但输出转矩不大，通常为几十到几百牛米，在大多数情况下不能直接满足工程上负载对转矩和转速的要求，往往需要配置减速机构，所以其应用受到一定限制。

额定转速低于500r/min的为低速液压马达，低速液压马达排量大，体积也大，转速在低到每分钟几转时仍能输出几千到几万牛米的转矩，这就是通常所说的低速大转矩液压马达。其主要形式有多作用内曲线柱（球）塞式液压马达和曲轴连杆、静压平衡时径向柱塞形液压马达，它适用于直接连接并驱动负载，且启动、加速时间短，性能好，所以在工程实践中得到了广泛应用。本节以QJM、QKM型柱（球）塞式轴转液压马达和壳转液压马达为例，详细介绍其结构、特点、使用与维护、常见故障与排除方法。

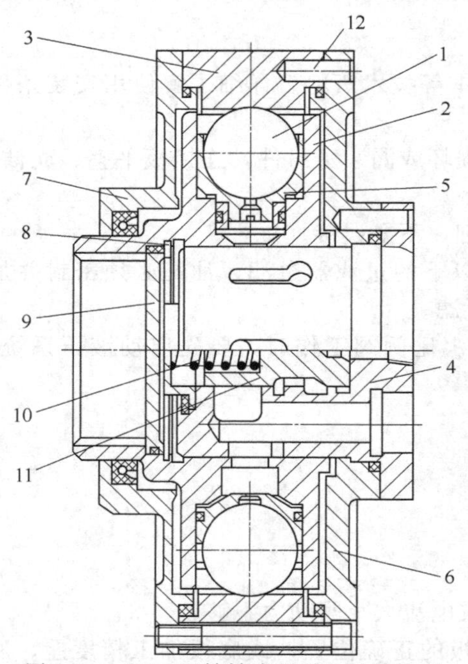

图 3-14 QJM型轴转液压马达的结构图

1—钢球；2—缸体；3—分片式导轨；4—配流轴；5—柱塞；6—后盖；7—前盖；8—孔用挡圈；9—封油闷头；10—弹簧；11—变速阀；12—定位销

(1) QJM、QKM型液压马达结构简介

多作用内曲线柱（球）塞式液压马达有两种形式，轴转式和壳转式。图3-14为QJM型轴转液压马达的结构图，由图可见，QJM型轴转液压马达主要由缸体2、分片式导轨3、钢球1、柱塞5及配流轴4等组成。其柱塞5制成阶梯状。这样在其头部可容纳直径较大的钢球1，从而降低导轨曲面和柱塞球窝之间的比压。切向力由钢球经柱塞大端传给缸体2（转子），故属于柱塞传力结构。壳体是分片式的，由导轨3和后盖6、前盖7用螺钉连成整体。配流轴4是组合式，通过螺钉与后盖6固定。

图3-15为QKM型壳转液压马达的结构图。其特点是：缸体2固定，与导轨固定的马达壳体1旋转，配流轴3与马达壳体一起转动。配流轴3与马达壳体1之间通过十字联轴器4连接，因而配流轴具有一定的浮动性，配流轴的轴向位置由左端小套中的弹簧5确定。

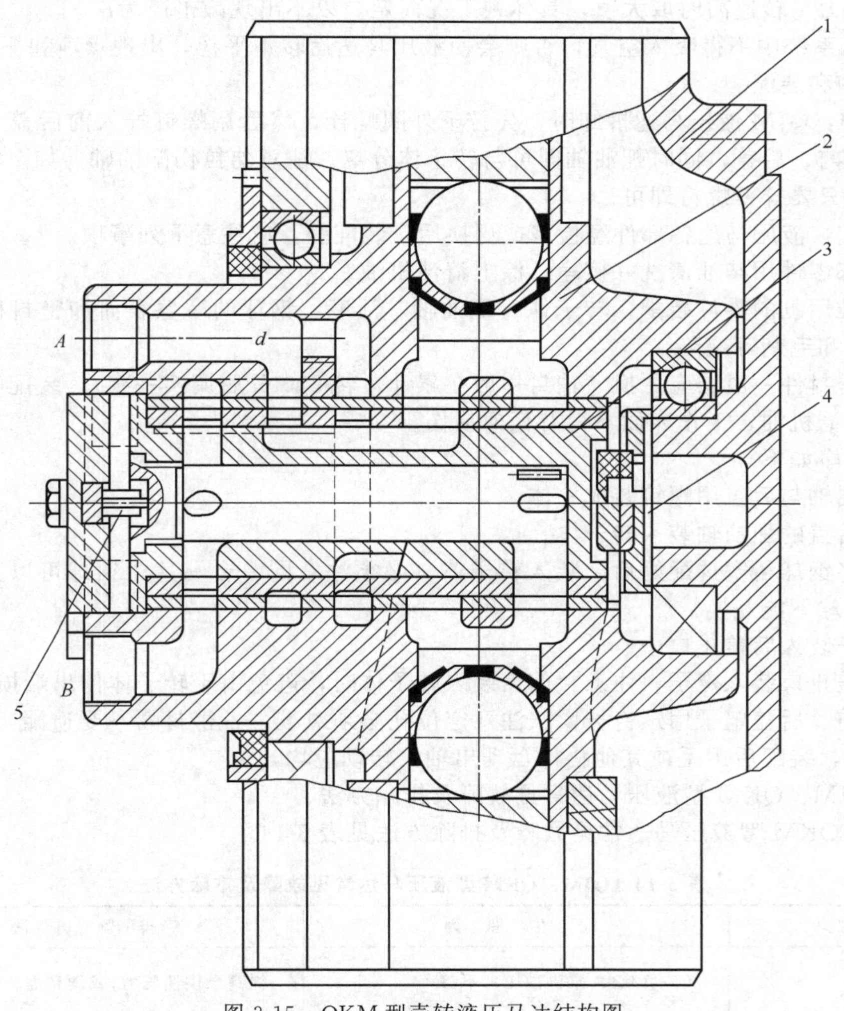

图 3-15　QKM 型壳转液压马达结构图

1—马达壳体；2—缸体；3—配流轴；4—十字联轴器；5—弹簧

(2) QJM、QKM 型液压马达的调整、使用与维护

① 转速的调整　液压马达在投入运转前先和工作机构脱开在空载状态先启动，再从低速到高速逐步调试，并注意空载排气，然后反转。同时，应检查壳体温升和噪声是否正常，待空载运转正常后，停机将液压马达与工作机构连接再次启动液压马达从低速到高速负载运动。

② 使用和维护

a. 液压系统使用的工作液应根据工作转速、工作压力和工作温度选用不同牌号的油，一般情况下建议选用 46 号抗磨液压油（或与它相似的油），在使用压力较低情况下可以使用一般机械油，当工作转速较低、油温较高时可选用黏度较高的油，当转速较高、油温较低时可选用黏度较低的油。

b. 新装液压马达的系统，工作油在运转 2～3 月后应调换一次，以后每隔 1～2 年换一次油，具体视使用条件和工作环境而定。

c. 一般情况下液压马达壳体温度应在 80℃以下。

d. 液压马达在工作中存在着作为泵工况时，液压马达的主回路应有 0.3～0.8MPa 的回油或供油压力，转速高时取大值，具体视工况而定，以不出现敲击声为准。

e. 液压系统中不得吸入空气，否则会使液压马达运转不平稳，出现噪声和振动。

③ 拆卸和装配

a. 拆卸：QJM液压马达拆卸时，先拧下外圈螺栓，然后用螺钉拧入前后盖上的启盖螺孔即可拆卸前、后盖，同时配油轴即可与转子体分离。注意勿拉伤配油轴。如要将配油轴与后盖拆开，只要拧下螺钉即可。

b. 装配：液压马达各部件经检修或更换后，装配前，应注意下列事项。

• 全部零件用柴油清洗并擦净，涂上清洁机油。

• 不准用脏的零件装配。转子体、配油轴、活塞、钢球的摩擦表面和密封槽不允许有伤痕、凹陷和毛刺等缺陷。

• 各密封件一般均应更换（轴封一般在累计运转2000h后调换一次），装配时密封件表面应涂以清洁机油，工作表面不得有任何损伤。

装配次序如下。

• 配油轴与后盖用螺钉装成一体。

• 带后盖的配油轴装入转子体。

• 先将钢球活塞选配好后，装入转子体（必须注意同一台马达中钢球可以互换，但不同马达中钢球不能互换）。

• 定子装入后盖止口中。

• 前盖止口装入定子。注意：前盖装入转子体时，避免由于转子体伸出端损坏油封。

• 把前、后盖定子用螺钉拧紧（注意定位孔必须对准，各密封圈不要遗漏），除带制动器的马达外，装配后用手或其他物件盘动出轴，转动应均匀。

（3）QJM、QKM型液压马达常见故障及排除方法

QJM、QKM型液压马达常见故障及排除方法见表3-14。

表3-14 QJM、QKM型液压马达常见故障及排除方法

故障现象	产生原因	排除方法
1. 马达不转或转动很慢	(1)负载大，泵供油压力不够	提高泵供油压力，或调高溢流阀、溢流压力
	(2)旋入马达壳体泄油孔接头长度太长，造成与转子相摩擦	检查泄油接头长度
	(3)连接马达输出轴同心度严重超差，输出轴太长，或转子后退与后盖相摩擦	拆下马达，调整与马达连接输出轴
2. 冲击声	(1)补油压力不够(即回油背压不够)	提高补油压力，可采用在回油路上加单向阀或节流阀来解决
	(2)油中有空气	检查油路，消除进气的原因或排出空气
	(3)液压泵供油不连续或换向阀频繁换向	检查并消除液压泵和换向阀故障
	(4)液压马达零件损坏	拆检液压马达
3. 液压马达壳体温升不正常	(1)油温太高	• 检查系统各元件，有无不正常故障，如各元件正常则应加强油液冷却 • 对制动器液压马达如果负载压力不足以打开制动器(负载压力小于制动器打开压力)，应在回油管路上加背压方法解决
	(2)产生故障现象1中(2)、(3)情况	按故障相应方法排除
	(3)液压马达效率低	拆检液压马达修理或换新的

续表

故障现象	产生原因	排除方法
4. 泄油量大，马达转动无力	(1)液压马达活塞环损坏	拆开液压马达调换活塞环
	(2)液压马达配油轴与转子体之间配合面损坏，主要是因油液中杂质造成嵌入配油轴与转子体之间的配合面，互相“咬”坏	检查配油轴，重新选配时，清洗管道和油箱
5. 马达有外泄漏	(1)密封圈损坏	拆开马达，调换密封圈
	(2)由故障现象1中(2)、(3)情况造成马达壳体腔压力提高，冲破密封圈所致	按故障相应方法排除
6. 液压马达入口压力表有极不正常的颤动	(1)油中有空气	消除油中产生空气的原因，可观察油箱回油处有无泡沫
	(2)液压马达有异常	拆检液压马达

(4) QJM、QKM型液压马达转速变慢故障分析

在调试包含有液压马达的液压传动系统时若遇到液压马达不转或转动缓慢或不稳定的现象，这和系统构成有关，原因也不尽相同。在液压传动系统中，遇到这种情况，除了检查溢流阀的毛病外还要检查有关的单向阀是否漏油。又如在装有平衡阀和常闭式制动器的起重回路中，遇到下降负荷时出现“点头”现象时，就应检查、调节（如可调）平衡阀的开启压力和制动回路中的单向节流阀，使它们和负荷相匹配。

(5) QJM、QKM型液压马达典型故障检查流程图

QJM、QKM型液压马达典型故障检查流程见图3-16。

3.3.2 液压缸常见故障及排除

为了满足各种主机的不同用途，液压缸有多种类型。

按供油方向分，可分为单作用缸和双作用缸。单作用缸只是往缸的一侧输入高压油，靠其他外力使活塞反向回程。双作用缸则分别向缸的两侧输入压力油。活塞的正反向运动均靠液压力完成。

按结构形式分，可分为活塞缸、柱塞缸、摆动缸和伸缩套筒缸。按活塞杆的形式分，可分为单活塞杆缸和双活塞杆缸。

按缸的特殊用途分，可分为串联缸、增压缸、增速缸、步进缸等。此类缸都不是一个单纯的缸筒，而是和其他缸筒和构件组合而成，所以从结构的观点看，这类缸又叫组合缸。

图3-17所示的是一个双作用单杆活塞液压缸的结构图。

此缸是工程机械中的常用缸。它的主要零件是缸底2、活塞8、缸筒11、活塞杆12、导向套13和端盖15。此缸结构上的特点是活塞和活塞杆用卡环连接，因而拆装方便；活塞上的支承环9由聚四氟乙烯等耐磨材料制成，摩擦力也较小；导向套可使活塞杆在轴向运动中不致歪斜，从而保护了密封件；缸的两端均有缝隙式缓冲装置、可减少活塞在运动到端部时的冲击和噪声。此类缸的工作压力为12～15MPa。

液压缸作为液压系统的一个执行部分，其运行故障的发生往往和整个系统有关，不能孤立地看待，即存在影响液压缸正常工作的外部原因，当然也存在液压缸自身内在原因，所以在排除液压缸运行故障时要认真观察故障的征兆，采用逻辑推理、逐步逼近的方法，从外部

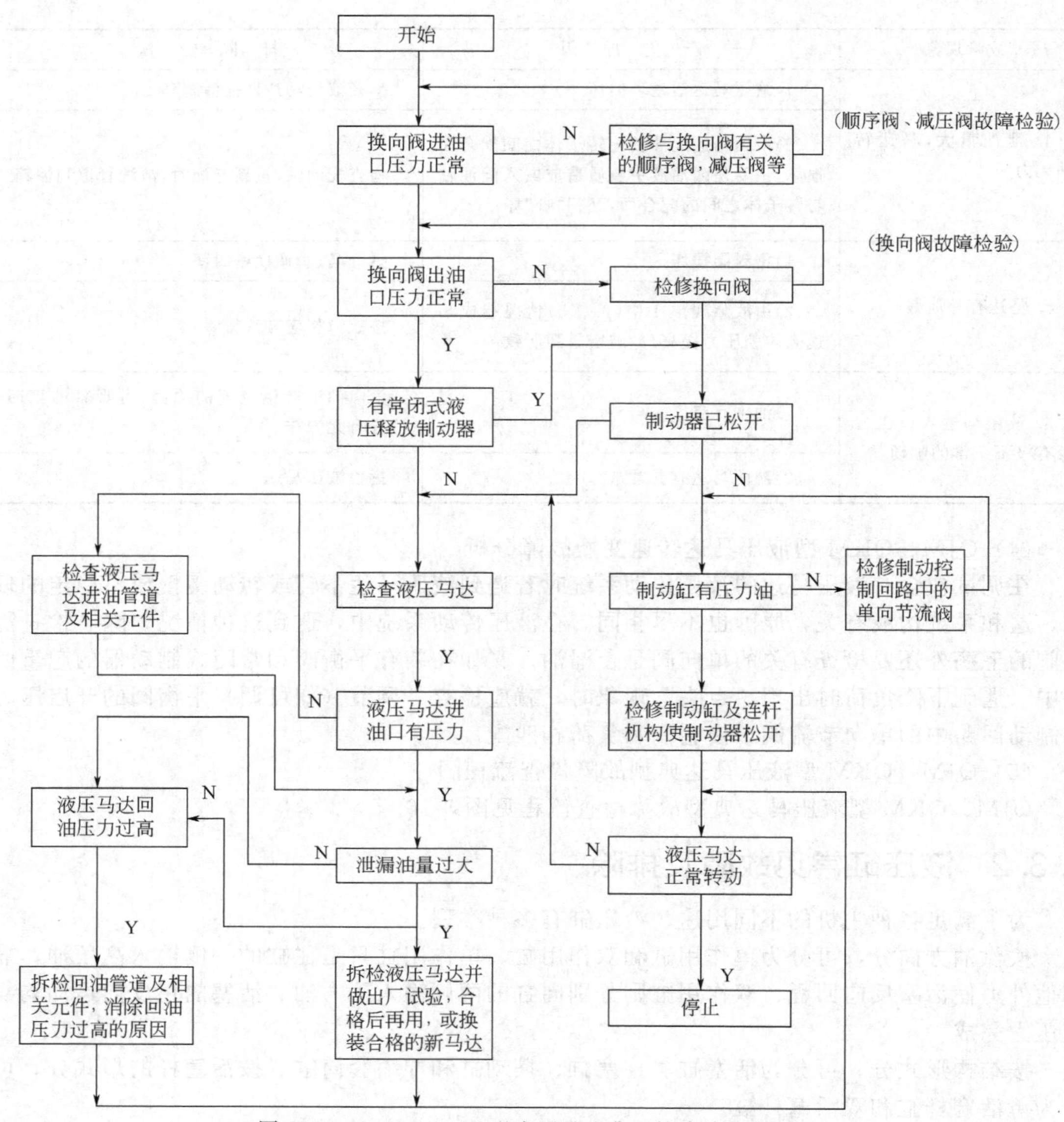

图 3-16　QJM、QKM 型液压马达典型故障检查流程图

到内在仔细分析故障原因，从而找出适当的解决办法，避免盲目地大拆大卸，造成事倍功半、停机停产。虽然，液压缸运动故障的原因是多种多样的，但它和任何事物一样，其故障的发生也是有一定条件和规律的，只要掌握了这些条件和规律，加上实践经验的积累，排除其故障并不困难。

排除液压缸不能正常工作的故障，可参考如下顺序。

• 明确液压缸在启动时产生的故障性质。如运动速度不符合要求；输出的力不合适；没有运动；运动不稳定；运动方向错误；动作顺序错误；爬行等。不论出现哪种故障，都可归结到一些基本问题上，如流量、压力、方向、方位、受力情况等方面。

• 列出对故障可能发生影响的元件目录。如缸速太慢，可以认为是流量不足所致，此时应列出对缸的流量造成影响的元件目录，然后分析是否流量阀堵塞或不畅、缸本身泄漏、压力控制阀泄漏过大等，有重点地进行检查试验，对不合适的元件进行修理或

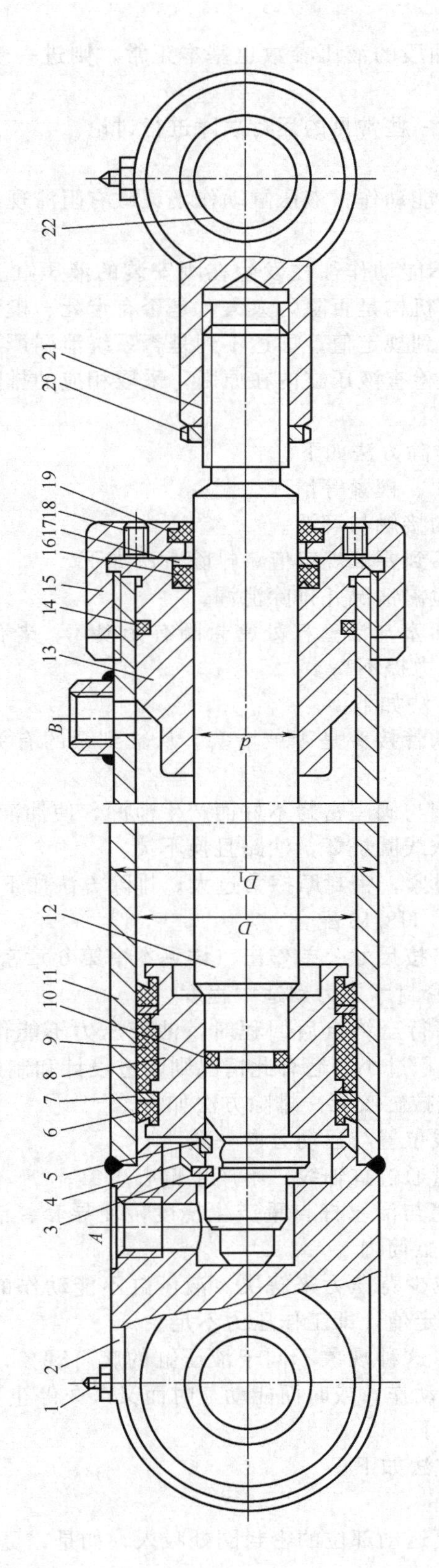

图3-17　双作用单杆活塞液压缸的结构图

1—螺钉；2—缸底；3—弹簧卡圈；4—挡环；5—卡环(由2个半圆组成)；6—密封圈；7,17—挡圈；8—活塞；9—支承环；10—活塞与活塞杆之间的密封圈；11—缸筒；12—活塞杆；13—导向套；14—导向套和缸筒之间的密封圈；15—端盖；16—导向套和活塞杆之间的密封圈；18—锁紧螺钉；19—防尘圈；20—锁紧螺母；21—耳环；22—耳环衬套圈更换。

• 如有关元件均无问题，各油段的液压参数也基本正常，则进一步检查液压缸自身的因素。

液压缸运行故障众多，下面就一些常见的运行故障进行讨论。

（1）液压缸动作不良

液压缸动作不良大多表现为不能动作；液压缸动作不灵敏有阻滞现象；液压缸运动有爬行现象。

① 液压缸不能动作　液压缸不能动作往往发生在刚安装的液压缸上。首先从液压缸外部检查原因：检查液压缸所拖动的机构是否阻力太大，是否有卡死、楔紧、顶住其他部件等情况；检查进油口的液压力是否达到规定值，如达不到是否系统泄漏严重、溢流阀调压不灵等。排除了外部因素后，再进一步检查液压缸内在原因，采取相应的排除方法。现将液压缸不能动作的原因及排除方法分析如下。

a. 执行运动部件阻力太大。排除方法如下。

• 检查和排除运动机构的卡死、楔紧等情况。

• 检查并改善运动部件导轨的接触与润滑。

b. 进油口油液压力太低，达不到要求规定值。排除方法如下。

• 检查有关油路系统的各处泄漏情况并排除泄漏。

• 液压缸内泄漏过多，检查活塞与活塞杆处密封圈有无损坏、老化、松脱等；检查液压泵、压力阀是否有故障，致使压力提不高。

c. 油液未进入液压缸。排除方法如下。

• 检查油管、油路，特别是软管接头是否被堵塞。从缸到泵的有关油路依次检查并排除堵塞现象。

• 溢流阀的阀座有污物，锥阀与阀座密封不好而产生泄漏，使油液自动流回油箱。

• 电磁阀的弹簧损坏，电磁铁线圈烧坏，油路且换不灵。

d. 液压缸本身滑动部位配合过紧，密封摩擦力过大。排除方法如下。

• 活塞杆与导向套的配合采用 H8/f8 配合。

• 密封圈槽的深度与宽度严格按尺寸公差作出（详见本书第 6 章密封装置内容）

• 如用 V 形密封圈时，调整密封摩擦力到适中程度。

e. 由于设计和制造不当，活塞行至终点后回程时，油液压力不能作用在活塞的有效工作面积上，或启动时，有效工作面积过小。遇有此情况则改进设计和制造。

f. 横向载荷过大，受力别劲或拉缸咬死。排除方法如下。

• 安装液压缸时，使缸的轴线位置与运动方向一致。

• 使液压缸所承受的负载尽量通过缸轴线，不产生偏心现象。

• 长液压缸水平放置时，活塞与活塞杆自重产生挠度，使导套、活塞产生偏载，因此缸盖密封损坏、漏油，活塞卡死在缸筒内。

g. 液压缸的背压力太大。以减少背压力来解决。液压缸不能动作的重要原因之一是进油口油液压力太低，达不到要求规定值，即工作压力不足。

② 动作不灵敏，有阻滞现象　这种现象不同于液压缸的爬行现象，信号发出以后液压缸不立即动作，有短时间停顿后再动作，或时而能动，时而又久久停止不动，很不规则。这种动作不灵敏的原因及排除方法如下。

a. 液压缸中空气过多。排除方法如下。

• 通过排气阀排气。

• 检查空气是否由活塞杆往复运动部位的密封圈处吸入，如是，更换密封圈。

b. 液压泵运转有不规则现象。如振动、噪声大；压力波动厉害；泵转动有阻滞；轻度咬死现象。

c. 有缓冲装置的液压缸，反向启动时，单向阀孔口太小，使进入缓冲腔油量太小，甚至出现真空，因此在缓冲柱塞离开端盖的瞬间，引起活塞一时停止或逆退现象。

d. 活塞运动速度大时，单向阀的钢球跟随油流流动，以致堵塞阀孔，使动作不规则。

e. 橡胶软管内层剥离，使油路时通时闭，造成液压缸动作不规则。排除方法：更换橡胶软管。

f. 有一定横向载荷。

③ 运动有爬行现象　爬行现象即液压缸运动时出现跳跃式时停时走的运动状态，这种现象尤其在低速时容易发生，这是液压缸最主要的故障之一。发生液压缸爬行现象的原因有液压缸之外的原因与液压缸自身的原因。

a. 液压缸之外的原因

• 运动机构刚度太小，形成弹性系统。排除方法：适当提高有关组件的刚度，减少弹性变形。

• 液压缸安装位置精度差。

• 相对运动件间静摩擦因数之间差别太大，即摩擦力变化太大。排除方法：在相对运动表面之间涂一层防爬油（如二硫化钼润滑油），并保证良好的润滑条件。

• 导轨的制造与装配质量差，使摩擦力增加，受力情况不好。排除方法：提高制造与装配质量。

b. 液压缸自身原因

• 液压缸内有残留空气，工作介质形成弹性体。排除方法：充分排除空气；或检查液压泵吸油管直径是否太小，吸油管接头密封要好，防止泵吸入空气。

• 密封摩擦力过大。排除方法：调整密封摩擦力到适中程度，活塞杆与导向套的配合采用 H8/f8 配合；密封圈槽的深度与宽度严格按尺寸公差做出。

• 液压缸滑动部位有严重磨损、拉伤和咬着现象。产生这些现象的原因是：负载和液压缸定心不良；或安装支架安装调整不良。排除方法：重新装配后仔细找正，安装支架的刚度要好。

c. 载荷大。

d. 缸筒或活塞组件膨胀，受力变形。排除方法：修整变形部位，变形严重时需要更换有关组件。

e. 缸筒、活塞之间产生电化学反应。排除方法：重新更换电化学反应小的材料或更换零件。

f. 材质不良，易磨损、拉伤、咬死。排除方法：更换材料，进行恰当的热处理或表面处理。

g. 油液中杂质多。排除方法：清洗后换液压油及滤油器。

h. 活塞杆全长或局部弯曲。排除方法如下。

• 校整活塞杆。

• 卧式安装液压缸的活塞杆伸出长度过长时应加支撑。

i. 缸筒内孔与导向套的筒轴度不好而引起憋劲现象产生爬行。排除方法：保证二者的同轴度。

j. 缸筒孔径直线性不良（鼓形、锥度等）。排除方法：镗磨修复，然后根据镗磨后缸筒的孔径配活塞或增装 O 形橡胶封油环。

k. 活塞杆两端螺母并得太紧，使其同轴度不良。排除方法：活塞杆两端螺母不宜并得太紧，一般用手旋紧即可，保证活塞杆处于自然状态。

(2) 液压缸不能达到预定的速度和推力

① 运动速度达不到预定值　运动速度达不到预定值的原因及排除方法如下。

a. 液压泵输油量不足。排除方法参见液压泵的故障排除方法。

b. 液压缸进油路油液泄漏。排除方法：排除管路泄漏；检查溢流阀锥阀与阀座密封情况，如密封不好而产生泄漏，使油液自动流回油箱。

c. 液压缸的内外泄漏严重，其中以内泄漏为主要原因。排除方法详见“液压缸的泄漏”。

d. 运动速度随行程的位置不同而有所下降，是由于缸内憋劲使运动阻力增大所致。排除方法：提高零件加工精度（主要是缸筒内孔的圆度和圆柱度）及装配质量。

e. 液压回路上，管路阻力压降及背压阻力太大，压力油从溢流阀返回油箱的溢流量增加，使速度达不到要求。

排除方法如下。

• 回油管路不可太细，管径大小一般按管内流速 3～4m/s 计算确定为好。
• 减少管路弯曲。
• 背压力不可太高。

f. 液压缸内部油路堵塞和阻尼。排除方法：拆除清洗。

g. 采用蓄能器实现快速运动时，速度达不到的原因可能是蓄能器的压力和容量不够。排除方法：重新计算校核。

液压缸运动速度达不到预定值的重要原因之一是流量供给不足，这往往与泵源回路有关，为了便于找出问题的所在，现列出系统流量不足诊断程序框图，见图 3-18，以作参考。

② 液压缸的推力不够　液压缸的推力不够可能引起液压缸不动作（前已分析）或动作不正常。其原因及排除方法如下。

a. 引起运动速度达不到预定值的各种原因也会引起推力不够。排除方法详见前述。

b. 溢流阀压力调节过低，或溢流阀调节不灵。排除方法：调高溢流阀的压力；修理溢流阀。

c. 反向回程启动时，有于有效工作面积过小而推不动。排除方法：增加有效工作面积。

(3) 液压缸的泄漏

① 泄漏途径　液压缸的泄漏包括外泄漏和内泄漏两种情况。外泄漏是指液压缸缸筒与缸盖、缸底、油口、排气阀、缓冲调节阀、缸盖与活塞杆处等外部的泄漏，它容易从外部直接观察出。内泄漏是指液压缸内部高压腔的压力油向低压腔渗漏，它发生在活塞与缸内壁、活塞内孔与活塞杆连接处。内泄漏不能从外部直接观察到，需要从单方面通入压力油，将活塞停在某一点或终端以后，观察另一油口是否还向外漏油，以确定是否有内部泄漏。不论是外泄漏，还是内泄漏，其泄漏原因，主要是密封不良，连接处接合不良等。

② 主要泄漏原因

a. 密封不良

液压缸各处密封性能不良会发生外泄漏或内泄漏，密封性能不良有诸多原因，具体如下。

• 安装后密封件发生破损。排除方法：正确设计和制造密封槽底径、宽度和密封件压缩量；密封槽不可有飞边、毛刺，适当倒角，防刮坏密封件；装配时注意勿使螺丝刀等锐利

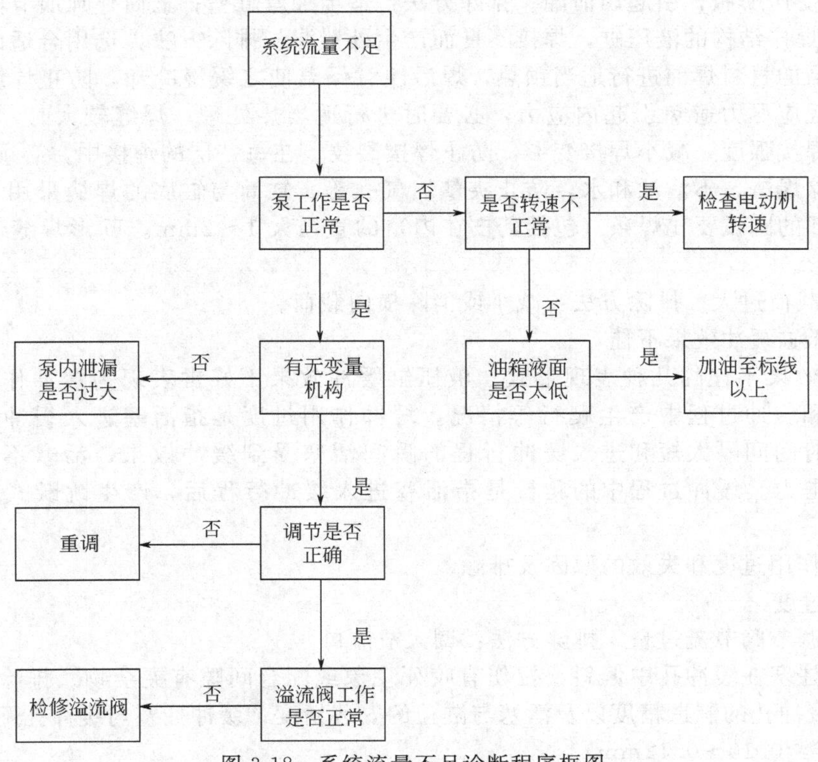

图 3-18 系统流量不足诊断程序框图

工具压伤密封件，特别是不能使密封件唇边损伤。

• 密封件因被挤出而损坏。排除方法：保证密封面的配合间隙，间隙不可太大，采用 H8/f8 配合；在高压和有冲击力作用的液压缸，安装密封保护挡圈。

• 密封件急剧磨损而失去密封作用。排除方法：密封槽宽度不可过宽，槽底表面粗糙度要小于 $Ra1.6\mu m$，防止密封件前后移动加剧磨损；密封件材质要好，截面直径不可超差；不可用存放时间过长引起老化、甚至龟裂的密封件；活塞杆处密封件的磨损，通常是由于导向套滑动磨损后的微粒所引起，因此注意导向套材料的选用，导向套内表面清除毛刺，活塞杆和导向套活动表面粗糙度小（$Ra=0.4\sim0.2\mu m$）；装配时必须保证工作台的导轨和液压缸缸筒中心线，在全行程范围内达到同心要求后，再进行紧固；密封件上特别是唇边处不可混入极小的杂质微粒，以免加剧密封件磨损。

• 密封圈方向装反。排除方法：密封圈唇边面向压力油一方。

• 密封结构选择不合理，压力已超过它的额定值。排除方法：选择合理密封结构。

b. 连接处结合不良。连接处结合不良主要引起外泄漏，结合不良的原因如下。

• 缸筒与端盖用螺栓紧固连接时：结合部分的毛刺或装配毛边引起结合不良而引起初始泄漏；端面 O 形密封圈有配合间隙；螺栓紧固不良。排除方法：针对具体原因排除。

• 缸筒与端盖用螺纹连接时，紧固端盖时未达到额定转矩；密封圈密封性能不好。排除方法：针对具体原因排除。

• 液压缸进油管口引起泄漏。排除方法：排除因管件振动而引起管口连接松动；管路通径大于 15mm 的管口，可采用法兰连接。

c. 液压缸泄漏的其他原因

• 缸筒受压膨胀，引起内泄漏。排除方法：适当加厚缸壁；缸筒外圆加卡箍。

• 采用焊接结构的液压缸，焊接不良而产生外泄漏。排除方法：选用合适的焊条材料；对含碳量较高的材料焊前进行适当预热，焊后注意保温使之缓慢冷却，防止焊缝应力裂纹；焊接工艺过程应尽力避免引起内应力，必要时进行适当热处理；焊缝较大时，采取分层焊接，以保证焊接强度，减小焊接变形，防止焊接裂纹。在每一层的焊接中，必须保证焊缝清洁，彻底清除焊渣，不沾油和水，防止夹渣、气孔等。缸筒与缸底的焊缝采用U形焊缝最好，焊缝底部的圆弧要比焊条（包括药皮在内）的直径大1～2mm。U形焊缝焊接面积小，缸筒不易变形。

• 横向载荷过大。排除方法：减小或消除横向载荷。

（4）液压缸缓冲效果不佳

① 缓冲效果不佳的几种表现形式。液压缸缓冲效果不好常表现为缓冲作用过度、缓冲作用失效和缓冲过程中产生爬行等情况。缓冲作用过度是指活塞进入缓冲行程到活塞停止运动的时间间隔太短和进入缓冲行程的瞬间活塞受到缓冲效果，活塞不减速，给缸底很大的撞击力。缓冲过程中的爬行是指活塞进入缓冲行程后，产生跳跃式的时停时走运动状态。

② 缓冲作用过度和失效的原因及排除

a. 作用过度

• 缓冲调节阀节流过量。排除方法：调大节流口。

• 缓冲柱塞在缓冲孔中偏斜、拉伤有咬死现象或配合间隙有夹杂物。排除方法：提高缓冲柱塞和缓冲孔的制造精度以及活塞与缸盖的安装精度；缓冲柱塞与缓冲孔配合间隙δ要适当（通常$\delta \geqslant 0.10 \sim 0.12$mm）。

b. 缓冲作用失效

• 缓冲阀、节流阀调整不灵。排除方法：重新研磨阀座，保证调节阀锥阀与阀座配合；节流孔的加工要保证垂直度和同轴度。

• 缓冲柱塞和缓冲孔间隙合间隙太大。排除方法：配合间隙控制在$\delta \geqslant 0.10 \sim 0.12$mm。

• 缓冲腔容积过小，引起缓冲腔压力过大。排除方法：加大缓冲腔直径和长度。

• 缓冲装置的单向阀在回油路时堵不住。排除方法：排除单向阀故障。

c. 缓冲过程爬行。缓冲柱塞与缓冲孔发生干涉，引起运动别劲而爬行。

（5）液压缸运行时发出不正常的响声

产生原因及排除方法如下。

① 空气混入液压缸　空气混入液压缸引起液压缸运行不稳定，造成缸内油液中气泡挤裂声。

排除方法：液压缸端头设置排气装置，排除缸内空气。

② 相对滑动面配合过紧　如活塞与缸筒配合过紧，或有研伤、拉痕，除发出不正常响声外，甚至会使液压缸运动困难。

排除方法：滑动配合面采用H8/f8配合，缸筒内圆表面粗糙度Ra为0.4～0.2μm。

③ 密封摩擦力过大，滑动面缺少润滑油，引起相对滑动时产生摩擦声　排除方法如下。

a. 正确设计和制造密封槽底径、宽度和密封件压缩量。

b. 对有唇边的密封圈，如若刮油压力过大，把润滑油膜破坏了，可用砂纸轻轻打磨唇边，使唇边变软一点。

④ 假若是“嘭嘭”声，则往往是活塞上的尼龙导向支承环与缸壁间的间隙太小或支承

环变形过量引起 排除方法：整修导向支撑环或变换导向支承环。

液压缸故障原因及排除方法见表3-15。

表3-15 液压缸故障原因及排除方法

<table>
<tr><th colspan="2">故障现象</th><th>原因分析</th><th>排除方法</th></tr>
<tr><td rowspan="6">活塞杆不能动作</td><td rowspan="3">压力不足</td><td>1. 油液未进入液压缸
(1)换向阀未换向
(2)系统未供油</td><td>(1)检查换向阀未换向的原因并排除
(2)检查液压泵和主要液压阀的原因并排除</td></tr>
<tr><td>2. 有油，但没有压力
(1)系统有故障，主要是泵或溢流阀有故障
(2)内部泄漏，活塞与活塞杆松脱，密封件损坏严重</td><td>(1)更换或溢流阀的故障原因并排除
(2)将活塞与活塞杆紧固牢靠，更换密封件</td></tr>
<tr><td>3. 压力达不到规定值
(1)密封件老化、失效，唇口装反或有破损
(2)活塞杆损坏
(3)系统调定压力过低
(4)压力调节阀有故障
(5)压力调速阀的流量过小，因液压缸内泄漏，当流量不足时会影响压力不足</td><td>(1)检查泵密封件，并正确安装
(2)更换活塞环
(3)重新调整压力，达到要求值
(4)检查原因并排除
(5)调速阀的通过流量必须大于液压缸的泄漏量</td></tr>
<tr><td rowspan="3">压力已达到要求，但仍不动作</td><td>1. 液压缸结构上的问题
(1)活塞端面与缸筒端面紧贴在一起，工作面积不足，不能启动
(2)具有缓冲装置的缸筒上单向回路被活塞堵住</td><td>(1)端面上要加一条通油，使工作油液流向活塞的工作端面，缸筒的进出油口位置应与接触表面错开
(2)排除</td></tr>
<tr><td>2. 活塞杆移动“别劲”
(1)缸筒与活塞，导向套与活塞杆配合间隙过小
(2)活塞杆与夹布胶木导向套之间的配合间隙过小
(3)液压缸装配不良(如活塞杆、活塞和缸盖之间同轴度差、液压缸与工作平台平行度差</td><td>(1)检查配合间隙，并配研到规定值
(2)检查配合间隙，修配导向套孔，达到要求的配合间隙
(3)重新装配和安装，对不合格零件更换</td></tr>
<tr><td>3. 液压回路引起的原因，主要是液压缸背压腔油液未与油箱相通，回油路上的调速节流口调节过小或换向阀未动作</td><td>检查原因并消除</td></tr>
<tr><td rowspan="2">速度达不到规定</td><td>内泄漏严重</td><td>1. 密封件破损严重
2. 油的黏度太低
3. 油温过高</td><td>更换密封件
更换适宜黏度的液压油
检查原因并排除</td></tr>
<tr><td>外载过大</td><td>1. 设计错误，选用压力过低
2. 工艺和使用错误，造成外载比预定值大</td><td>核算后更换元件，调大工作压力
按设备规定值使用</td></tr>
</table>

续表

故障现象		原因分析	排除方法
速度达不到规定	活塞移动时“别劲”	1. 加工精度差、缸筒孔锥度和圆度超差 2. 装配质量差 (1)活塞,活塞杆与缸盖之间同轴度差 (2)液压缸与工作平台平行度差 (3)活塞杆与导向套配合隙小	检查零件尺寸,对无法修复的零件更换 (1)按要求重新装配 (2)按要求重新装配 (3)检查配合间隙,修配导向套孔,达到要求的配合间隙
	脏物进入滑动部位	1. 油液过脏 2. 防尘圈破损 3. 装配时未清洗干净或带入脏物	过滤或更换油液 更换防尘圈 拆开清洗,装配时要注意清洁
	活塞在端部行程速度急剧下降	1. 缓冲节流阀的节流口调节过小,在进入缓冲行程时,活塞可能停止或速度急剧下降 2. 固定式缓冲装置中节流孔直径过小 3. 缸盖上固定式缓冲节流环与缓冲柱塞之间间隙小	缓冲节流阀的开口度要调节适宜,并能起缓冲作用 适当加大节流孔直径 适当加大间隙
	活塞移动到中途速度较慢或停止	1. 缸壁内径加工精度差,表面粗糙,使内泄量增大 2. 缸壁发生胀大,当活塞通过增大部位时,内泄量增大	修复或更换缸筒 更换缸筒
液压缸爬行	液压缸活塞杆运动“别劲”	见“压力已达到要求,但仍不动作”项	
	缸内进入空气	1. 新液压缸,修理后的液压缸或设备停机时间过长的缸,缸内有气或液压缸管道中排气不净 2. 缸内部形成负压,从外部吸入空气 3. 从液压缸到换向阀之间的管道容积比液压缸内容积大得多,液压缸工作时,这段管道上油液未排完,所以空气也很难排完 4. 泵吸入空气 5. 油液中混入空气	空载大行程往复运动,直到把空气排完 先用油脂封住结合面和接头处,若吸空情况有好转,则将螺钉及接头紧固 可在靠近液压缸管道的最高处加排气阀,活塞在全行程情况下运动多次,把气排完后,再把排气阀关闭 拧紧泵的吸油管接头 液压缸排气阀放气,或换油(油质本身欠佳)
缓冲装置故障	缓冲作用过度	1. 缓冲节流阀的节流开口过小 2. 缓冲柱塞“别劲“(如柱塞头与缓冲间隙太小,活塞倾斜或偏心) 3. 在斜柱塞头与缓冲环之间有脏物 4. 固定式缓冲装置柱塞头与衬套之间间隙太小	将节流口调节到合适位置并紧固 拆开清洗,适当加大间隙,对不合格零件应更换 修去毛刺并清洗干净 适当加大间隙

续表

故障现象		原因分析	排除方法
缓冲装置故障	失去缓冲作用	1. 缓冲调节阀处于全开状态	调节到合适位置并紧固
		2. 惯性能量太大	应设计合适的缓冲机构
		3. 缓冲节流阀不能调节	修复或更换
		4. 单向阀处于全开状态或单向阀阀座封闭不严	检查尺寸,更换锥阀芯和钢球,更换弹簧,并配研修复
		5. 活塞上的密封件破损,当缓冲腔压力升高时,工作液体从此腔向工作压力一腔倒流,故活塞不减速	更换密封件
		6. 柱塞头或衬套内表面上有伤痕	修复或更换
		7. 镶在缸盖上的缓冲环脱落	修理换新缓冲环
		8. 缓冲柱塞锥面长度与角度不对	给予修正
	缓冲行程段出现“爬行”	1. 加工不良,如缸盖、活塞端面不合要求,在全长上活塞与缸筒间隙不均匀;缸盖与缸筒不同轴;缸筒内径与缸盖中心线偏差大,活塞与螺母端面垂直度不合要求造成活塞杆弯曲等	对每个零件均仔细检查,不合格零件不许使用
		2. 装配不良,如缓冲柱塞与缓冲环相配合的孔有偏心或倾斜等	重新装配,确保质量
有泄漏	装配不良	1. 液压缸装配时端盖装偏,活塞杆与缸筒定心不良,使活塞杆伸出困难,加速密封件磨损	拆开检查,重新装配
		2. 液压缸与工作台导轨面平行度差,使活塞杆伸出困难,加速密封件磨损	拆开检查,重新安装,并更换密封件
		3. 密封件安装差错,如密封件划伤、切断、密封唇装反,唇口破损或轴倒角尺寸不对,装错或漏装	更换并重新安装密封件
		4. 密封件压盖未装好	
		(1)压盖安装有偏差	(1)重新安装
		(2)紧固螺钉受力不均	(2)拧紧螺钉并使受力均匀
		(3)紧固螺钉过长,使压盖不能压紧	(3)按螺孔深度合理选配螺钉长度
	密封件质量不佳	1. 保管期太长,自然老化失效 2. 保管不良,变形或损坏 3. 胶料性能差,不耐油或胶料与油液相容性差 4. 制品质量差,尺寸不对,公差不合要求	更换密封件
	活塞杆和沟加工抽量差	1. 活塞杆表面粗糙,活塞杆头上的倒角不符合要求或未倒角	表面粗糙度应为 $Ra0.2\mu m$,并按要求倒角
		2. 沟槽尺寸及精度不合要求	
		(1)设计图样有错误	(1)按有关标准设计沟槽
		(2)沟槽尺寸加工不符合标准	(2)检查尺寸,并修正到要求尺寸
		(3)沟槽精度差,毛刺多	(3)修正并去毛刺
	油的黏度过低	1. 用错了油品 2. 油液中渗有乳化液	更换合适的油液
	油温过高	1. 液压缸进油口阻力太大	检查进油口是否通畅
		2. 周围环境温度太高	采取隔热措施
		3. 泵或冷却器有故障	检查原因并排除

续表

故障现象		原因分析	排除方法
有泄漏	高频振动	1. 紧固螺钉松动 2. 管接头松动 3. 安装位置变动	应定期紧固螺钉 应定期紧固管接头 应定期紧固安装螺钉
	活塞杆拉伤	1. 防尘圈老化,失效 2. 防尘圈内侵入砂粒,切屑等脏物	更换防尘圈 清洗更换防尘圈,修复活塞杆表面拉伤处

3.4 液压辅助元件使用与维修

在液压系统中，蓄能器、滤油器、油箱、热交换器、管件等元件属于辅助元件，这些元件结构比较简单，功能也较单一，但对于液压系统的工作性能、噪声、温升、可靠性等，都有直接的影响。因此应当对液压辅助元件，引起足够的重视。在液压辅助元件中，大部分元件（油箱除外）都已标准化，并有专业厂家生产，对于设计者选用即可，而对于使用者，关键是使用、维护、故障诊断与排除。

3.4.1 滤油器常见故障及排除

（1）滤油器的作用及性能

① 滤油器的作用　在液压系统中，由于系统内的形成或系统外的侵入，液压油中难免会存在这样或那样的污染物，这些污染物的颗粒不仅会加速液压元件的磨损，而且会堵塞阀件的小孔，卡住阀芯，划伤密封件，使液压阀失灵，系统产生故障。因此，必须对液压油中的杂质和污染物的颗粒进行清理，目前，控制液压油洁净程度的最有效方法就是采用滤油器。滤油器的主要功用就是对液压油进行过滤，控制油的洁净程度。

② 滤油器的性能指标　滤油器的主要性能指标主要有过滤精度、通流能力、压力损失等，其中过滤精度为主要指标。

a. 过滤精度。滤油器的工作原理是用具有一定尺寸过滤孔的滤芯对污物进行过滤。过滤精度就是指，滤油器从液压油中所过滤掉的杂质颗粒的最大尺寸（以污物颗粒平均直径 d 表示）。

目前所使用的滤油器，按过滤精度可分为四级：粗滤油器（$d \geqslant 0.1$mm）、普通滤油器（$d \geqslant 0.01$mm）、精滤油器（$d \geqslant 0.001$mm）和特精滤油器（$d \geqslant 0.0001$mm）。

过滤精度选用的原则是：使所过滤污物颗粒的尺寸小于液压元件密封间隙尺寸的1/2。系统压力越高，液压件内相对运动零件的配合间隙越小，因此，需要的滤油器的过滤精度也就越高。液压系统的过滤精度主要取决于系统的压力。表3-16为滤油器过滤精度选择推荐值。

表3-16　滤油器过滤精度选择推荐值

系统类型	润滑系统	传动系统			伺服系统
压力/MPa	0～2.5	14	$14<p<21$	>21	21
过滤精度/μm	100	25～50	25	10	5

b. 通流能力。滤油器的通流能力一般用额定流量表示，它与滤油器滤芯的过滤面积成正比。

c. 压力损失。指滤油器在额定流量下的进出油口间的压差。一般滤油器的通流能力越好，压力损失也越小。

d. 其他性能。滤油器的其他性能主要指：滤芯强度、滤芯寿命、滤芯耐蚀性等定性指标。不同滤油器这些性能会有较大的差异，可以通过比较确定各自的优劣。

(2) 滤油器的使用与安装

① 滤油器的选用　选择滤油器时，主要根据液压系统的技术要求及滤油器的特点综合考虑来选择。主要考虑的因素有以下几个。

a. 系统的工作压力。系统的工作压力是选择滤油器精度的主要依据之一。系统的压力越高，液压元件的配合精度越高，所需要的过滤精度也就越高。

b. 系统的流量。过滤器的通流能力是根据系统的最大流量而确定的，一般，过滤器的额定流量必须大于系统的实际流量，否则滤油器的压力损失会增加，滤油器易堵塞，寿命也缩短。但滤油器的额定流量越大，其体积和造价也越大，因此应选择合适的流量。特别应当注意的是：吸、回油滤油器最好是实际流量的 2 倍左右。

c. 滤芯的强度　滤油器滤芯的强度是一重要指标。不同结构的滤油器有不同的强度。在高压或冲击大的液压回路应选用强度高的滤油器。

② 滤油器的安装　滤油器的安装是根据系统的需要而确定的，一般可安装在图 3-19 所示的各种位置上。

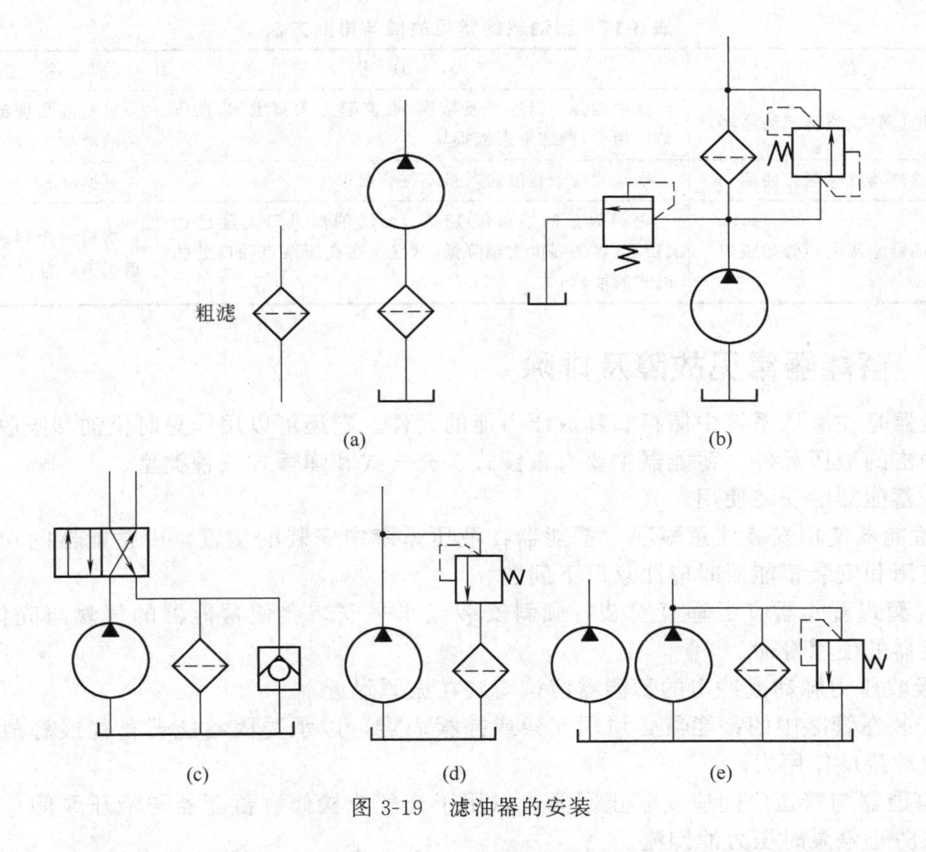

图 3-19　滤油器的安装

a. 安装在液压泵的吸油口。如图 3-19(a) 所示，在泵的吸油口安装滤油器，可以保护系统中的所有元件，但由于受泵吸油阻力的限制，只能选用压力损失小的网式滤油器。这种滤油器过滤精度低，泵磨损所产生的颗粒会进入系统，无法对系统其他液压元件进行完全保护，还需其他滤油器串在油路上使用。

b. 安装在液压泵的出油口上。如图 3-19(b) 所示，这种安装方式可以有效地保护除泵以外的其他液压元件，但由于滤油器是在高压下工作，滤芯需要有较高的强度，为了防止滤油器堵塞而引起液压泵过载或滤油器损坏，常在滤油器旁设置一堵塞指示器或旁路阀加以保护。

c. 安装在回油路上。如图 3-19(c) 所示将滤油器安装在系统的回油路上。这种方式可以把系统内油箱或管壁氧化层的脱落或液压元件磨损所产生的颗粒过滤掉，以保证油箱内液压油的清洁使泵及其他元件受到保护。由于回油压力较低，所需滤油器强度不必过高。

d. 安装在支路上。这种方式如图 3-19(d) 所示，主要安装在溢流阀的回油路上，这时不会增加主油路的压力损失，滤油器的流量也可小于泵的流量，比较经济合理。但不能过滤全部油液，也不能保证杂质不进入系统。

e. 单独过滤。如图 3-19(e) 所示，用一个液压泵和滤油器单独组成一个独立与系统之外的过滤回路，这样可以连续清除系统内的杂质，保证系统内清洁。一般用于大型液压系统，例如冶金行业的液压系统，由于要求 24h 连续工作，而且环境比较恶劣，大多数液压系统采用单独过滤方式。

(3) 滤油器的常见故障与排除

滤油器的常见故障与排除方法见表 3-17。

表 3-17 滤油器的常见故障与排除方法

现象	产生原因	排除方法
滤芯变形(网式、烧结式滤油器)	滤油器强度低并严重堵塞、通流阻力大幅增加，在压差作用下，滤芯变形或损坏	更换高强度滤芯或更换油液
烧结式滤油器滤芯颗粒脱落	烧结式滤油器滤芯质量不符合要求	更换滤芯
网式滤油器金属网与骨架脱焊	锡铜焊条的熔点仅 183℃，而滤油器进口温度已达 117℃，焊条强度大幅降低(常发生在高压泵吸油口处的网式滤油器)	将锡铜焊料改为高熔点银镉焊料

3.4.2 蓄能器常见故障及排除

蓄能器是在液压系统中储存和释放压力能的元件。它还可以用作短时供油和吸收系统的振动和冲击的液压元件。蓄能器主要有重锤式、充气式和弹簧式三种类型。

(1) 蓄能器的安装使用

① 蓄能器使用安装注意事项　蓄能器在液压系统中安装的位置，由蓄能器的功能来确定。在使用和安装蓄能器时应注意以下问题。

a. 气囊式蓄能器应当垂直安装，倾斜安装或水平安装会使蓄能器的气囊与壳体磨损，影响蓄能器的使用寿命。

b. 吸收压力脉动或冲击的蓄能器应该安装在振源附近。

c. 安装在管路中的蓄能器必须用支架或挡板固定，以承受因蓄能器蓄能或释放能量时所产生的动量反作用力。

d. 蓄能器与管道之间应安装止回阀，以用于充气或检修。蓄能器与液压泵间应安装单向阀，以防止停泵时压力油倒流。

② 蓄能器的应用　蓄能器应用实例如图 3-20 所示。图 3-20(a) 用于储存能量；图 3-20(b) 作应急动力源使用；图 3-20(c) 作驱动二次回路的动力源；图 3-20(d) 用于补偿系统漏油；图 3-20(e) 用于衰减系统压力脉动；图 3-20(f) 用于闭锁回路的压力、流量波动；图 3-20(g) 作为液压缸安全返回的液压源；图 3-20(h) 用于短时间提供强大的液压动力源；图 3-20(i) 用于缓冲冲击压力。

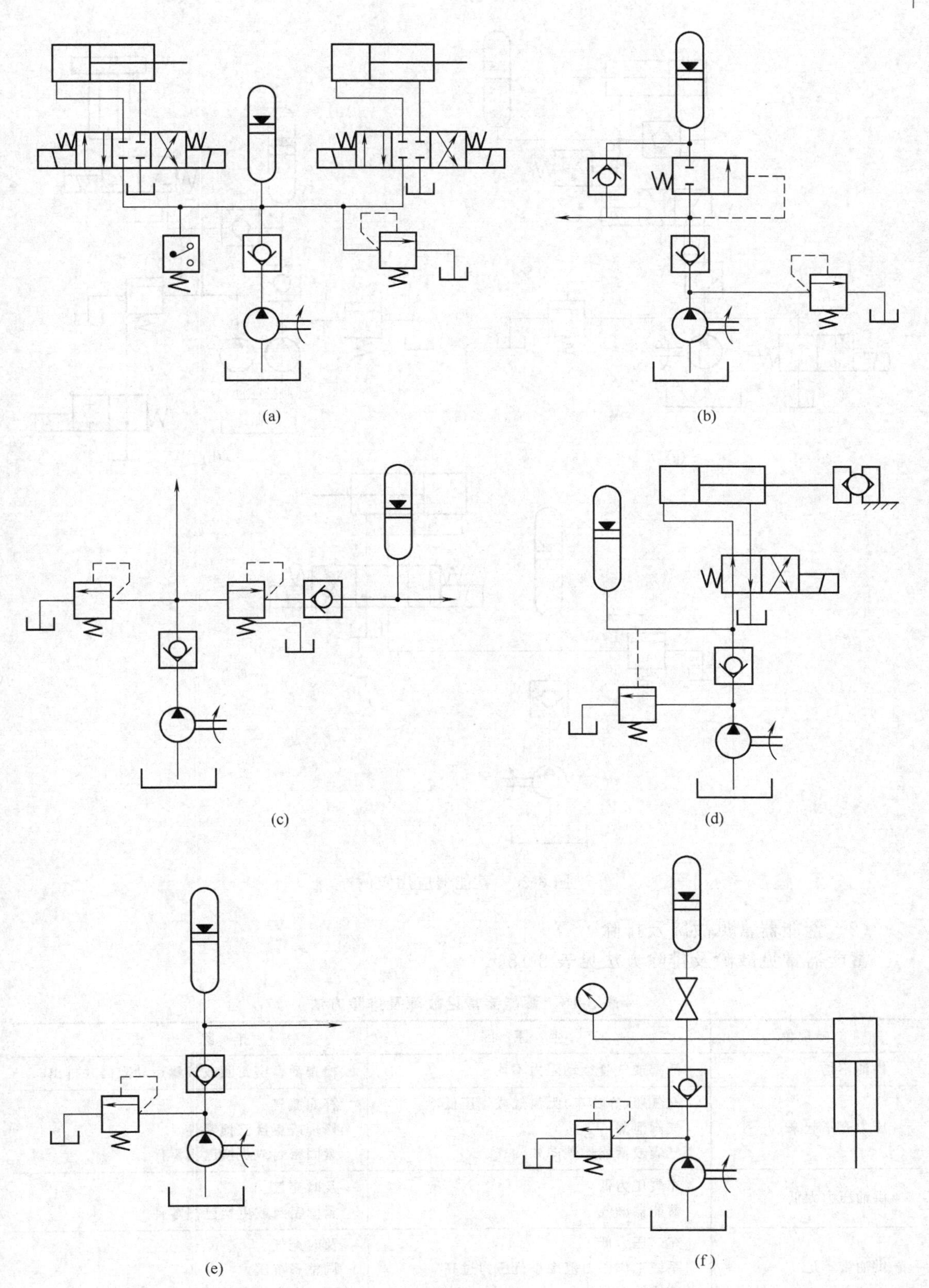

图 3-20

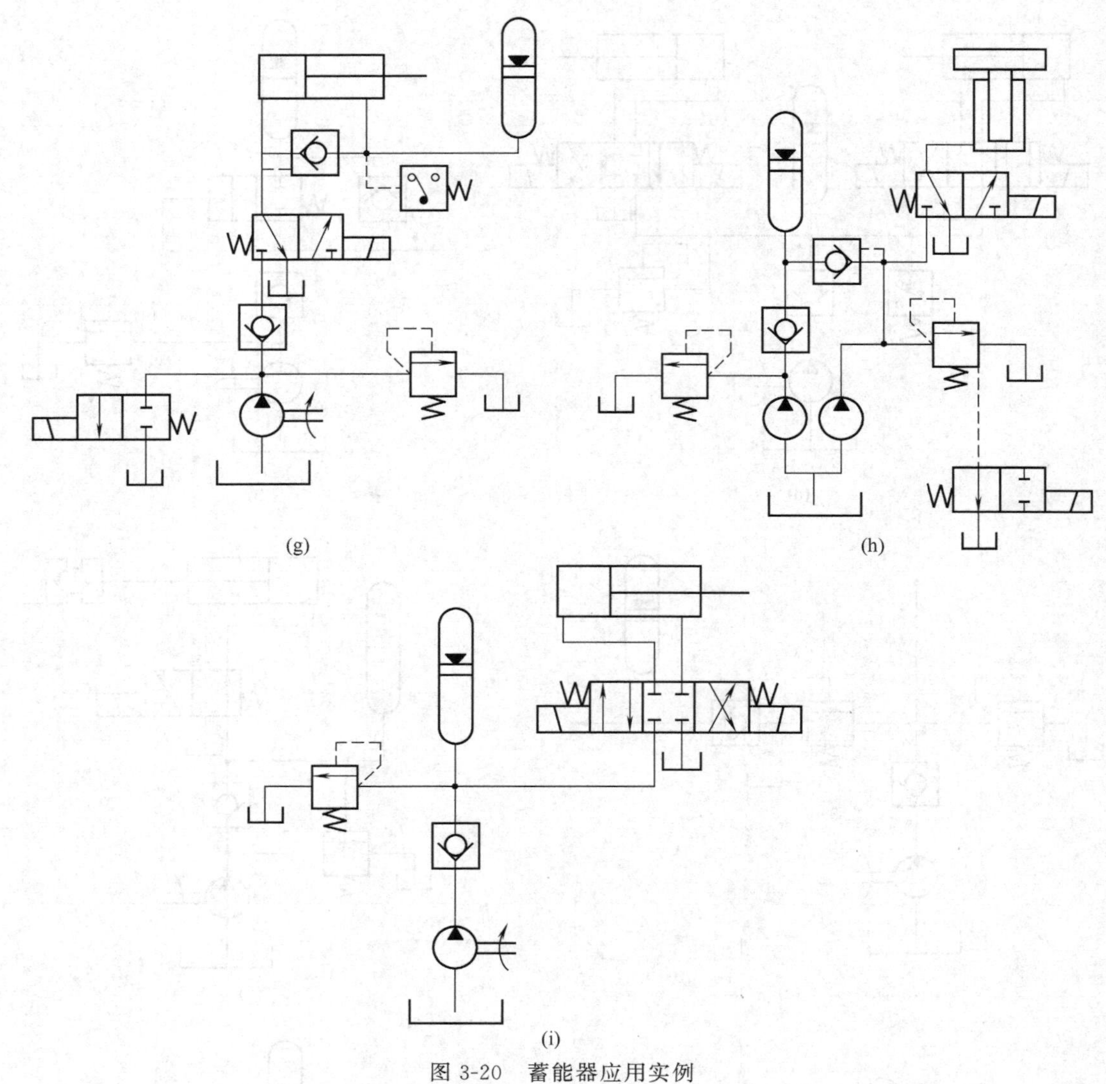

图 3-20 蓄能器应用实例

(2) 蓄能器常见故障及排除

蓄能器常见故障及排除方法见表 3-18。

表 3-18 蓄能器常见故障及排除方法

故障现象	产生原因	排除方法
供油不均	活塞或气囊运动阻力不均	检查活塞密封圈或气囊运动阻碍并排出
压力充不起来	充气瓶(充氮车)无氮气或气压低 气阀泄漏 气囊或蓄能器盖向外漏气	补充氮气 修理或更换已损零件 紧固密封或更换已损零件
供油压力太低	充气压力低 蓄能器漏气	及时充气 紧固密封或更换已损零件
供油量不足	充气压力低 系统工作压力范围小且压力过高 蓄能器容量偏小	及时充气 调整系统压力 更换大容量蓄能器

续表

故障现象	产生原因	排除方法
不向外供油	充气压力低 蓄能器内部泄油 系统工作压力范围小且压力过高	及时充气 检查活塞密封圈或气囊泄漏原因，及时修理或更换 调整系统压力
系统工作不稳定	充气压力低 蓄能器漏气 活塞或气囊运动阻力不均	及时充气 紧固密封或更换已损零件 检查受阻原因并排除

3.4.3 油箱常见故障及排除

油箱的主要功用是储存油液，同时箱体还具有散热、沉淀污物、析出油液中渗入的空气以及作为安装平台等作用。

(1) 油箱的分类及典型结构

① 油箱的分类　油箱可分为开式结构和闭式结构两种，开式结构油箱中的油液具有与大气相同的自由液面，多用于各种固定设备；闭式结构的油箱中的油液与大气是隔绝的，多用于行走设备及车辆。

开式结构的油箱又分为整体式和分离式。整体式油箱是利用主机的底座作为油箱。其特点是结构紧凑、液压元件的泄漏容易回收，但散热性能差，维修不方便，对主机的精度及性能有所影响。

分离式油箱单独成立一个供油泵站，与主机分离，其散热性、维护和维修性均好于整体式油箱，但会增加占地面积。目前精密设备多采用分离式油箱。

② 油箱的典型结构　图3-21为开式结构分离式油箱的结构简图。油箱一般用2.5～4mm的薄钢板焊接而成，表面涂有耐油涂料；油箱中间有下隔板7和上隔板9，用来将液压泵的吸油管1与回油管4分开，以阻挡沉淀杂物及回油管产生的泡沫；油箱顶部的安装板5用较厚的钢板制造，用以安装电动机、液压泵、集成块等部件。在安装板上装有滤油网2、

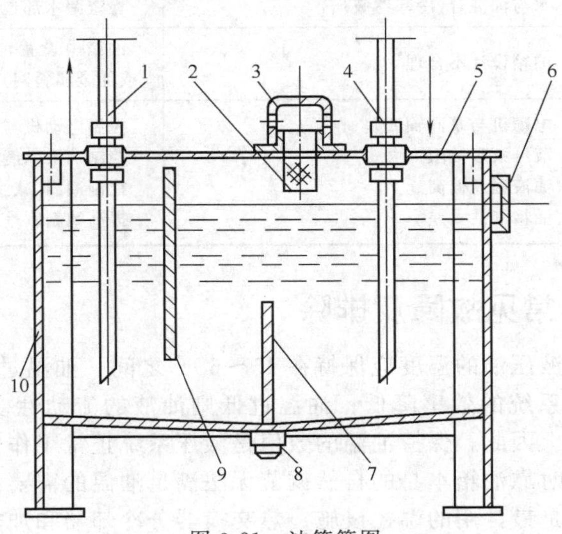

图3-21　油箱简图

1—吸油管（注油器）；2—滤油网；3—防尘盖（泄油管）；4—回油管；5—安装板；6—液位计；7—下隔板；8—排油阀；9—上隔板；10—箱体

防尘盖 3，用以注油时过滤，并防止异物落入油箱。防尘盖侧面开有小孔与大气相通；油箱侧面装有液位计 6 用以显示油量；油箱底部装有排油阀 8 用以换油时排油和排污。

（2）使用油箱时的注意事项

使用油箱时应注意以下几点。

① 箱体要有足够的强度和刚度。油箱一般用 2.5～4mm 的钢板焊接而成，尺寸大的要加焊加强筋。

② 泵的吸油管上应安装 100～200 目的网式滤油器，滤油器与箱底间的距离不应小于 20mm，滤油器不允许露出油面，防止泵卷吸空气产生噪声。系统的回油管要插入油面以下，防止回油冲溅产生气泡。

③ 吸油管与回油管应隔开，二者间的距离尽量远些，应当用几块隔板隔开，以增加油液的循环距离，使油液中的污物和气泡充分沉淀或析出。隔板高度一般取油面高度的 3/4。

④ 防污密封。为防止油液污染，盖板及窗口各连接处均需加密封垫，各油管通过的孔都要加密封圈，

⑤ 油箱底部应有坡度，箱底与地面间应有一定距离，箱底最低处要设置放油塞。

⑥ 油箱内壁表面要做专门处理。为防止油箱内壁涂层脱落，新油箱内壁要经喷丸、酸洗和表面清洗，然后可涂一层与工作液相容的塑料薄膜或耐油清漆。

（3）油箱常见故障及排除

油箱常见故障及排除方法见表 3-19。

表 3-19 油箱常见故障及排除方法

故障现象	故障原因	排除方法
油箱温升高	油箱离热源近、环境温度高 系统设计不合理、压力损失大 油箱散热面积不足 油液黏度选择不当(过高或过低)	避开热源 正确设计系统，减小压力损失 加大油箱散热面积或强制冷却 正确选择油液黏度
油箱内油液污染	油箱内有油漆剥落片、焊渣等 防尘措施差，杂质及粉尘进入油箱 水与油混合(冷却器破损)	采取合理的油箱被表面处理工艺 采取措施防尘 检查漏水部位并排除
油箱内油液空气难以分离	油箱设计不合理	油箱内设置消泡隔板将吸油和回油隔开(或加金属斜网)
油箱振动、有噪声	电动机与泵同轴度差 液压泵吸油阻力大 油液温度偏高 油箱刚性太差	控制电动机与泵同轴度 控制油液黏度，加大吸油管 控制油温，减少空气分离量 提高油箱刚性

3.4.4 热交换器常见故障及排除

液压系统在工作时液压油的温度应保持在 15～65℃之间，油温过高将使油液迅速变质，同时油液的黏度下降，系统的效率降低；油温过低则油液的流动性变差，系统压力损失加大，泵的自吸能力降低。因此，保持油温的数值是液压系统正常工作的必要条件。因受车辆负荷等因素的限制，有时靠油箱本身的自然调节无法满足油温的需要，需要借助外界设施来调节温度。热交换器就是最常用的温控设施。热交换器分冷却器和加热器两类。由于加热器比较简单，本节仅介绍冷却器。

冷却器按冷却形式可分为水冷、风冷和氨冷等多种形式，其中水冷和风冷是常用的冷却

形式。水冷却器主要有蛇形管式、壳管式和翅片式三种。冷却器一般安装在液压系统的回油路上或在溢流阀的溢流管路上。图3-22为冷却器的安装位置的例子。液压泵输出的压力油直接进入系统，已发热的回油和溢流阀溢出的油一起经冷却器1冷却后回到油箱。单向阀2用以保护冷却器，截止阀3是在不需要冷却器时打开，提供通道。

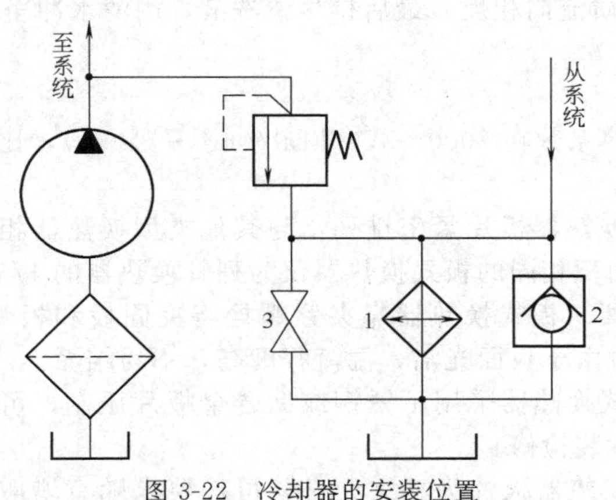

图3-22 冷却器的安装位置

1—冷却器；2—单向阀；3—截止阀

(1) 管式冷却器

① 使用须知

a. 较脏的介质通过冷却器之前，应该有滤清器。

b. 最好安装在一个单独的油循环回路内。

c. 试车时，两个循环回路均需排气。

d. 先加入冷介质，后逐渐加入热介质。

e. 被冷却介质压力应大于冷却介质压力。

f. 冷却介质通常采用淡水。

g. 要定期排气、清洗。

② 使用

a. 使用前检查所有附件，查看各处连接是否牢固，如有松动，可自行拧紧。

b. 打开冷却介质管路上的排气阀，缓慢开启冷却介质进口阀，关闭出口阀，当冷却介质充满冷却器后，关闭进口阀和排气阀。

c. 打开热介质管路上的排气阀，缓慢开启热介质进口阀并关闭出口阀，当热介质充满冷却器后，关闭进口阀和排气阀。此时两种介质在冷却器内均处相对静止状态。

d. 经过约30min后，打开冷却介质的进出阀门、热介质的进出阀门，使两种介质处于流动状态，然后调整两种介质流量，使其达到要求。

③ 维护 冷却器经过较长时间工作后，有沉积物及水垢等附着管壁，造成传热性能降低和增大阻力损失，应视具体情况进行清洗。具体的方法如下。

a. 关闭冷热两种介质的进出口阀门，排除冷却器内的存液，将冷却器从管路中拆卸下来。

b. 拆除两端前后盖及密封件。

c. 将壳体中的冷却芯从前盖端抽出，不得碰撞翅片管，注意轻拿轻放，以免损坏换热管。

d. 清洗后，按拆卸的相反顺序安装冷却器。

④ 清洗

a. 用软管引洁净水冲洗前后盖、壳体、冷却芯，洗刷翅片管内外表面，最后用压缩空气吹干。

b. 清洗液冲洗法：用泵将清洗液强制通过冷却器，并不断循环，清洗液压力小于0.5MPa，流向与工作介质流向相反；最后排尽清洗液，用清水冲净。

（2）板式冷却器

① 板式冷却器特点

a. 高效节能。其换热系数在3000～4500kcal/(m^2·℃·h)，比管壳式换热器的热效率高好几倍。

b. 结构紧凑。板式换热器板片紧密排列，与其他类型换热器相比，板式换热器的占地面积和占用空间较少。面积相同的板式换热器仅为列管换热器的1/5。

c. 容易清洗拆装方便。板式换热器靠夹紧螺栓将夹固板和板片夹紧，因此拆装方便，随时可以打开清洗，同时由于板面光洁，湍流程度高，不易结垢。

d. 使用寿命长。板式换热器采用不锈钢或钛合金板片压制，可耐各种腐蚀介质，胶垫可随意更换，并可方便拆装检修。

e. 适应性强。板式换热器板片为独立元件，可按要求随意增减流程，形式多样；可适用于各种不同工艺的要求。

f. 不串液。板式换热器密封槽设置泄液液道，各种介质不会串通，即使出现泄漏，介质总是向外排出。

② 板式冷却器操作及维修保养

a. 使用前应检查压紧螺栓是否松动，压紧尺寸是否符合说明书中的规定尺寸，如不符合规定，应均匀把紧螺栓，使其达到规定尺寸。

b. 使用前应对设备进行水压试验，对冷热两侧分别试压，试验压力为操作压力的1.25倍，保压时间为30min，各密封部位无泄漏方可投入使用。

c. 当板式冷却器用于卫生要求较高的食品工业或医药工业时，使用前应对其进行清洗和消毒，消除内部的油污和杂物。

d. 当操作介质含有大量泥沙或其他杂物时，在前面应置有过滤装置。

e. 冷热介质进出口接管应按压紧板上的标示进行连接，否则，会影响其性能。

f. 操作时，应缓慢注入低压侧液体，然后再注入高压侧液体；停车时应先缓慢切断高压侧流体，再切断低压侧流体。

g. 长期运行后，板片表面将产生不同程度的水垢或沉物，这样会降低传热效率并增加流阻，因此应定期打开检查，清除污垢。清洗板片时，不得用金属刷子，以免划伤板片，降低耐蚀性能。

h. 损坏的板片应及时进行更换，若没有备用板片，在操作允许的情况下，可以拆下两张相邻的板片（注意：拆下的板片不应是换向板片，而应是带四孔的板片），同时相应减小压紧尺寸。

i. 维修时，对于已经老化的密封垫片应进行更换，脱落的垫片应重新粘接，粘接时应清洗垫片槽，涂上粘接剂，将垫片摆正粘牢。

③ 板式冷却器的清洗（严禁用盐酸清洗）

a. 板式换热器应定期检修，热效率明显降低、压降明显变化时应进行清洗。

b. 清洗工作可将板式冷却器打开，逐张板片冲洗，如果结垢严重，应将板片拆下，放平清刷。

c. 如果使用化学清洗剂，可在其内部打循环，若用机械清洗，要使用软刷，禁止使用钢刷，避免划伤板片。

d. 冲洗后，须用干净布擦干，板片及胶垫间不允许存有异物颗粒及纤维之类杂物。

e. 清洗完毕后，应对板片、胶垫仔细检查，发现问题及时处理。

f. 在清洗过程中，对于要更换的胶垫和脱胶胶垫应粘牢，并在组装前仔细检查是否贴合均匀，将多余的黏合剂擦干净。

④ 常见故障与排除方法

a. 板式冷却器在运行过程中常出现的故障有渗漏、泄漏、窜液。

b. 产生渗漏的原因有夹紧尺寸不够，垫圈粘接不好，垫圈表面有异物颗粒或缺陷。

c. 应根据情况夹紧螺栓或拆装设备。

d. 若在运行过程中出现少量渗漏，应将压力降至零，拧紧螺栓，每次拧紧量2～3mm，不可过多，若拧紧后仍然渗漏则需要更换胶垫。

e. 长期运行后出现泄漏或渗漏，尺寸夹紧后仍不能解决，证明胶垫老化，应重新更换胶垫。

f. 板式冷却器出现窜液现象，原因是板片裂纹或穿孔。应打开设备，检查板片情况，个别板片出现问题应更换板片。若使用年限过长，应更换设备。

3.4.5 连接件常见故障及排除

将分散的液压元件用油管和管接头连接，构成一个完整的液压系统。油管的性能、管接头的结构对液压系统的工作状态有直接的关系。在此介绍常用的液压油管及管接头，油管和管接头的总称为连接件。

（1）油管

在液压系统中，所使用的油管种类较多，有钢管、铜管、尼龙管、塑料管、橡胶管等，在选用时要根据液压系统压力的高低，液压元件安装的位置，液压设备工作的环境等因素。

① 钢管　分为无缝钢管和焊接钢管两类。前者一般用于高压系统，后者用于中低压系统。钢管的特点是：承压能力强，价格低廉，强度高、刚度好，但装配和弯曲较困难。目前在各种液压设备中，钢管应用最为广泛。

② 铜管　铜管分为黄铜管和紫铜管两类，多用紫铜管。铜管局有装配方便、易弯曲等优点，但也有强度低、抗振能力差、材料价格高、易使液压油氧化等缺点，一般用于液压装置内部难装配的地方或压力在0.5～10MPa的中低压系统。

③ 尼龙管　这是一种乳白色半透明的新型管材，承压能力有2.5MPa和8MPa两种。尼龙管具有价格低廉、弯曲方便等特点，但寿命较短。多用于低压系统替代铜管使用。

④ 塑料管　塑料管价格低，安装方便，但承压能力低，易老化，目前只用于泄漏管和回油路使用。

⑤ 橡胶管　这种油管有高压和低压两种，高压管由夹有钢丝编织层的耐油橡胶制成，钢丝层越多，油管耐压能力越高。低压管的编织层为帆布或棉线。橡胶管用于具有相对运动的液压件的连接。

（2）管接头

管接头是连接油管与液压元件或阀板的可拆卸的连接件。管接头应满足于拆装方便、密封性好，连接牢固、外形尺寸小、压降小、工艺性好等要求。

常用的管接头种类很多，按接头的通路分有：直通式、角通式、三通和四通式；按接头与阀体或阀板的连接方式分有：螺纹式、法兰式等；按油管与接头的连接方式分有：扩口式、焊接式、卡套式、扣压式、快换式等。以下仅对后一种分类作一介绍。

① 扩口式管接头　图3-23(a) 所示为扩口式管接头，它是利用油管1管端的扩口在管

套1的压紧下进行密封。这种管接头结构简单，适用于铜管、薄壁钢管、尼龙管和塑料管的连接。

② 焊接管接头　图3-23(b) 所示为焊接管接头，油管与接头内芯1焊接而成，接头内芯的球面与接头体锥孔面紧密相连，具有密封性好、结构简单、耐压性强高等优点。缺点是焊接较麻烦，适用于高压厚壁钢管的连接。

③ 卡套式管接头　图3-23(c) 为卡套式管接头，它是利用弹性极好的卡套2卡住油管1而密封。其特点是结构简单、安装方便，油管外壁尺寸精度要求较高。卡套式管接头适用于高压冷拔无缝钢管连接。

④ 扣压式管接头　图3-23(d) 所示为扣压式管接头，这种管接头是由接头外套1和接头内芯2组成。此接头适用于软管连接。

⑤ 可拆卸式管接头　图3-23(e) 为可拆卸式管接头。此接头的结构是在外套1和接头内芯2上制成六角形，便于经常拆卸软管。适用于高压小直径软管连接。

⑥ 快换接头　图3-23(f) 为快换接头，其工作原理为：当卡箍6向左移动时，钢珠5从插嘴4的环槽中向外退出，插嘴不再被卡住，可以迅速从插座1中抽出。此时管塞2和3在各自的弹簧力作用下将两个管口关闭，使油管内的油液不会流失。这种管接头适用于需要经常拆卸的软管连接。

⑦ 伸缩管接头　图3-23(g) 为伸缩管接头，这种管接头由内管1、外管2组成，内管可以在外管内自由滑动并用密封圈密封。内管外径必须经过精密加工。这种管接头适用于连接件有相对运动的管道的连接。

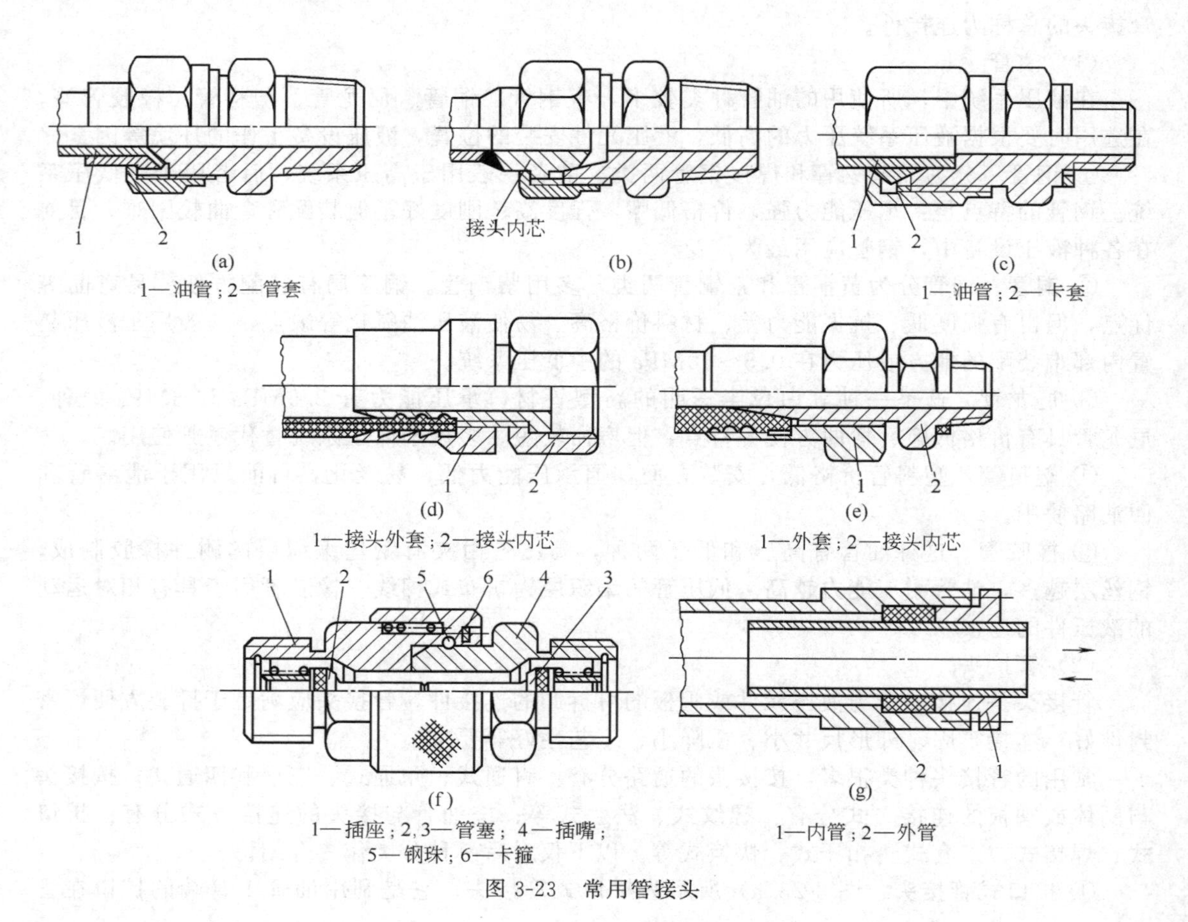

图3-23　常用管接头

(3) 连接件常见故障与排除

连接件常见故障与排除方法见表3-20。

表3-20 连接件常见故障与排除方法

故障现象	故障原因	排除方法
漏油	软管破裂、接头处漏油 钢管与接头连接处密封不良 焊接管与接头处焊接质量差 24°锥结构(卡套式)结合面差 螺纹连接处未拧紧或拧得太紧 螺纹牙型不一致	更换软管、采用正确连接方式 连接部位用力均匀，注意表面质量 提高焊接质量 更换卡套，提高24°锥表面质量 螺纹连接处用力均匀拧紧 螺纹牙型要一致
振动和噪声	液压系统共振 双泵双溢流阀调定压力太相近	合理控制振源 控制压差大于1MPa

3.4.6 密封装置常见故障及排除

密封是解决液压系统泄漏问题的有效手段之一。当液压系统的密封不好时，会因外泄漏而污染环境；还会造成空气进入液压系统而影响液压泵的工作性能和液压执行元件运动的平稳性；当内泄漏严重时，造成系统容积效率过低及油液温升过高，以致系统不能正常工作。

(1) 对密封装置的要求

① 在工作压力和一定的温度范围内，应具有良好的密封性能，并随着压力的增加能自动提高密封性能。

② 密封装置和运动件之间的摩擦力要小，摩擦因数要稳定。

③ 耐蚀能力强，不易老化，工作寿命长，耐磨性好，磨损后在一定程度上能自动补偿。

④ 结构简单，使用、维护方便，价格低廉。

(2) 密封装置的类型和特点

密封按其工作原理可分为非接触式密封和接触式密封。前者主要指间隙密封，后者指密封件密封。

① 间隙密封 间隙密封是靠相对运动件配合面之间的微小间隙来进行密封的，间隙密封常用于柱塞、活塞或阀的圆柱配合副中。

采用间隙密封的液压阀中在阀芯的外表面开有几条等距离的均压槽，它的主要作用是使径向压力分布均匀，减少液压卡紧力，同时使阀芯在孔中对中性好，以减少间隙的方法来减少泄漏。另外均压槽所形成的阻力，对减少泄漏也有一定的作用。所开均压槽的尺寸一般宽0.3～0.5mm，深为0.5～1.0mm。圆柱面间的配合间隙与直径大小有关，对于阀芯与阀孔一般取0.005～0.017mm。这种密封的优点是摩擦力小，缺点是磨损后不能自动补偿，主要用于直径较小的圆柱面之间，如液压泵内的柱塞与缸体之间，滑阀的阀芯与阀孔之间的配合。

② O形密封圈 O形密封圈一般用耐油橡胶制成，其横截面呈圆形，具有良好的密封性能，内外侧和端面都能起密封作用。它具有结构紧凑、运动件的摩擦阻力小、制造容易、装拆方便、成本低、高低压均可用等特点，在液压系统中得到广泛的应用。

O形密封圈的结构和工作情况如图3-24所示。图3-24(a)为O形密封圈的外形截面图；图3-24(b)为装入密封沟槽时的情况图，其中δ_1、δ_2为O形密封圈装配后的预压缩量，通常用压缩率W表示

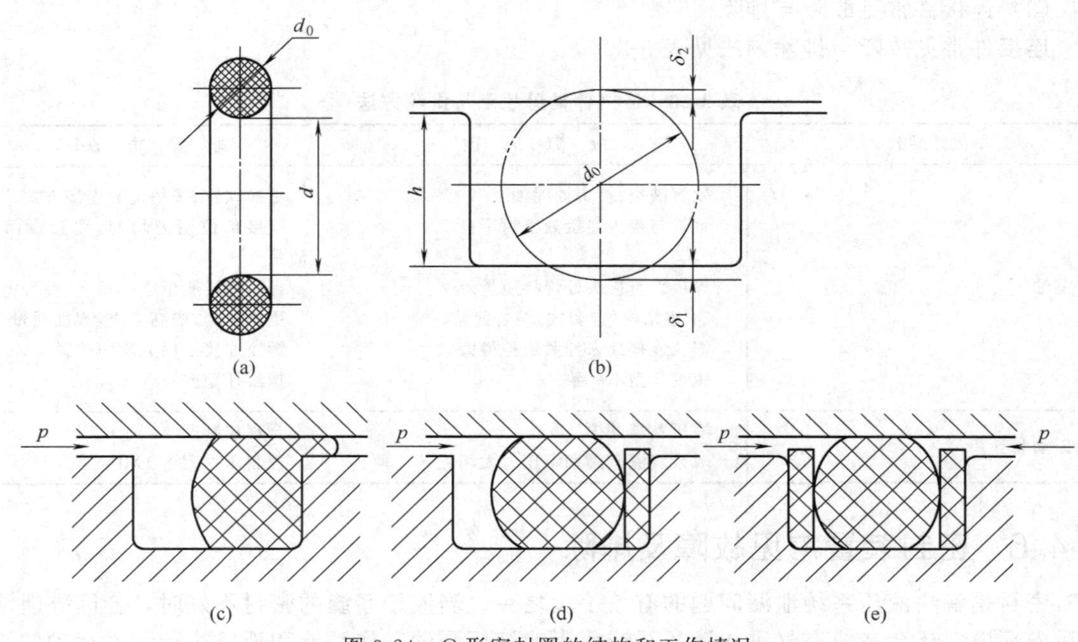

图 3-24 O形密封圈的结构和工作情况

$$W=[(d_0-h)/d_0]\times 100\%$$

式中 h——O形槽深。

对于固定密封、往复运动密封和回转运动密封，压缩率应分别达到15%～20%、10%～20%和5%～10%，才能取得满意的密封效果。

当油液工作压力超过10MPa时，O形密封圈在往复运动中容易被油液压力挤入间隙而损坏，如图3-24(c)所示。为此要在它的侧面安放1.2～1.5mm厚的聚四氟乙烯挡圈，单向受力时在受力侧的对面安放一个挡圈，双向受力时则在两侧各放一个挡圈，如图3-24(d)、(e)所示。

O形密封圈的安装沟槽，除矩形外，也有V形、燕尾形、半圆形、三角形等，实际应用中可查阅有关手册及国家标准。

③ 唇形密封圈 唇形密封圈根据截面的形状可分为Y形、V形、U形、L形等。其工作原理如图3-25所示。液压力将密封圈的两唇边 h_1 压向形成间隙的两个零件的表面。这种密封作用的特点是能随着工作压力的变化自动调整密封性能，压力越高则唇边被压得越紧，密封性越好；当压力降低时唇边压紧程度也随之降低，从而减少了摩擦阻力和功率消耗，此外，还能自动补偿唇边的磨损。

目前，小Y形密封圈在液压缸中得到普遍的应用，主要用作活塞和活塞杆的密封。

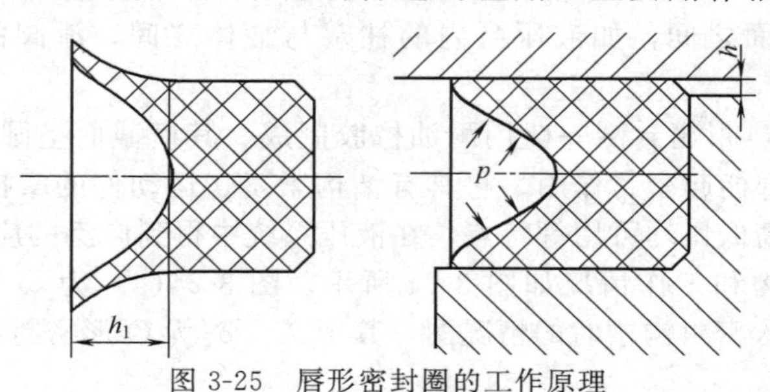

图 3-25 唇形密封圈的工作原理

图3-26(a) 所示为轴用密封圈，图3-26(b) 所示为孔用密封圈。这种小Y形密封圈的特点是断面宽度和高度的比值大，增加了底部支承宽度，可以避免摩擦力造成的密封圈的翻转和扭曲。

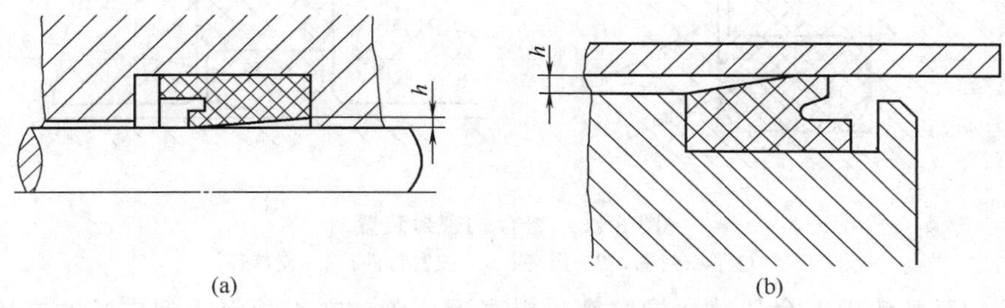

图3-26 小Y形密封圈

在高压和超高压情况下（压力大于25MPa）的轴密封多采用V形密封圈。V形密封圈由多层涂胶织物压制而成，其形状如图3-27所示。V形密封圈通常由压环、密封环和支承环三个圈叠在一起使用，此时已能保证良好的密封性，当压力更高时，可以增加中间密封环的数量，这种密封圈在安装时要预压紧，所以摩擦阻力较大。

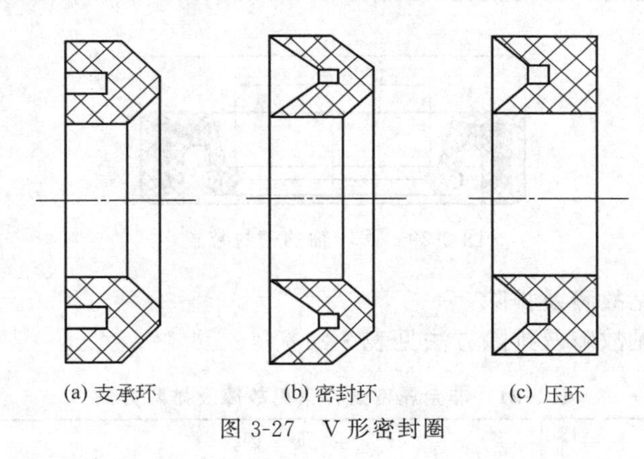

(a) 支承环 (b) 密封环 (c) 压环

图3-27 V形密封圈

唇形密封圈安装时应使其唇边开口面对压力油，使两唇张开，分别贴紧在机件的表面上。

④ 组合式密封装置 随着技术的进步和设备性能的提高，液压系统对密封的要求越来越高，普通的密封圈单独使用已不能很好地满足需要，因此，人们研究和开发了由包括密封圈在内的两个以上元件组成的组合式密封装置。

由O形密封圈与截面为矩形的聚四氟乙烯塑料滑环组成的，如图3-28(a) 所示的组合密封装置为示例之一。滑环2紧贴密封面，O形密封圈1为滑环提供弹性预压力，在介质压力等于零进时构成密封，由于密封间隙靠滑环，而不是O形密封圈，因此摩擦阻力小而且稳定，可以用于40MPa的高压；往复运动密封时，速度可达15m/s；往复摆动与螺旋运动密封时，速度可达5m/s。矩形滑环组合密封的缺点是抗侧倾能力稍差，在高低压交变的场合下工作时易泄漏。

图3-28(b) 所示的由支持环4和O形密封圈1组成的轴用组合密封为示例之二。由于支持环与被密封件3之间为线密封，其工作原理类似唇边密封。支持环采用一种经特别处理的合成材料，具有极佳的耐磨性、低摩擦和保形性，工作压力可达80MPa。

组合式密封装置充分发挥了橡胶密封圈和滑环各自的长处，不仅工作可靠，摩擦力小而

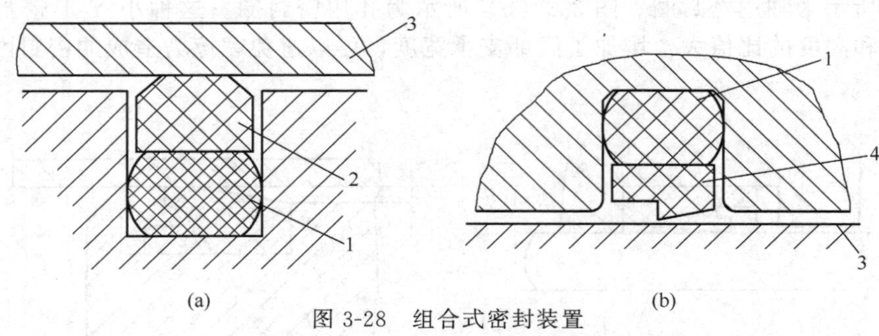

图 3-28 组合式密封装置

1—O形密封圈；2—滑环；3—被密封件；4—支持环

且稳定性好，而且使用寿命比普通橡胶密封提高近百倍，在工程上得到广泛的应用。

⑤ 回转轴的密封装置　回转轴的密封装置形式很多，图 3-29 所示的是用耐油橡胶制成的回转轴用密封圈，它的内部有直角形圆环铁骨架支承着，密封圈的内边围着一条螺旋弹簧，把内边收紧在轴上进行密封。这种密封圈主要用作液压泵、液压马达和回转式液压缸的伸出轴的密封，以防止油液漏到壳体外部，它的工作压力一般不超过 0.1MPa，最大允许线速为 4～8m/s，必须在有润滑的情况下工作。

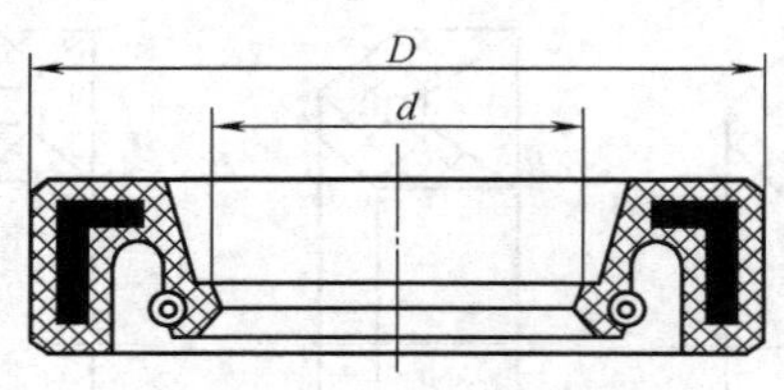

图 3-29 回转轴的密封装置

（3）密封装置常见故障及排除

非金属密封件常见故障及排除方法见表 3-21。

表 3-21 非金属密封件常见故障及排除方法

故障现象	产生原因	排除方法
挤出间隙	压力过高 间隙过大 沟槽尺寸不合适 放置状态不良	减低压力、设置支承环或挡圈 检修或更换 检修或更换 重新安装或检修
老化开裂	低温硬化 存放和使用时间太长 温度过高	查明原因、加强 检修或更换 检查油温，严重摩擦过热时及时检修或更换
扭曲	横向负载	设置挡圈
表面损伤	润滑不良 装配时损伤 密封配合面损伤	加强润滑 检修或更换 检查油液污染度、配合表面的加工质量，及时检修或更换
收缩	与油液不相容 时效硬化	更换液压油或密封件（注意成本对比） 更换

续表

故障现象	产生原因	排除方法
膨胀	与油液不相容 被溶剂溶解 液压油老化	更换液压油或密封件（注意成本对比） 注意不要和溶剂接触 更换液压油
损坏黏着变形	润滑不良 安装不良 密封件质量太差 压力过高、负载过大	加强润滑 重新安装或检修更换 提高密封件质量或更换 设置支承环或挡圈

液压基本回路及故障分析与排除

一台机器设备的液压系统不管多么复杂，总是由一些简单的基本回路组成。液压基本回路是指由几个液压元件组成的用来完成特定功能的典型回路。按其功能的不同，基本回路可分为压力控制回路、速度控制回路、方向控制回路、多缸动作回路以及供油基本回路等。熟悉和掌握这些回路的组成、结构、工作原理和性能，对于正确分析、选用和设计液压系统以及判断回路的故障都是十分重要的。

4.1 速度控制回路

4.1.1 调速回路

（1）调速回路的基本概念

调速回路在液压系统中占有突出的重要地位，其工作性能的好坏，对系统的工作性能起着决定性的作用。

对调速回路的要求如下。

① 能在规定的范围内调节执行元件的工作速度。

② 负载变化时，调好的速度不变化或在允许的范围内变化。

③ 具有驱动执行元件所需的力或力矩。

④ 功率损耗要小，以便节省能量，减小系统发热。

根据前述，我们知道，控制一个系统的速度就是控制液压执行机构的速度，在液压执行机构中

液压缸速度 $$v=\frac{q}{A}$$

液压马达的转速 $$n=\frac{q}{V}$$

当液压缸设计好以后，改变液压缸的工作面积 A 是不可能的，因此对于液压缸的回路来讲，就必须采用改变进入液压缸流量的方式来调整执行机构的速度。而在液压马达的回路中，通过改变进入液压马达的流量 q 或改变液压马达排量 V 都能达到调速目的。

目前主要调速方式有以下几种。

① 节流调速　由定量泵供油、流量阀调节流量来调节执行机构的速度。

② 容积调速　通过改变变量泵或改变变量马达的排量来调节执行机构的速度。

③ 容积节流调速　综合利用流量阀及变量泵来共同调节执行机构的速度。

（2）节流调速回路

节流调速回路是通过在液压回路上采用流量调节元件（节流阀或调速阀）来实现调速的一种回路，一般又根据流量调节阀在回路中的位置不同分为进油节流调速、回油节流调速及

旁路节流调速三种。

① 采用节流阀的进油节流调速回路　图 4-1 所示为节流阀进油节流调速回路，这种调速回路采用定量泵供油，在泵与执行元件之间串联安装有节流阀，在泵的出口处并联安装一个溢流阀。这种回路在正常工作中，溢流阀是常开的，以保证泵的输出油液压力达到一个稳定的状态，因此，该回路又称为定压式节流调速回路。泵在工作中输出的油液根据需要一部分进入液压缸，推动活塞运动，一部分经溢流阀溢流回油箱。进入液压缸的油液流量的大小就由调节节流阀开口的大小来决定。

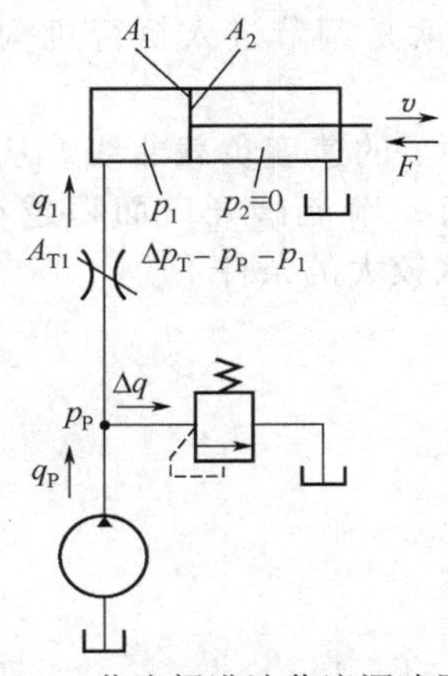

图 4-1　节流阀进油节流调速回路

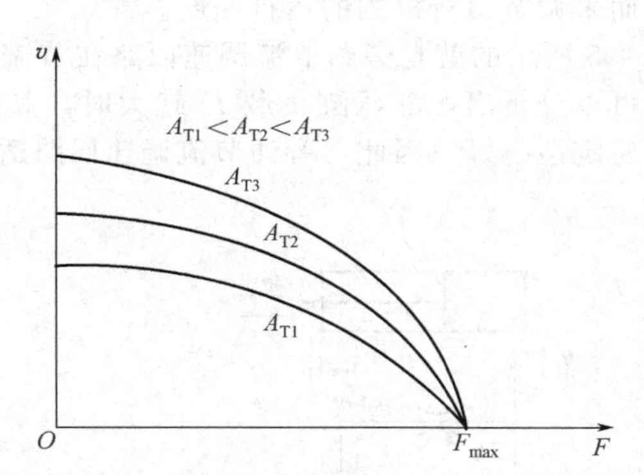

图 4-2　进（出）油节流调速回路的 v-F 特性曲线

图 4-2 所示的就是进油节流调速回路在节流阀不同开口条件下的速度负载曲线。从这个曲线上可以分析出，在节流阀同一开口条件下，液压缸负载 F 越小时，曲线斜率越小，其速度稳定性越好；在同一负载 F 条件下，节流阀开口面积越小时，曲线斜率越小，其速度稳定性越好。因此，进油节流调速回路适合于小功率、小负载的条件下。

从上面分析来看，进油节流调速回路不易在负载变化较大的工作情况下使用，这种情况下，速度变化大，效率低，主要原因是溢流损失大。因此，在液压系统中有两种速度要求的场合最好用双泵系统。

② 采用节流阀的回油节流调速回路　回油节流调速回路就是将节流阀装在液压系统的回油路上，如图 4-3 所示。其速度负载特性与进口节流调速也一样（图 4-2）。进油节流调速回路同样适合于小功率、小负载的条件下。

进油节流调速与回路节流调速虽然流量特性与功率特性基本相同，但在使用时还是有所不同，下面讨论几个主要不同。

a. 首先，承受负负载的能力不同。负负载就是与活塞运动方向相同的负载。例如起重机向下运动时的重力，铣床上与工作台运动方向相同的铣削（逆铣）等。很显然，出口节流调速回路可以承受负负载，而进口节流调速则不能，需要在回油路上加背压阀才能承受负负载，同时需提高调定压力，功率损耗大。

b. 其次，出口节流调速回路中油液通过节流阀时油液温度升高，但所产生的热量直接返回油箱时将散掉；而进口节流调速回路中，则进入执行机构中，增加系统的负担。

c. 最后当两种回路结构尺寸相同时，若速度相等，则进油节流调速回路的节流阀开口面积要大，因而，可获得更低的稳定

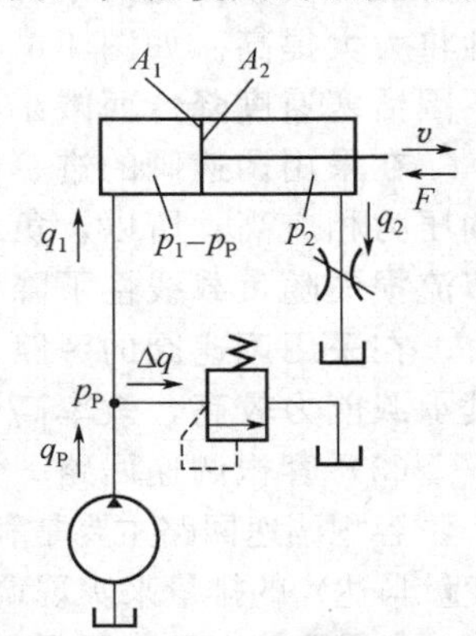

图 4-3　回油节流调速回路

速度。

在调速回路中，还可以在进、回油路中同时设置节流调速元件，使两个节流阀的开口能同时联动调节，以构成进出油的节流调速回路，如由伺服阀控制的液压伺服系统经常采用这种调速方式。

③ 采用节流阀的旁路节流调速回路　图 4-4 所示为旁路节流调速回路。在这种调速回路中，将调速元件并联安装在泵与执行机构油路的一个支路上，此时，溢流阀阀口关闭，作安全阀使用，只有在过载时才会打开。泵出口处的压力随负载变化而变化，因此，也称为变压式节流调速回路。此时泵输出的油液（不计损失）一部分进入液压缸，另一部分通过节流阀进入油箱，调节节流阀的开口可调节通过节流阀的流量，也就是调节进入执行机构的流量，从而来调节执行机构的运行速度。

图 4-5 所示的就是旁路节流调速回路在节流阀不同开口条件下的速度负载曲线。从这个曲线上可以分析出，液压缸负载 F 越大时，其速度稳定性越好；节流阀开口面积越小时，其速度稳定性越好。因此，旁油节流调速回路适合于功率、负载较大的条件下。

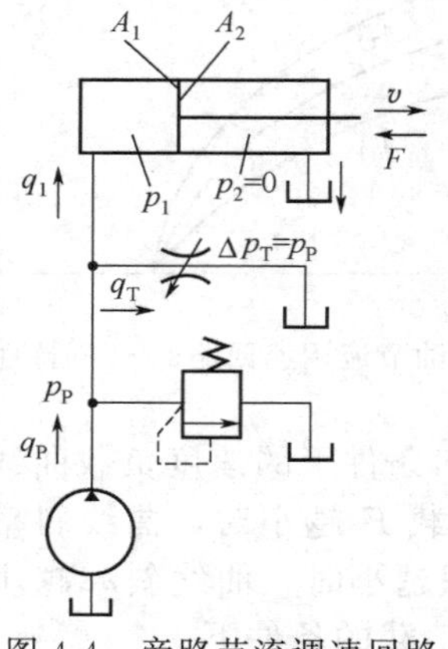

图 4-4　旁路节流调速回路

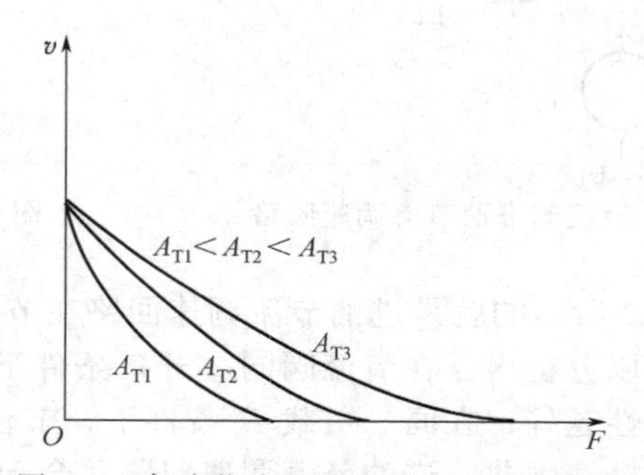

图 4-5　旁路节流调速回路 v-F 特性曲线

由图 4-5 可见，这种回路随着执行机构速度的增加，有用功率在增加，而节流损失在减小。回路的效率是随工作速度及负载而变化的，并且在主油路中没有溢流损失和发热现象，因此适合于速度较高、负载较大、负载变化不大且对运动平稳要求不高的场合。

④ 采用调速阀的调速回路　采用节流阀的节流调速回路，由于节流阀两端的压差是随着液压缸的负载变化的，因此其速度稳定性较差。如果用调速阀来代替节流阀，由于调速阀本身能在负载变化的条件下保证其通过内部的节流阀两端的压差基本不变，因此，速度稳定性将大大提高。如图 4-6、图 4-7 所示，当旁路节流调速回路采用调速阀后，其承载能力也不因活塞速度降低而减小。

在采用调速阀的进、回油调速回路中，由于调速阀最小压差比节流阀大，因此，泵的供油压力相应高，所以，负载不变时，功率损失要大些。在功率损失中，溢流损失基本不变，节流损失随负载线性下降。适用于运动平稳性要求高的小功率系统，如组合机床等。

在采用调速阀的旁路节流调速回路中，由于从调速阀回油箱的流量不受负载影响，因而其承载能力较高，效率高于前两种。此回路适用速度平稳性要求高的大功率场合。

（3）容积调速回路

容积调速回路主要是利用改变变量液压泵（简称变量泵）的排量或改变变量液压马达（简称变量马达）的排量来实现调节执行机构速度的目的。一般分为变量密封泵与执行机构组成的回路、定量泵（定量液压泵）与变量马达组成的回路、变量泵与变量马达组成的回路三种。

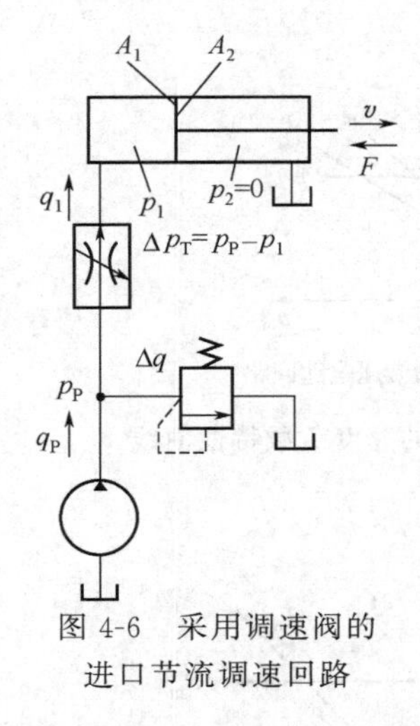

图 4-6 采用调速阀的进口节流调速回路

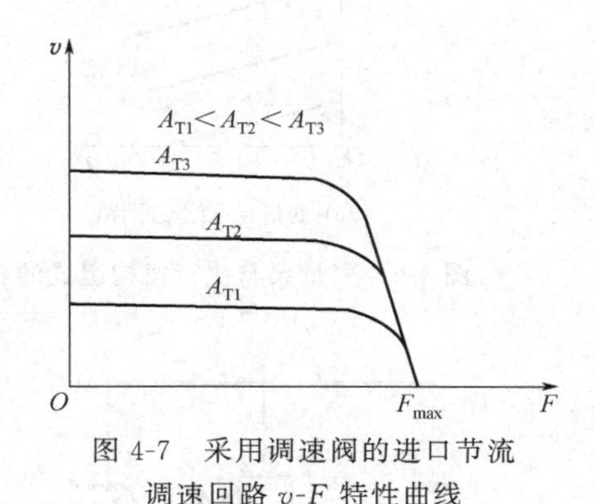

图 4-7 采用调速阀的进口节流调速回路 v-F 特性曲线

就回路的循环形式而言，容积式调速回路分为开式回路和闭式回路两种。

在开式回路中，液压泵从油箱中吸油，把压力油输给执行元件，执行元件排出的油直接回油箱，如图 4-8(a) 所示，这种回路结构简单，冷却好，但油箱尺寸较大，空气和杂物易进入回路中，影响回路的正常工作。

在闭式回路中，液压泵排油腔与执行元件进油管相连，执行元件的回油管直接与液压泵的吸油腔相连，如图 4-8(b) 所示。闭式回路油箱尺寸小、结构紧凑，且不易污染，但冷却条件较差，需要辅助泵进行换油和冷却。

① 变量泵与执行机构组成的容积调速回路　在这种容积调速回路中，采用变量泵供油，执行机构为液压缸或定量液压马达，如图 4-8 所示。在图 4-8 所示两个回路中，溢流阀主要用于防止系统过载，起安全保护作用，图 4-8(b) 中的定量泵 4 为补油泵，而溢流阀的作用是控制泵 4 的压力。

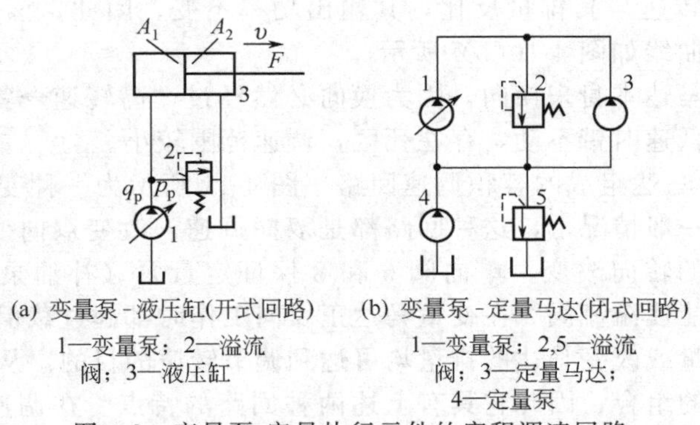

(a) 变量泵-液压缸(开式回路)
1—变量泵；2—溢流阀；3—液压缸

(b) 变量泵-定量马达(闭式回路)
1—变量泵；2,5—溢流阀；3—定量马达；4—定量泵

图 4-8 变量泵-定量执行元件的容积调速回路

图 4-8(a) 所示回路的速度负载特性曲线如图 4-9(a) 所示。从图中可以看出，在这种回路中，由于变量泵的泄漏，活塞的运动速度会随着外负载的变化而降低，尤其是在低速下，甚至会出现活塞停止运动的情况，可见该回路在低速条件下的承载能力是相当差的。

若系统压力恒定不变，则马达的输出转矩也就恒定不变，因此，该回路称为恒转矩调速，回路的负载特性曲线见图 4-9(b)。该回路调速范围大，可连续实现无级调速，一般用于如机床上做直线运动的主运动（刨床、拉床等）。

② 定量泵与变量马达组成的容积调速回路　图 4-10 所示为定量泵与变量马达组成的容积调速回路。在该回路中，执行机构的速度是靠改变变量马达 3 的排量来调定的，定量泵 4

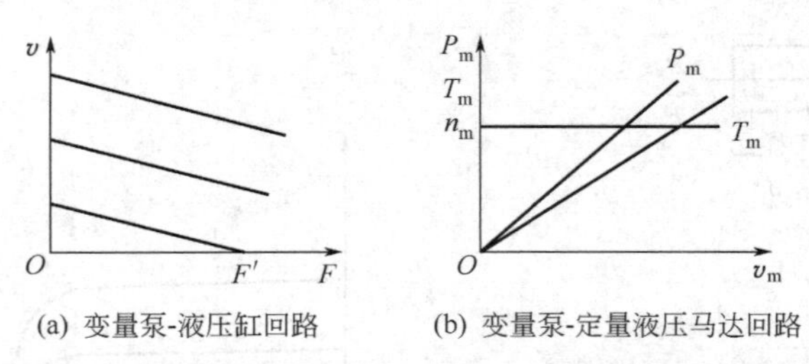

(a) 变量泵-液压缸回路 (b) 变量泵-定量液压马达回路

图 4-9 变量泵与执行机构组成的容积调速回路的速度负载特性曲线

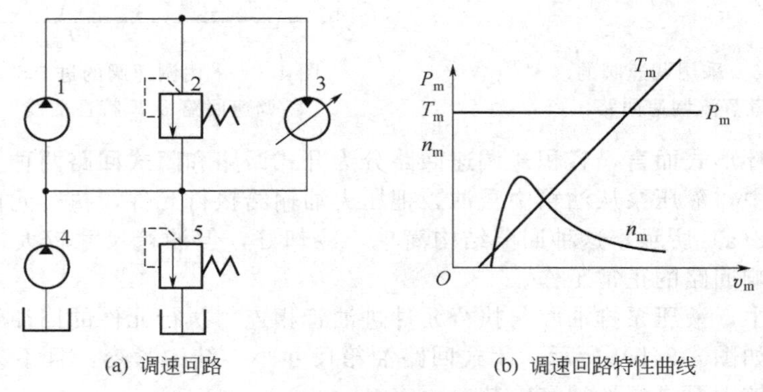

(a) 调速回路 (b) 调速回路特性曲线

图 4-10 定量泵-变量马达的容积调速回路

1,4—定量泵；2,5—溢流阀；3—变量马达

为补油泵。

在这种回路中，液压泵为定量泵，若系统压力恒定，则泵的输出功率为恒定。若不计损失，液压马达的输出转速与其排量反比，其输出功率不变，因此，该回路也称为恒功率调速，其速度负载特性曲线如图 4-10(b) 所示。

这种回路不能用马达本身来换向，因为换向必然经过“高转速→零转速→高转速”，速度转换困难，也可能低速时带不动，存在死区，调速范围较小。

③ 变量泵与变量马达组成的容积调速回路　图 4-11 所示为一种变量泵与变量马达组成的容积调速回路，在一般情况下，这种回路都是双向调速，改变双向变量泵 1 的供油方向，可使双向变量马达 2 的转向改变。单向阀 6 和 8 保证定量泵（补油泵）4 能双向为泵 1 补油，而单向阀 7 和 9 能使溢流阀 3 在变量马达正反向工作时都起过载保护作用。这种回路在工作中，改变泵的排量或改变马达的排量均可达到调节转速的目的。从图中可见，该回路实际上是上述两种回路的组合，因此它具有上述两种回路的特点。在调速过程中，第一阶段，固定马达的排量为最大，从小到大改变泵的排量，泵的输出流量增加，此时，相当于恒转矩调速；第二阶段，泵的排量固定到最大，从大到小调节马达的排量，马达的转速继续增加，此时，相当于恒功率调速。因此该回路的速度负载特性曲线是上述两种回路的组合，其调速范围大大增加。

(4) 容积节流调速回路

容积节流调速回路就是容积调速回路与节流调速回路的组合，一般是采用压力补偿变量泵供油，而在液压缸的进油或回油路上安装有流量调节元件来调节进入或流出液压缸的流量，并使变量泵的输出流量自动与液压缸所需流量相匹配，由于这种调速回路没有溢流损失，效率较高，速度稳定性也比容积节流调速回路好。适用于速度变化范围大，中小功率的

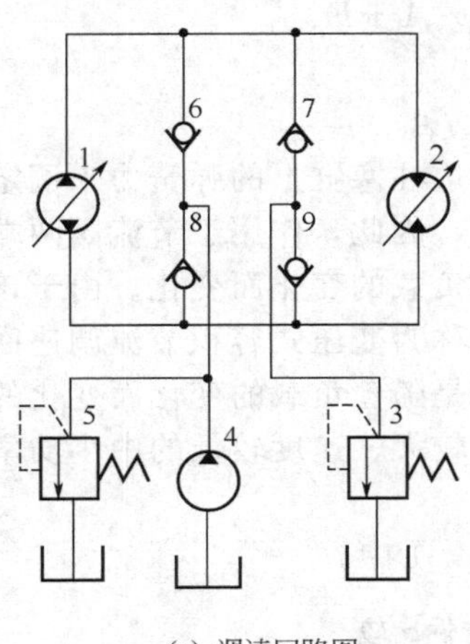

(a) 调速回路图

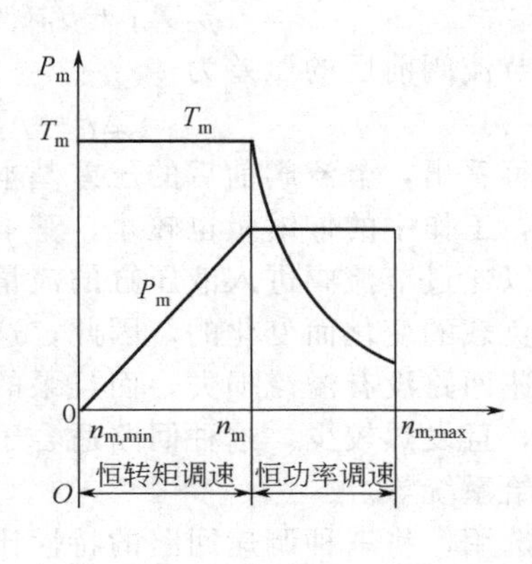

(b) 特性曲线图

图 4-11 变量泵-变量马达组成的容积调速回路

1—双向变量泵；2—双向变量马达；3,5—溢流阀；4—定量泵；6～9—单向阀

场合。

① 限压式变量泵与调速阀组成的容积节流调速回路 图 4-12 所示为限压式变量泵与调速阀组成的容积节流调速回路。在这种回路中，由限压式变量泵供油，为获得更低的稳定速度，一般将调速阀安装在进油路中，回油路中装有背压阀。

这种回路具有自动调节流量的功能。当系统处于稳定工作状态时，泵的输出流量与进入液压缸的流量相适应，若关小调速阀的开口，通过调速阀的流量减小，此时，泵的输出流量大于通过调速阀的流量，多余的流量迫使泵的输出压力升高，根据限压式变量泵的特性可知，变量泵将自动减小输出流量，直到与通过调速阀的流量相等；反之亦然。由于这种回路中泵的供油压力基本恒定，因此，也称为定压式容积节流调速回路。

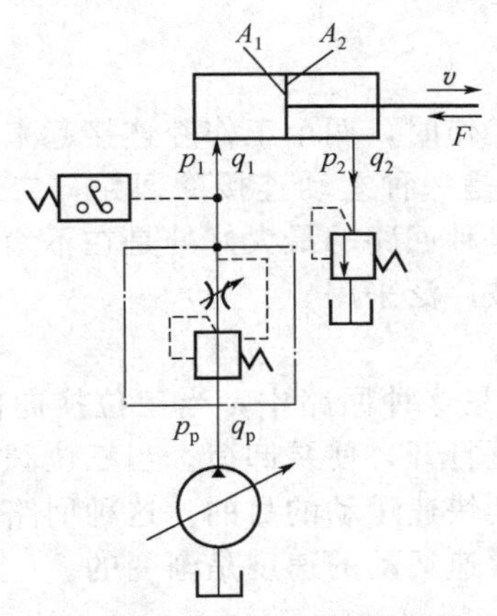

图 4-12 限压式变量泵与调速阀组成的容积节流调速回路

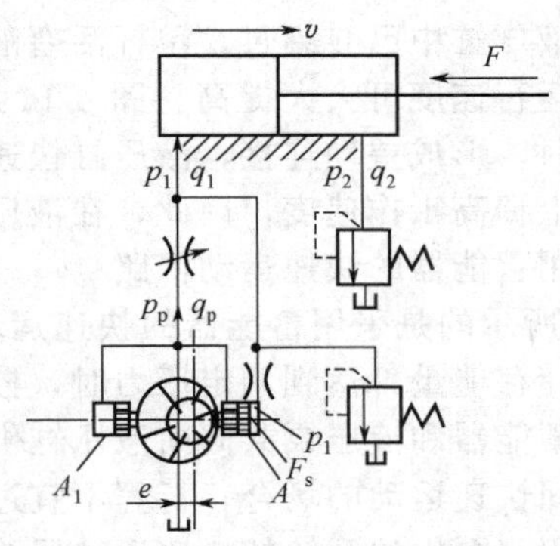

图 4-13 差压式变量泵与节流阀的容积节流调速回路

② 差压式变量泵和节流阀的容积节流调速回路 图 4-13 所示为差压式变量泵与节流阀的容积节流调速回路。在这种回路中，由差压式变量泵供油，用节流阀来调节进入液压缸的流量，并使变量泵输出的油液流量自动与通过节流阀的流量相匹配。由图可见，变量泵的定子是在左右两个液压缸的液压力与弹簧力平衡下工作的，其平衡方程为

$$p_{p}A_{1}+p_{p}(A-A_{1})=p_{1}A+F_{s}$$

故得出节流阀前后的压差为

$$\Delta p=p_{p}-p_{1}=F_{s}/A$$

由上式可看出，节流阀前后的压差基本是由泵右边柱塞缸上的弹簧力来调定的，由于弹簧刚度较小，工作中的伸缩量也较小，基本是恒定值，因此，作用于节流阀两端的压差也基本恒定，所以通过节流阀进入液压缸的流量基本不随负载的变化而变化。由于该回路泵的输出压力是随负载的变化而变化的，因此，这种回路也称为变压式容积节流调速回路。

这种调速回路没有溢流损失，而且泵的出口压力是随着负载的变化而变化的，因此，它的效率较高，且发热较少。这种回路适合于负载变化较大、速度较低的中小功率场合，如组合机床的进给系统等。

为便于选用，将三种调速回路的特性比较列于表 4-1 中。

表 4-1　三种调速回路特性比较

种类	节流调速回路	容积调速回路	容积节流调速回路
调速范围与低速稳定性	调速范围较大，采用调速阀可获得稳定的低速运动	调速范围较小，获得稳定低速运动较困难	调速范围较大，能获得较稳定的低速运动
效率与发热	效率低，发热量大，旁路节流调速较好	效率高、发热量小	效率较高，发热较小
结构(泵、马达)	结构简单	结构复杂	结构较简单
适用范围	适用于小功率轻载的中低压系统	适用于大功率、重载高速的中高压系统	适用于中小功率、中压系统，在机床液压系统中获得广泛的应用

4.1.2 快速运动回路

快速运动回路的功用就是提高执行元件的空载运行速度，缩短空行程运行时间，以提高系统的工作效率。常见的快速运动回路有以下几种。

(1) 液压缸采用差动连接的快速运动回路

在前面液压缸中已介绍过，单杆活塞液压缸在工作时，两个工作腔连接起来就形成了差动连接，其运行速度可大大提高。图 4-14 所示的就是一种差动连接的回路，二位三通电磁阀右位接通时，形成差动连接，液压缸快速进给。这种回路的最大好处是在不增加任何液压元件的基础上提高工作速度，因此，在液压系统中被广泛采用。

(2) 采用蓄能器的快速运动回路

图 4-15 所示的是采用蓄能器的快速运动回路。在这种回路中，当三位换向阀处于中位时，蓄能器储存能量，达到调定压力时，控制顺序阀打开，使泵卸荷。当三位阀换向使液压缸进给时，蓄能器和液压泵共同向液压缸供油，达到快速运动的目的。这种回路换向只能用于需要短时间快速运动的场合，行程不宜过长，且快速运动的速度是渐变的。

(3) 采用双泵供油系统的快速运动回路

如图 4-16 所示的双泵供油系统。定量泵 1 为低压大流量泵，定量泵 2 为高压小流量泵，5 为溢流阀，用以调定系统工作压力。3 为顺序阀，在这里作卸荷阀用。当执行机构需要快速运动时，系统负载较小，双泵同时供油；当执行机构转为工作进给时，系统压力升高，打开卸荷阀 3，泵 1 卸荷，泵 2 单独供油。这种回路的功率损耗小，系统效率高，并且泵 1 和泵 2 可以任意组合，目前使用较广泛。

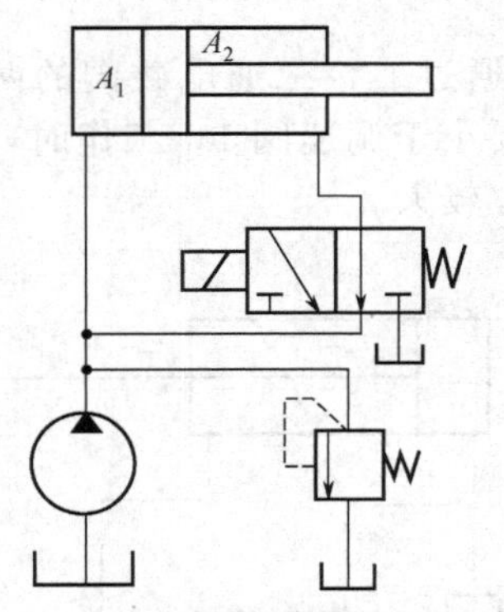

图 4-14　差动连接快速运动回路

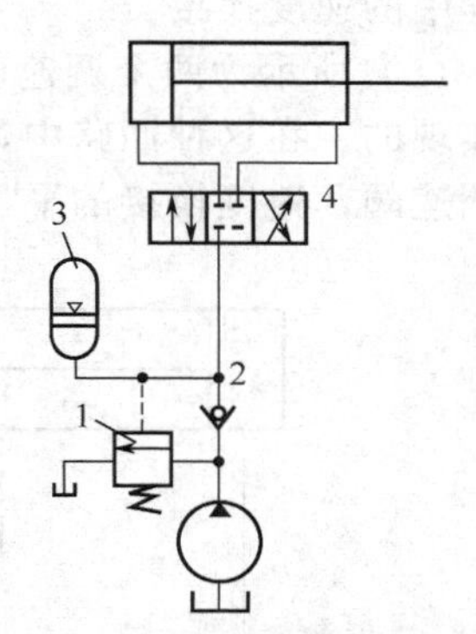

图 4-15　采用蓄能器的快速运动回路
1—顺序阀；2—单向阀；3—蓄能器；4—三位换向阀

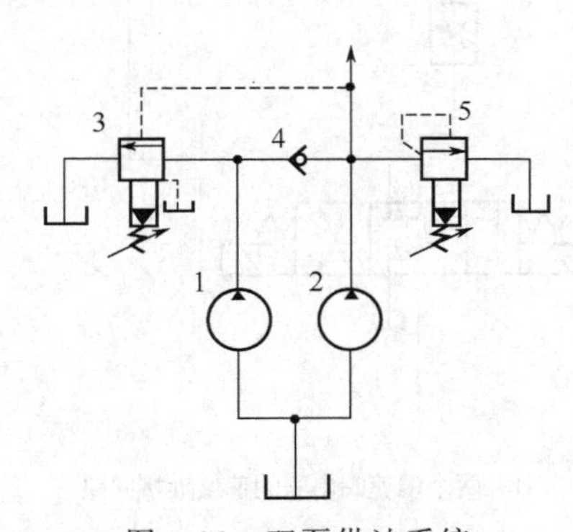

图 4-16　双泵供油系统
1,2—定量泵；3—顺序阀；4—单向阀；5—溢流阀

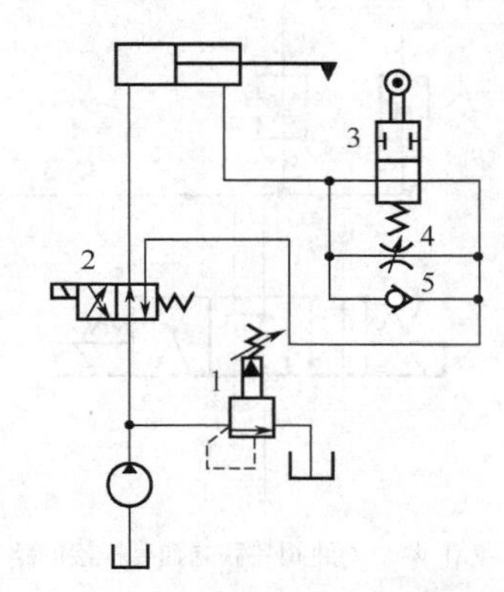

图 4-17　采用行程阀的速度换接回路
1—溢流阀；2—二位四通换向阀；3—行程阀；4—节流阀；5—单向阀

4.1.3　速度换接回路

速度换接回路的功用是在液压系统工作时，执行机构从一种工作速度转换为另一种工作速度。

(1) 快速运动转为工作进给运动的速度换接回路

图 4-17 所示的为最常见的一种快速运动转为工作进给运动的速度换接回路，是由行程阀 3、节流阀 4 和单向阀 5 并联而成。当二位四通换向阀 2 右位接通时，液压缸快速进给，当活塞上的挡块碰到行程阀，并压下行程阀时，液压缸的回油只能改走节流阀，转为工作进给；当二位四通换向阀 2 左位接通时，液压油经单向阀 5 进入液压缸有杆腔，活塞反向快速退回。这种回路同采用电磁阀代替行程阀的回路比较，其特点是换向平稳，有较好的可靠性，换接点的位置精度高。

(2) 两种不同工作进给速度的速度换接回路

两种不同工作进给速度的速度换接回路一般采用两个调速阀串联或并联而成，如图 4-18 所示。

图 4-18(a) 所示为两个调速阀并联，两个调速阀分别调节两种工作进给速度，互不干扰。但在这种调速回路中，一个阀处于工作状态，另一个阀则无油通过，使其定差减压阀处于最大开口位置，速度换接时，油液大量进入使执行元件突然前冲。因此，该回路不适合于

在工作过程中的速度换接。

图 4-18(b) 所示为两个调速阀串联。速度的换接是通过二位二通电磁阀的两个工作位置的换接实现的。在这种回路中，调速阀 2 的开口一定要小于调速阀 1，工作时，油液始终通过两个调速阀，速度换接的平稳性较好，但能量损失也较大。

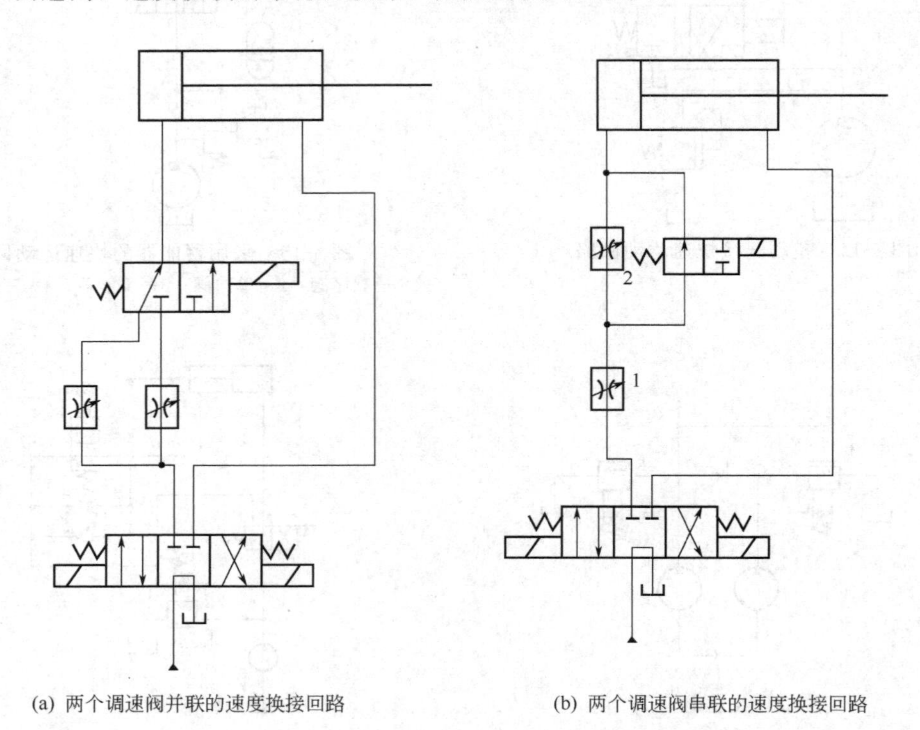

(a) 两个调速阀并联的速度换接回路　　(b) 两个调速阀串联的速度换接回路

图 4-18　两种工作进给的速度换接回路

1,2—调速阀

4.2　压力控制回路

压力控制回路是利用压力控制阀来控制液压系统中管路内的压力，以满足执行元件（液压缸或液压马达）驱动负载的要求。

4.2.1　调压回路

液压系统的工作压力必须与所承受的负载相适应。当液压系统采用定量泵供油时，液压泵的工作压力可以通过溢流阀来调节；当液压系统采用变量泵供油时，液压泵的工作压力主要取决于负载，用安全阀来限定系统的最高工作压力，以防止系统过载。当系统中需要两种以上压力时，则可采用多级调压回路来满足不同的压力要求。

（1）单级调压回路

图 4-19 所示为一单级调压回路。系统由定量泵供油，采用节流阀调节进入液压缸的流量，使活塞获得所需要的运动速度。定量泵输出的流量要大于进入液压缸的流量，也就是说只有一部分油进入液压缸，多余部分的油液则通过溢流阀流回油箱。这时，溢流阀处于常开状态，泵的出口压力始终等于溢流阀的调定压力。调节溢流阀便可调节泵的供油压力，溢流阀的调定压力必须大于液压缸最大工作压力和油路上各种压力损失的总和。

(2) 远程调压和二级调压回路

图4-20所示为远程调压回路。将远程调压阀2接在先导式主溢流阀1的远程控制口上，泵的出口压力即可由远程调压阀作远程调节。这里，远程调压阀2仅作调节系统压力用，相当于主溢流阀的先导阀，绝大部分油液仍从主溢流阀溢走。远程调压阀结构和工作原理与溢流阀中的先导阀基本相同。回路中远程调压阀调节的最高压力应低于阀1的调定压力，否则，远程调压阀不起作用。在进行远程调压时，阀1中的先导阀处于关闭状态。

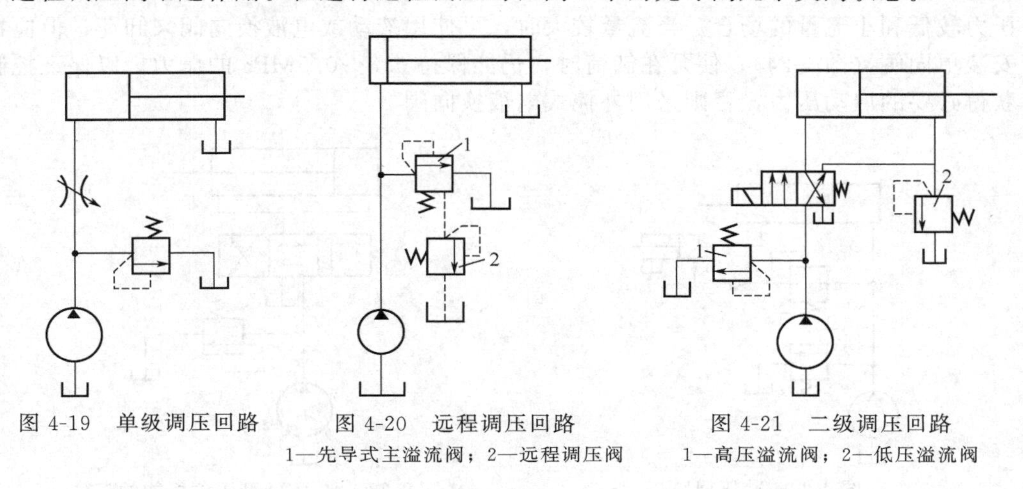

图4-19 单级调压回路

图4-20 远程调压回路
1—先导式主溢流阀；2—远程调压阀

图4-21 二级调压回路
1—高压溢流阀；2—低压溢流阀

利用先导式主溢流阀1的远程控制口和远程调压阀也可实现多级调压。

许多液压系统，液压缸活塞往返行程的工作压力差别很大，为了降低功率损耗，减少油液发热，可以采用图4-21所示的二级调压回路。当活塞右行时，负载大，由高压溢流阀1调定，而活塞左行时，负载小，由低压溢流阀2调定，当活塞左行到终点位置时，泵的流量全部经低压溢流阀流回油箱，这样就减少了回程的功率损耗。城市生活垃圾处理液压系统就是这种基本回路的典型应用。当然二级调压回路也有采用先导式溢流阀的远程调压口与二位二通电磁铁和直动式溢流阀组成的。

4.2.2 减压回路

在一个泵为多个执行元件供油的液压系统中，主油路的工作压力由溢流阀调定。当某一支路所需要的工作压力低于溢流阀调定的压力，或要求有较稳定的工作压力时，可采用减压回路。

图4-22是夹紧机构中常用的减压回路。在通向夹紧缸的油路中，串接一个减压阀，使夹紧缸能获得较低而又稳定的夹紧力。减压阀的出口压力可以根据需要从0.5MPa至溢流阀的调定压力范围内调节，当系统压力有波动或负载有变化时，减压阀出口压力可以稳定不变。图中单向阀的作用是当主油路压力下降到低于减压阀调定压力（如主油路中液压缸快速运动）时，起到短时间的保压作用，使夹紧缸的夹紧力在短时间内保持不变。为了确保安全，在夹紧回路中往往采用带定位的二位四通电磁换向阀，或采用失电夹紧的换向回路，防止在电气发生故障时，松开工件。

控制油路和润滑油路的油压一般也低于主油路的调定压力，也可采用减压回路。

4.2.3 卸荷回路

当液压系统中的执行元件短时间停止工作（如测量工件或装卸工件）时，应使液压泵卸荷空载运转，以减少功率损失、减少油液发热，延长泵的使用寿命而又不必经常启闭电动机。功率较大的液压泵应尽可能在卸荷状态下使电动机轻载启动。

常见的卸荷回路有以下几种。

（1）用主换向阀的卸荷回路

主换向阀卸荷是利用三位换向阀的中位机能使泵和油箱连通进行卸荷。此时换向阀滑阀的中位机能必须采用 M 型、H 型或 K 型等。图 4-23 是采用 M 型中位机能的三位四通换向阀的卸荷回路，这种卸荷回路结构简单，但当压力较高、流量大时容易产生冲击，故一般适用于压力较低和小流量的场合。当流量较大时，可使用液动或电液换向阀来卸荷，但应在回路上安装单向阀（图 4-24），使泵在卸荷时，仍能保持 0.3～0.5MPa 的压力，以保证控制油路能获得必要的启动压力，否则采用外控式电液换向阀。

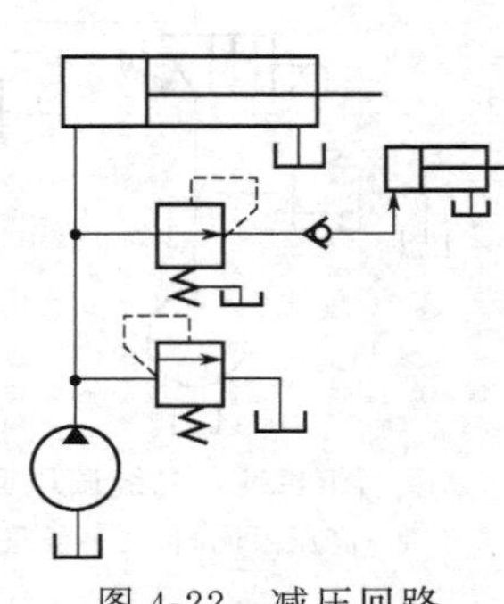

图 4-22　减压回路

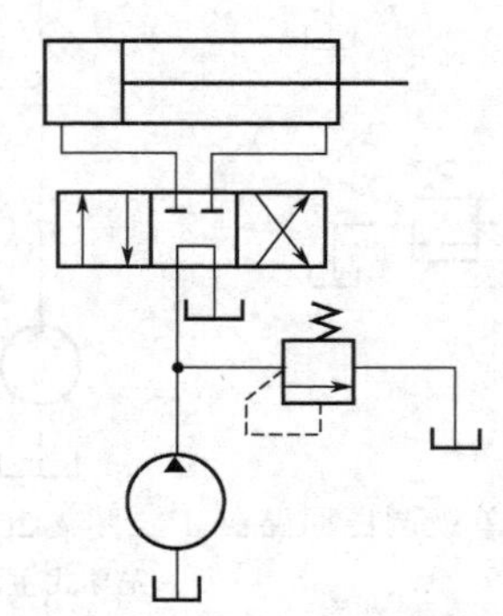

图 4-23　采用 M 型中位机能的三位四通换向阀的卸荷回路

（2）用二位二通阀的卸荷回路

图 4-25 是采用二位二通电磁阀的卸荷回路。当系统工作时，二位二通电磁阀通电，切断液压泵出口与油箱之间的通道，泵输出的压力油进入系统。当工作部件停止运动时，二位二通电磁阀断电，泵输出的油液经二位二通阀直接流回油箱，液压泵卸荷。在这种回路中，二位二通电磁阀应通过泵的全部流量，选用的规格应与泵的公称流量相适应。

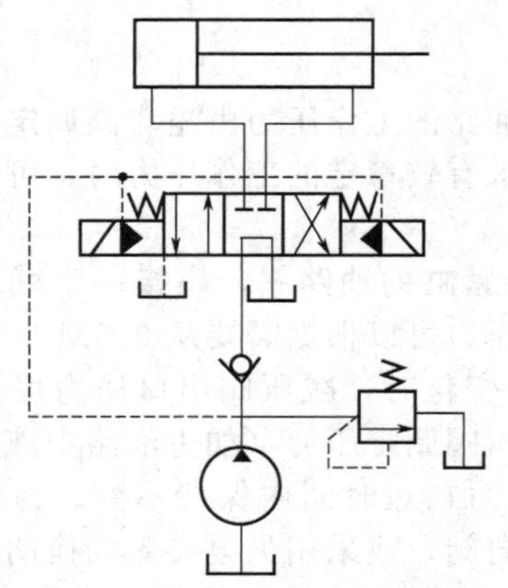

图 4-24　采用电液换向阀的卸荷回路

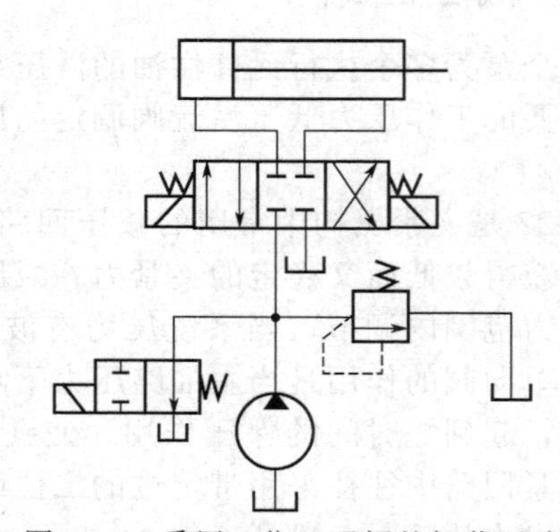

图 4-25　采用二位二通阀的卸荷回路

（3）用溢流阀和二位二通阀组成的卸荷回路

图 4-26 所示的是采用二位二通电磁阀与先导式溢流阀构成的卸荷回路。二位二通电磁阀通过管路和先导式溢流阀的远程控制口相连接，当工作部件停止运动时，二位二通阀的电磁铁 3YA 断电，使远程控制口接通油箱，此时溢流阀主阀芯的阀口全开，液压泵输出的油

液以很低的压力经溢流阀流回油箱，液压泵卸荷。这种卸荷回路便于远距离控制，同时二位二通阀可选用小流量规格。这种卸荷方式要比直接用二位二通电磁阀的卸荷方式平稳些。

（4）用蓄能器的保压卸荷回路

在上述回路中，加接蓄能器和压力继电器后，即可实现保压、卸荷，如图 4-27 所示。在工作时，电磁铁 1YA 通电，泵向蓄能器和液压缸左腔供油，并推动活塞右移，接触工件后，系统压力升高，当压力升至压力继电器的调定值时，表示工件已经夹紧，压力继电器发出信号，3YA 断电，油液通过先导式溢流阀使泵卸荷。此时，液压缸所需压力由蓄能器保持，单向阀关闭。在蓄能器向系统补油的过程中，若系统压力从压力继电器区间的最大值下降到最小值，压力继电器复位，3YA 通电，使液压泵重新向系统及蓄能器供油。

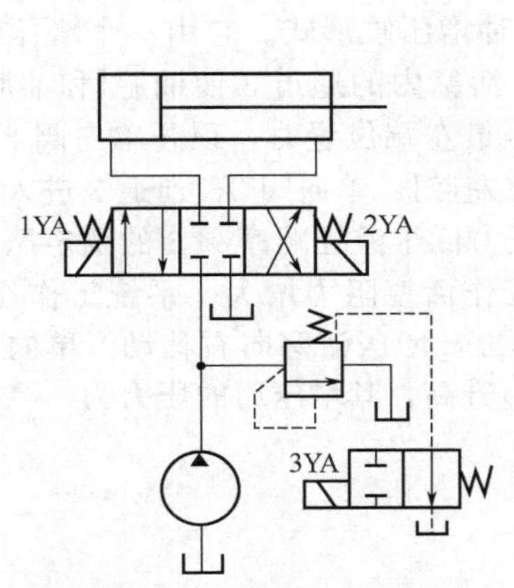

图 4-26　采用先导式溢流阀和二位二通电磁阀的卸荷回路

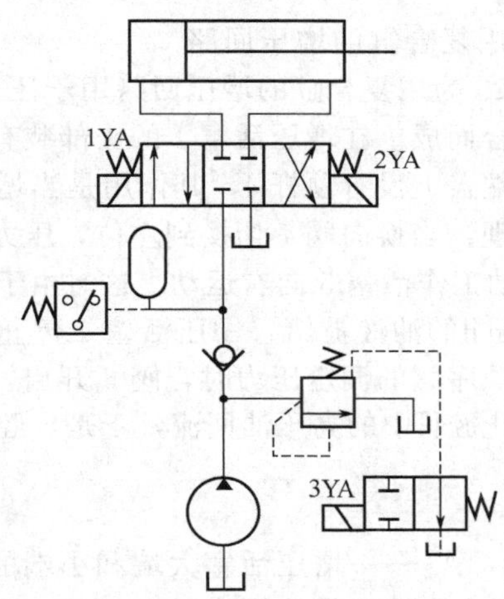

图 4-27　采用先导式溢流阀和蓄能器的保压卸荷回路

4.2.4　增压回路

增压回路是用来提高系统中某一支路压力的。采用了增压回路可以用较低压力的液压泵来获得较高的工作压力，以节省能源。

（1）用增压缸的增压回路

如图 4-28 所示，增压缸 4 由大缸 a 和小缸 b 两部分组成，大活塞和小活塞由一根活塞杆连接在一起。当压力油由泵 1 经换向阀 3 进入大缸 a 推动活塞向右运动时，从小缸中便能输出高压油，其原理如下。

作用在大活塞上的力 F_a 为

$$F_a = p_1 A_a$$

式中　p_1——液压缸 a 腔的压力；

　　A_a——大活塞面积。

在小活塞上产生的作用里 F_b 为

$$F_b = p_2 A_b$$

式中　p_2——液压缸 b 腔的压力；

　　A_b——小活塞面积。

活塞两端受力相平衡，则

$$F_a = F_b$$

即
$$p_1A_a=p_2A_b$$
$$p_2=p_1\frac{A_a}{A_b}=p_1K \tag{4-1}$$

式中　K——增压比，$K=\dfrac{A_a}{A_b}$。

因为$A_a>A_b$，$K>1$，即增压缸 b 腔输出的油压 p_2 是输入液压缸 a 腔的油压 p_1 的 K 倍，这样就达到了增压的目的。

工作缸 c 是单作用缸，活塞靠弹簧复位。为补偿增压缸小缸 b 和工作缸 c 的泄漏，增设了由单向阀和副油箱组成的补油装置。这种回路不能得到连续高压，适用于行程较短的单作用液压缸。

（2）用复合缸的增压回路

图 4-29 为用复合缸的增压回路用于压力机上的一种增压缸形式。它由一个增压缸和一个工作缸组合而成。在增压活塞 1 的头部装有单向阀 2，活塞内的通道 3 使油腔Ⅰ和油腔Ⅲ相通。在增压缸端盖上设有顶杆 4，其作用是当增压活塞退至最左端位置时，顶开单向阀 2。增压缸的工作原理：当换向阀 7 切换到左位，压力油经增压缸左腔Ⅰ，单向阀 2，通道 3 进入工作缸左腔Ⅲ，推动工作活塞 5 向右运动。这时由于系统工作压力低于液控顺序阀 6 的调定压力，阀关闭，增压缸Ⅱ的油液被堵，增压活塞 1 停止不动。当工作活塞阻力增大，系统工作压力升高，超过液控顺序阀的调定压力时，阀 6 开启，腔Ⅱ的油排出，增压活塞向右移动，单向阀 2 自行关闭，阻止腔Ⅲ中的高压油回流，于是，腔Ⅲ中压力 p_2 升高，其增压后的压力为
$$p_2=p_1\frac{A_1}{A_2}$$

式中　A_1，A_2——增压活塞大端和小端的面积；
　　　p_1——系统压力。

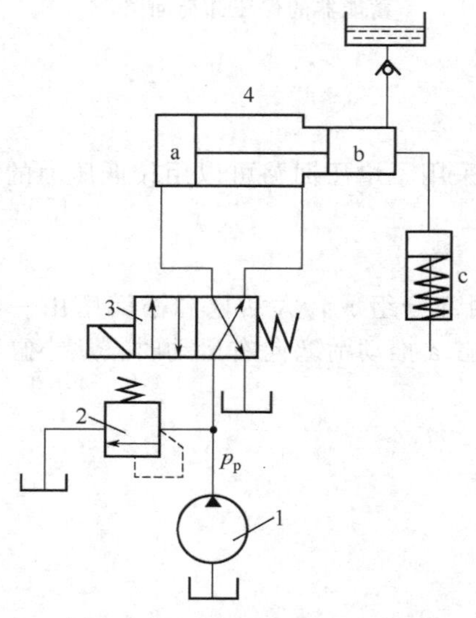

图 4-28　用增压缸的增压回路

1—泵；2—溢流阀；3—换向阀；4—增压缸

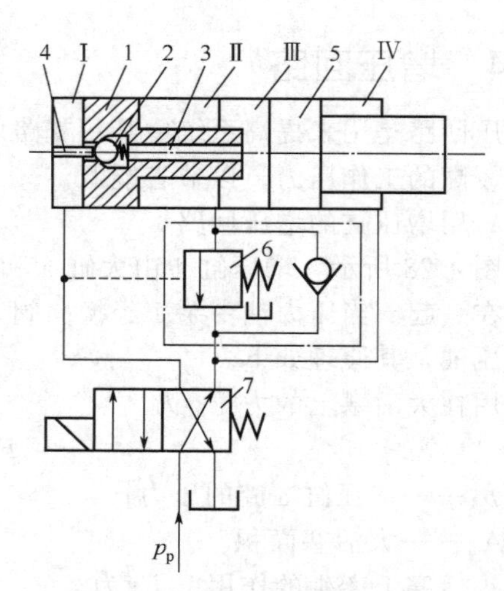

图 4-29　用复合缸的增压回路

1—增压活塞；2—单向阀；3—通道；4—顶杆；5—工作活塞；6—液控顺序阀；7—换向阀

这时候工作活塞的推力也随之增大。当换向阀切换到右位时，腔Ⅱ和腔Ⅳ进油，腔Ⅰ排油，增压活塞快速退回，工作活塞移动较慢，当增压活塞 1 退至最后位置时，顶杆 4 将单向

阀2顶开，工作活塞5快速退至最后位置。

4.2.5 平衡回路

为了防止立式液压缸与垂直工作部件由于自重而自行下滑，或在下行运动中由于自重而造成超速运动，使运动不平稳，这时可采用平衡回路，即在立式液压缸下行的回油路上设置一顺序阀使之产生适当的阻力，以平衡自重。

(1) 单向顺序阀（也称平衡阀）组成的平衡回路。

图4-30为采用单向顺序阀的平衡回路，顺序阀的调定压力应稍大于由工作部件自重在液压缸下腔中形成的压力。这样当液压缸不工作时，单向顺序阀关闭，而工作部件不会自行下滑；液压缸上腔通压力油，当下腔背压力大于顺序阀的调定压力时，顺序阀开启。由于自重得到平衡，故不会产生超速现象。当压力油经单向阀进入液压缸下腔时，活塞上行。这种回路，停止时会由于顺序阀的泄漏而使运动部件缓慢下降，所以要求顺序阀的泄漏量要小。由于回油腔有背压，功率损失较大。

(2) 采用液控单向顺序阀的平衡回路

图4-31采用液控单向顺序阀的平衡回路。它适用于所平衡的重量有变化的场合。如起重机的起重等。如图4-31所示，当换向阀切换至右位时，压力油通过单向阀进入液压缸的下腔，上腔回油直通油箱，使活塞上升吊起重物。当换向阀切换至左位时，压力油进入液压缸上腔，并进入液控顺序阀的控制口，打开顺序阀，使液压缸下腔回油，于是活塞下行放下重物。若由于重物作用而运动部件下降过快时，必然使液压缸上腔油压降低，于是液控顺序阀关小，阻力增大，阻止活塞迅速下降。如果要求工作部件停止运动时，只要将换向阀切换至中位，液压缸上腔卸压，使液控顺序阀迅速关闭，活塞即停止下降，并被锁紧。

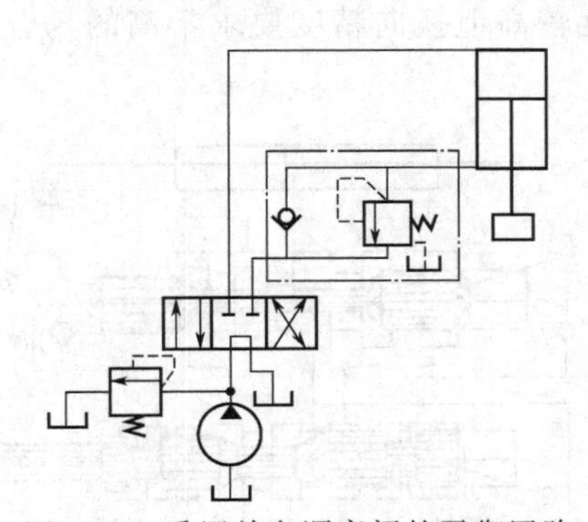

图4-30　采用单向顺序阀的平衡回路

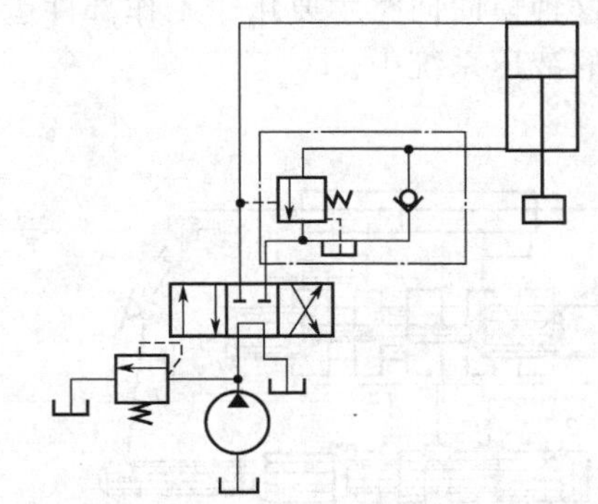

图4-31　采用液控单向顺序阀的平衡回路

这种回路适用于负载变化的场合，较安全可靠；但活塞下行时，由于重力作用会使液控顺序阀的开口量处于不稳定状态，系统平稳性较差。

4.3 方向控制回路

在液压系统中，起控制执行元件的启动、停止及换向作用的回路，称为方向控制回路。方向控制回路有换向回路和锁紧回路两种。

4.3.1 换向回路

运动部件的换向，一般可采用各种换向阀来实现。在容积调速的闭式回路中，也可以利用双向变量泵控制油流的方向来实现液压缸（或液压马达）的换向。

依靠重力或弹簧返回的单作用液压缸，可以采用二位三通换向阀进行换向。双作用液压缸的换向，一般都可采用为二位四通（或五通）及三位四通（或五通）换向阀来进行换向。按不同用途可选用不同控制方式的换向回路。

电磁换向阀的换向回路应用最为广泛，尤其在自动化程度要求较高的组合机床液压系统中被普遍采用。这种换向回路曾多次出现于上述回路中，这里不再赘述。对于流量较大和换向平稳性要求较高的场合，电磁换向阀的换向回路已不能适应上述要求，往往采用手动换向阀或机动换向阀作先导阀而以液动换向阀为主阀的换向回路，或者采用电液动换向阀的换向回路。

往复直线运动换向回路的功用是使液压缸和与之相连的主机运动部件在其行程终端处迅速、平稳、准确地变换运动方向。简单的换向回路只需采用标准的普通换向阀，但是在换向要求高的主机（例如，各类磨床）上换向回路中的换向阀就要特殊设计。这类换向回路还可以按换向要求的不同而分成时间控制制动式和行程控制制动式两种。

图 4-32 所示为一种比较简单的时间控制制动式换向回路。这个回路中的主油路只受换向阀 3 控制。在换向过程中，当图中先导阀 2 在左端位置时，控制油路中的压力油经单向阀 I_2通向换向阀 3 右端，换向阀左端的油经节流阀 J_1流回油箱，换向阀阀心向左移动，阀心上的锥面逐渐关小回油通道，活塞速度逐渐减慢，并在换向阀 3 的阀芯移过 l 距离后将通道闭死，使活塞停止运动。当节流阀 J_1和 J_2的开口大小调定之后，换向阀阀心移过距离 l 所需的时间（使活塞制动所经历的时间）就确定不变，因此，这种制动方式称为时间控制制动方式。时间控制制动式换向回路的主要优点是它的制动时间可以根据主机部件运动速度的快慢、惯性的大小通过节流阀 J_1和 J_2的开口量得到调节，以便控制换向冲击，提高工作效率；其主要缺点是换向过程中的冲出量受运动部件的速度和其他因素的影响，换向精度不高。所以这种换向回路主要用于工作部件运动速度较高但换向精度要求不高的场合，例如，平面磨床的液压系统中。

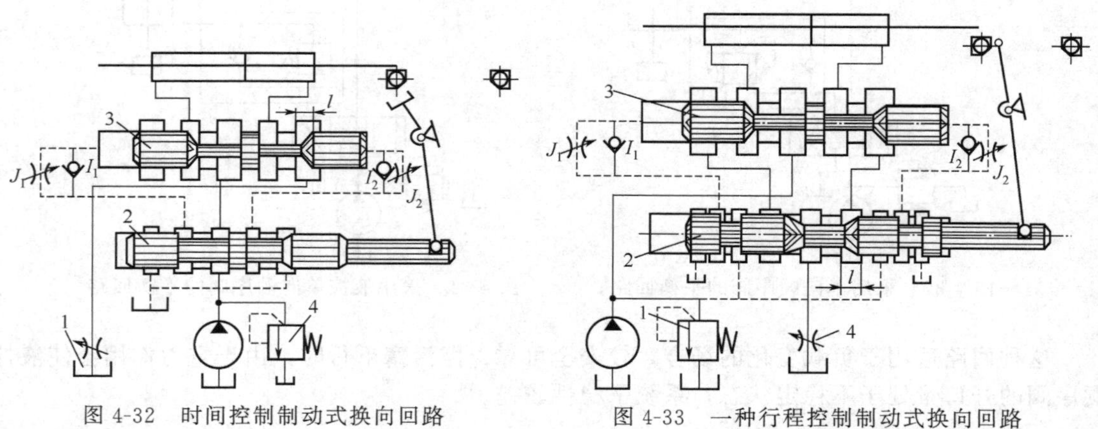

图 4-32　时间控制制动式换向回路

1—调速阀；2—先导阀；3—换向阀；4—溢流阀

图 4-33　一种行程控制制动式换向回路

1—溢流阀；2—先导阀；3—换向阀；4—调速阀

图 4-33 所示为行程控制制动式换向回路，这种回路的结构和工作情况与时间控制制动式的主要差别在于这里的主油路除了受换向阀 3 控制外，还要受先导阀 2 控制。当图示位置的先导阀 2 在换向过程中向左移动时，先导阀阀芯的右制动锥将液压缸右腔的回油通道逐渐关小，使活塞速度逐渐减慢，对活塞进行预制动。当回油通道被关得很小、活塞速度变得很慢时，换向阀 3 的控制油路才开始切换，换向阀阀芯向左移动，切断主油路通道，使活塞停止运动，并随即使它在相反的方向启动。这里，不论运动部件原来的速度快慢如何，先导阀

总是要移动一段固定的行程 l，将工作部件先进行预制动后，再由换向阀来使它换向。所以这种制动方式称为行程控制制动方式。行程控制制动式换向回路的换向精度较高，冲出量较小；但是由于先导阀的制动行程恒定不变，制动时间的长短和换向冲击的大小就将受运动部件速度快慢的影响。所以这种换向回路宜用在主机工作部件运动速度不大但换向精度要求较高的场合，例如，内、外圆磨床的液压系统中。

4.3.2　锁紧回路

为了使工作部件能在任意位置上停留，以及在停止工作时，防止在受力的情况下发生移动，可以采用锁紧回路。

采用 O 型或 M 型机能的三位换向阀，当阀芯处于中位时，液压缸的进、出口都被封闭，可以将活塞锁紧。这种锁紧回路由于受到滑阀泄漏的影响，锁紧效果较差。

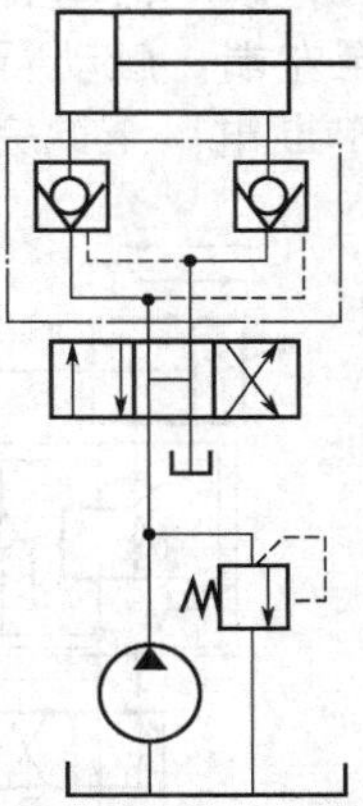

图 4-34 所示为采用液控单向阀的双向锁紧回路。在液压缸的进、回油路中都串接液控单向阀（又称液压锁），活塞可以在行程的任何位置锁紧。其锁紧精度只受液压缸内少量的内泄漏的影响，因此锁紧精度较高。在造纸机械中就常用这种回路。

图 4-34　采用液控单向阀的双向锁紧回路

采用液控单向阀的锁紧回路，换向阀的中位机能应使液控单向阀的控制油液卸压（换向阀采用 H 型或 Y 型），此时，液控单向阀便立即关闭，活塞停止运动。假如采用 O 型机能，在换向阀中位时，由于液控单向阀的控制腔压力油被闭死而不能使其立即关闭，直至由换向阀的内泄漏使控制腔泄压后，液控单向阀才能关闭，影响其锁紧精度。

4.4　多缸动作回路

4.4.1　顺序动作回路

在多缸液压系统中，往往需要按照一定要求的顺序动作。例如，自动车床中刀架的纵横向运动、夹紧机构的定位和夹紧等。

顺序动作回路按其控制方式不同，分为压力控制、行程控制和时间控制三类，其中前两类用得较多。

（1）用压力控制的顺序动作回路

压力控制就是利用油路本身的压力变化来控制液压缸的先后动作顺序，主要利用压力继电器和顺序阀作为控制元件来控制动作顺序的。

图 4-35 所示为采用两个单向顺序阀的压力控制顺序动作回路。其中单向顺序阀 6 控制两液压缸前进时的先后顺序，单向顺序阀 3 控制两液压缸后退时的先后顺序。当换向阀 2 左位工作时，压力油进入液压缸 4 的左腔，右腔经阀 3 中的单向阀回油，此时由于压力较低，阀 6 关闭，液压缸 4 的活塞先动。当液压缸 4 的活塞运动至终点时，油压升高，达到单向顺序阀 6 的调定压力时，阀 6 开启，压力油进入液压缸 5 的左腔，右腔直接回油，液压缸 5 的活塞向右移动。当液压缸 5 的活塞右移到达终点后，换向阀右位接通，此时压力油进入液压缸 5 的右腔，左腔经阀 3 中的单向阀回油，使液压缸 5 的活塞向左返回，到达终点时，压力油升高打开顺序阀 3 再使液压缸 4 的活塞返回。

这种顺序动作回路的可靠性，在很大程度上取决于顺序阀的性能及其压力调整值。顺序阀的调整压力应比先动作的液压缸的工作压力高 0.8～1MPa，以免在系统压力波动时，发生误动作。

(2) 用行程控制的顺序动作回路

行程控制顺序动作回路是利用工作部件到达一定位置时，发出信号来控制液压缸的先后动作顺序，它可以利用行程开关、行程阀等来实现。

图 4-36 所示为采用行程开关控制的顺序动作回路。其动作顺序是按启动按钮，电磁铁 1DT 通电，缸 2 活塞右行；当挡铁触动行程开关 4 时，使 1DT 断电，3DT 通电，缸 5 活塞右行；缸 5 活塞右行至行程终点触动行程开关 7，使 3DT 断电，2DT 通电，缸 2 活塞后退。退至左端，触动行程开关 3，使 2DT 断电，4DT 通电，缸 5 活塞退回，触动行程开关 6，4DT 断电。至此完成了两缸的全部顺序动作的自动循环。

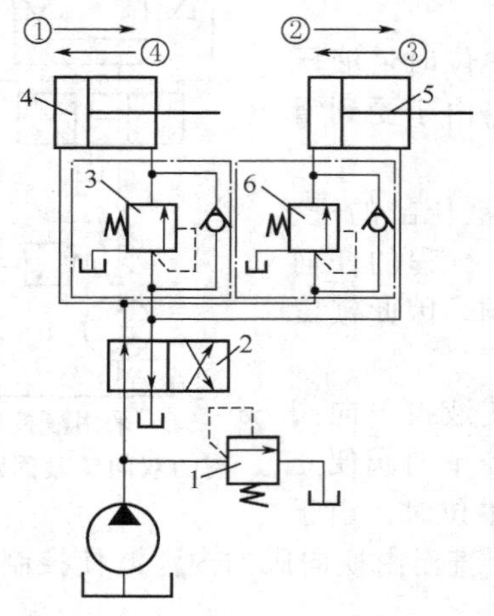

图 4-35　采用两个单向顺序阀的压力控制顺序动作回路
1—溢流阀；2—换向阀；3,6—单向顺序阀；4,5—液压缸

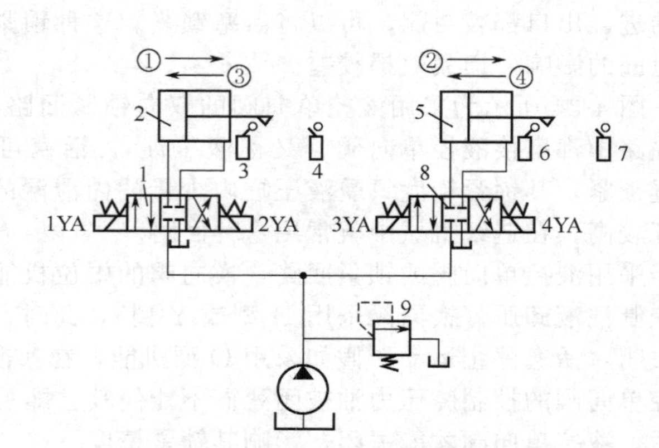

图 4-36　采用行程开关控制的顺序动作回路
1,8—电磁阀；2,5—缸；3,4,6,7—行程开关；9—溢流阀

采用电气行程开关控制的顺序回路，调整行程大小和改变动作顺序均甚方便，且可利用电气互锁使动作顺序可靠。

4.4.2 同步回路

使两个或两个以上的液压缸，在运动中保持相同位移或相同速度的回路称为同步回路。

在一泵多缸的系统中，尽管液压缸的有效工作面积相等，但是由于运动中所受负载不均衡，摩擦阻力也不相等，泄漏量的不同以及制造上的误差等，使液压缸不能同步动作。同步回路的作用就是为了克服这些影响，补偿它们在流量上所造成的变化。

(1) 串联液压缸的同步回路

图 4-37 所示为带补偿装置的串联液压缸同步回路。图中第一个液压缸回油腔排出的油液，被送入第二个液压缸的进油腔。如果串联油腔活塞的有效面积相等，便可实现同步运动。这种回路两缸能承受不同的负载，但泵的供油压力要大于两缸工作压力之和。

由于泄漏和制造误差，影响了串联液压缸的同步精度，当活塞往复多次后，会产生严重的失调现象，为此要采取补偿措施。为了达到同步运动，液压缸 5 与液压缸 7 的有效面积相等。在活塞下行的过程中，如果液压缸 5 的活塞先运动到底，触动行程开关 4，使电磁铁 1DT 通电，此时压力油便经过电磁阀 3、液控单向阀 6，向液压缸 7 的上腔补油，使液压缸 7 的活塞继续运动到底。如果液压缸 7 的活塞先运动到底，触动行程开关 8，使电磁铁 2DT 通电，此时压力油便经过电磁阀 3 进入液控单向阀的控制油口，液控单向阀 6 反向导通，使液压缸 5 能通过液控单向阀 6 和电磁阀 3 回油，使液压缸 5 的活塞继续运动到底，从而对不同步现象进行补偿。

(2) 流量控制式同步回路

① 用调速阀控制的同步回路　图 4-38 为两个并联的液压缸，分别用调速阀控制的同步回路。两个调速阀分别调节两缸活塞的运动速度，当两缸有效面积相等时，则流量也调整得相同，若两缸面积不等时，则改变调速阀的流量也能达到同步运动。

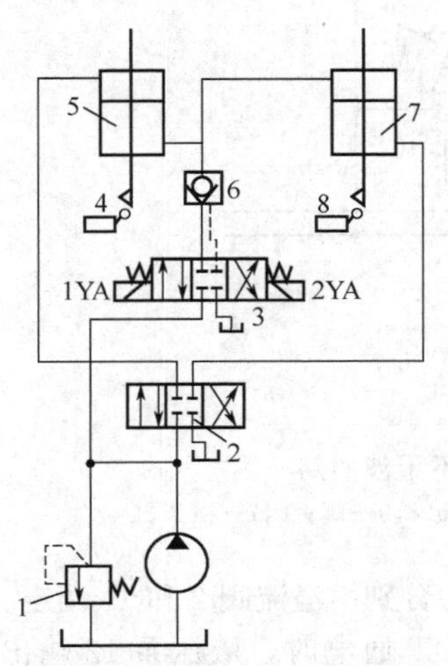

图 4-37　带补偿装置的串联液压缸同步回路

1—溢流阀；2—换向阀；3—电磁阀；4,8—行程开关；5,7—液压缸；6—液控单向阀

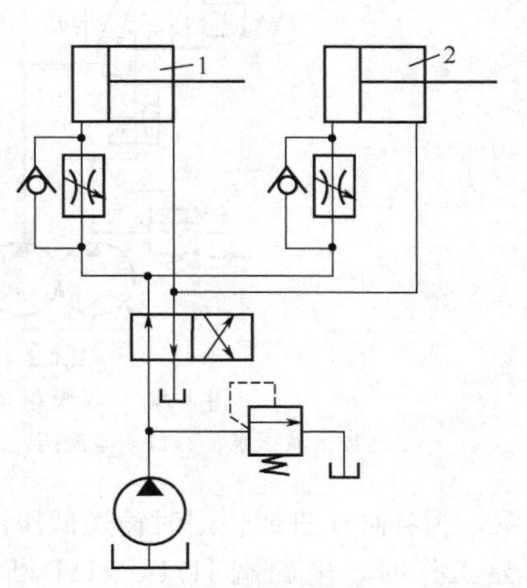

图 4-38　采用调速阀控制的回路

1,2—液压缸

用调速阀控制的同步回路，结构简单，并且可以调速，但是由于受到油温变化以及调速阀性能差异等影响，同步精度较低，一般在 5%～7%左右。

② 用电液伺服阀控制的同步回路　图 4-39 所示为用电液伺服阀的同步回路。回路中伺服阀 6 根据两个位移传感器 3 和 4 的反馈信号持续不断地控制其阀口的开度，使通过的流量与通过换向阀 2 的流量相同，从而保证了两个液压缸获得双向的同步运动。

这种回路的同步精度很高，能满足大多数工作部件所要求的同步精度。但由于伺服阀必须通过与换向阀相同的较大流量，规格尺寸要选得很大，因此价格昂贵，适用于两个液压缸相距较远而同步精度又要求很高的场合。

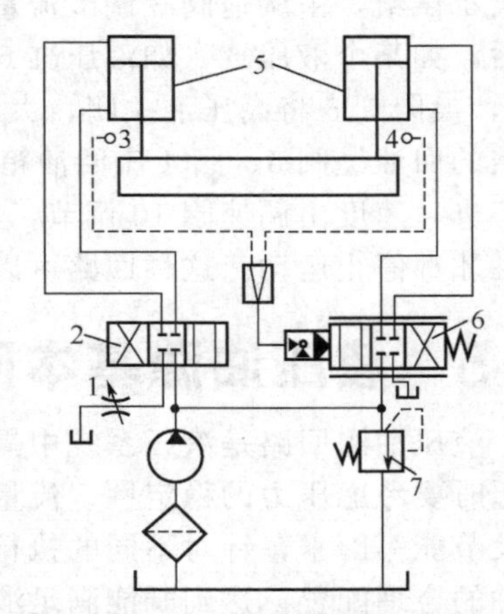

图 4-39　采用电液伺服阀的同步回路

1—调速阀；2—换向阀；3,4—位移传感器；5—液压缸；6—伺服阀；7—溢流阀

4.4.3　多缸快慢速互不干涉回路

在一泵多缸的液压系统中，往往由于其中一个液压缸快速运动时，会造成系统的压力下降，影响其他液压缸工作进给的稳定性。因此，在工作进给要求比较稳定的多缸液压系统中，必须采用快慢速互不干涉的回路。

在图 4-40 所示的回路中，各液压缸分别要完成快进、工作进给和快速退回的自动循环。回路采用双泵的供油系统，液压泵 1 为高压小流量泵，供给各缸工作进给所需压力油；液压泵 12 为低

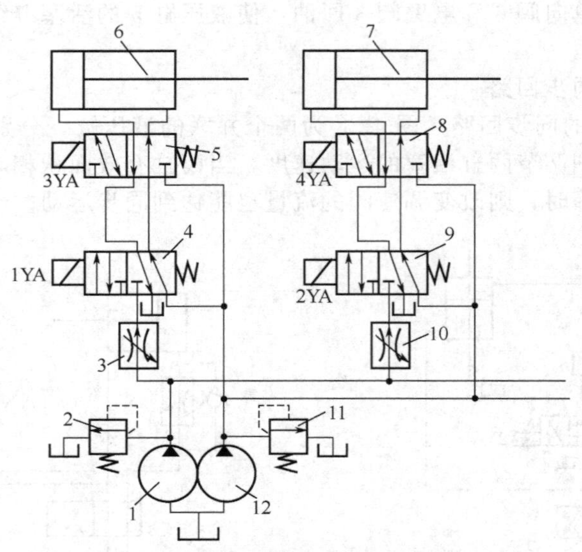

图 4-40 双泵供油多缸快慢速互不干涉回路

1,12—液压泵；2,11—溢流阀；3,10—调速阀；4,5,8,9—阀；6,7—液压缸

压大流量泵，为各缸快进或快退时输送低压油，它们的压力分别由溢流阀 2 和 11 调定。

当开始工作时，电磁阀 1DT、2DT 断电且 3DT、4DT 通电时，液压泵 12 输出的压力油同时与两液压缸的左、右腔连通，两个缸都做差动连接，使活塞快速向右运动，高压油路分别被阀 4、阀 9 关闭。这时若某一个液压缸（如液压缸 6）先完成了快速运动，实现了快慢速换接（电磁铁 1DT 通电、3DT 断电），阀 4 和阀 5 将低压油路关闭，所需压力油由高压液压泵 1 供给，由调速阀 3 调节流量获得工进速度。当两缸都转换为工进、都由液压泵 1 供油之后，如某个液压缸（如液压缸 6）先完成了工进运动，实现了反向换接（1DT、3DT 都通电），换向阀 5 将高压油关闭，大流量液压泵 12 输出的低压油经阀 5 进入液压缸 6 的右腔，左腔的回油经阀 5、阀 4 流回油箱，活塞快速退回。这时液压缸 7 仍由液压泵 1 供油继续进行工进，速度由调速阀 10 调节，不受液压缸 6 运动的影响。当所有电磁铁都断电时，两液压缸才都停止运动。这种回路可以用在具有多个工作部件各自分别运动的机床液压系统中。

4.5 液压油源基本回路

液压油源回路是液压系统中提供一定压力和流量传动介质的动力源回路。在设计和构成油源时要考虑压力的稳定性、流量的均匀性、系统工作的可靠性、传动介质的温度、污染度以及节能等因素，针对不同的执行元件功能的要求，综合上述各因素，考虑油源装置中各种元件的合理配置，达到既能满足液压系统各项功能的要求，又不因配置不必要的元件和回路而造成投资成本的提高和浪费。

4.5.1 开式油源回路

图 4-41 所示为开式液压系统的基本油源回路。溢流阀 8 用于设定泵站的输出压力。油箱 11 用于盛放工作介质、散热和沉淀污物杂质等。空气滤清器 2 一般设置在油箱顶盖上并兼作注油口。液位计 4 一般设在油箱侧面，以便显示油箱液位高度。在液压泵 6 的吸油口设置过滤器，以防异物进入液压泵内。为了防止载荷急剧变化引起压力油液倒灌，在泵的出口设置单向阀 7。用加热器 1 和冷却器 10 对油温进行调节（加热器和冷却器可

以根据系统发热、环境温度、系统的工作性质决定取舍），并用温度计 3 等进行检测。冷却器通常设在工作回路的回油箱中。为了保持油箱内油液的清洁度，在冷却器上游设置回油过滤器 9。

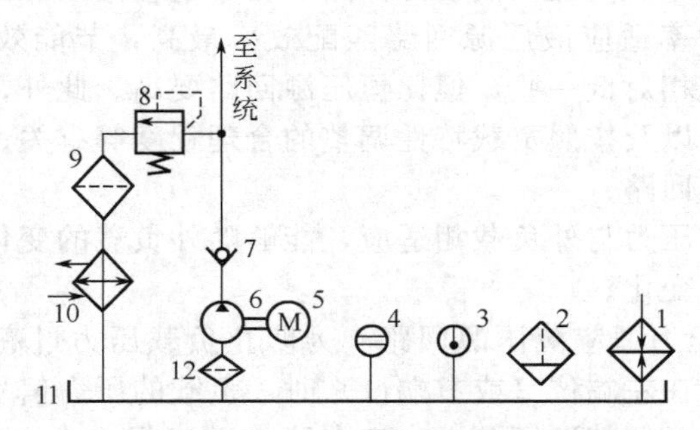

图 4-41　开式液压系统的基本油源回路
1—加热器；2—空气滤清器；3—温度计；4—液位计；5—电动机；6—液压泵；7—单向阀；8—溢流阀；9,12—过滤器；10—冷却器；11—油箱

4.5.2　闭式油源回路

图 4-42 为闭式液压系统的油源回路。变量泵 1 的输出流量供给执行器（图中未画出），执行器的回油接至泵的吸油侧。高压侧由溢流阀 4 实现压力控制，向油箱溢出。吸油侧经单向阀 2 或 3 补充油液。为了防止冷却器 11 被堵塞或冲击压力在冷却器进口引起压力上升，设置有旁通单向阀 9。为了保持油箱内油液的清洁度，在冷却器上游设置回油过滤器 10。温度计 12 用于检测油温。

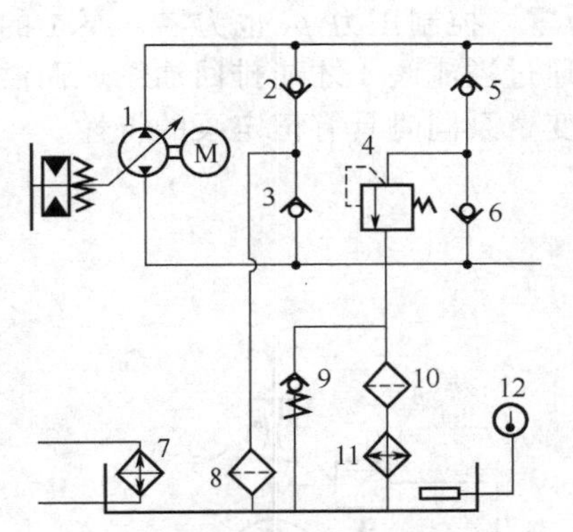

图 4-42　闭式液压系统的油源回路
1—变量泵；2,3,5,6—单向阀；4—溢流阀；7—加热器；8,10—过滤器；9—旁通单向阀；11—冷却器；12—温度计

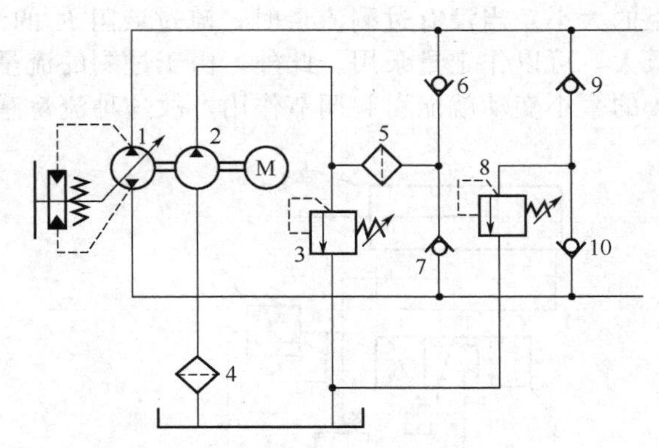

图 4-43　补油泵回路
1—变量泵；2—补油泵；3,8—溢流阀；4,5—过滤器；6,7,9,10—单向阀

4.5.3　补油泵回路

在闭式液压系统中，一般设置补油泵向系统补油。图 4-43 为一种补油泵回路，向吸油侧进行高压补油的补油泵 2 可以是独立的，也可以是变量泵 1 的附带元件。补油泵 2 的补油压力由溢流阀 3 设定和调节，过滤器 5 用于补充油液的净化。其他元件的作用同图 4-42。

4.5.4 节能液压源回路

压力适应液压源回路、流量适应液压源回路和功率适应液压源回路是节能液压动力源回路的三种方式。其中，功率适应液压源回路匹配效率最高，节能效果最好，能量利用最充分，其余两种的匹配效率相对低一些，但比恒压源回路要高。此外，值得注意的是液压泵的节能效果还与负载特性，以及按照负载特性调整的合理程度等有关。

(1) 压力适应液压源回路

此回路液压泵的工作压力与外负载相适应，能够随外负载的变化而变化，从而能使原动机功率随外负载的变化而变化。

图 4-44 为一典型的压力适应液压源回路。为防止负载压力过高，设置安全阀以限制最高工作压力。当换向阀 3 在左端位（或右端位）时，负载的压力信号直接连到液压泵 1 支路上溢流阀 2 的遥控口，通过调整液压泵 1 出口支路中溢流阀 2 内主阀芯回位弹簧的预压量，使得液压泵 1 的出口压力始终比负载安全限定压力高出一个固定压差。换向阀在中位时，反馈端压力接近于零，这时液压泵 1 出口压力也接近零。进入液压缸 5 的流量与主操纵阀的位移量成正比。

(2) 流量适应液压源回路

流量适应液压源回路泵排出的流量随外负载的需求而变化，无多余油液溢流回油箱。常见的回路有两种。

① 流量感控型变量泵　图 4-45 为一使用了流量感控型变量泵的流量适应液压源回路，在这种回路中，以流量检测信号代替了压力的反馈信号，固定液阻 R 将溢流阀溢出的流量转换成压力信号 p_0，并将这个压力信号与弹簧力进行比较，得到偏差后控制变量机构 2 进行适当调整。当有过剩流量流过时，流量信号转换为压力信号 p_0，与弹簧力比较后确定偏心距的大小。当没有过剩流量时，流过液阻 R 的流量为零，控制压力 p_0 也为零，泵 1 的流量最大，可以作定量泵用。此外，由于过剩的流量必须通过溢流阀 4 才能排回油箱，而溢流阀 4 的微小变动就能引起调节作用，故这种流量感应型变量泵同时具有恒定泵的特性。

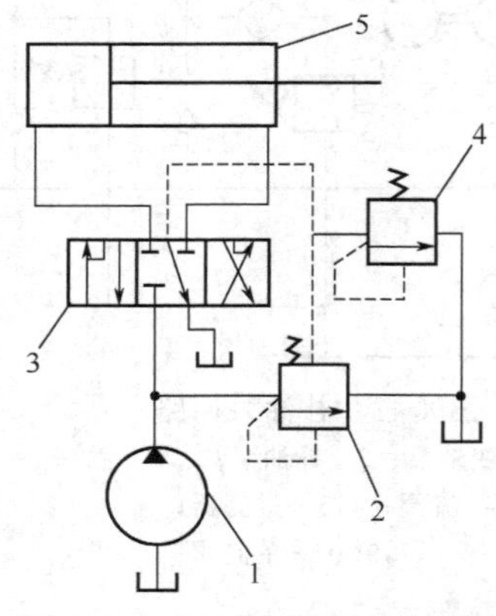

图 4-44　压力适应液压源回路

1—液压泵；2,4—溢流阀；3—换向阀；5—液压缸

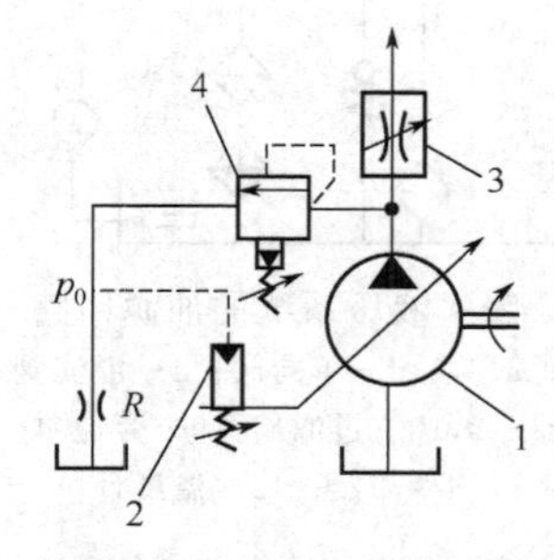

图 4-45　流量感控型变量泵的流量适应液压源回路

1—泵；2—变量机构；3—调速阀；4—溢流阀

② 恒压变量泵型　图 4-46 为一使用恒压变量泵的流量适应液压源回路。这种回路根据两端压力相比较的原理，泵源采用恒压变量泵。当失去平衡时，将会自行推动变量机构朝恢复平衡的方向运动，控制腔的压力则由一个小型先导三通减压阀 4 予以控制。为了克服摩擦力，控制阀中设置有一根调压弹簧 3，使零位保持在最大排量状态。由于出口压力能始终保

持调定的压力值，故此类泵的响应较快，几个执行元件可以同时动作，适用于需要同时操纵几个流量各不相同、而具有类似负载压力的多执行元件场合。不过值得注意的是，当处于低压工况时能量耗损大。

（3）功率适应液压源回路

上述流量适应或压力适应回路，只能做到单参数的适应，而液压功率等于压力与流量的乘积，因而流量适应或压力适应回路不是理想的低能耗控制系统。功率适应液压源回路能够使压力和流量两参数同时适应负载要求，故可将能耗限制在最低限度内。

① 恒压恒流量双重控制液压源回路　恒压恒流量双重控制液压源回路如图4-47所示，主要包括变量泵A、变量活塞B、恒压阀（C、D）和恒流量阀（E、F）。在恒压控制的基础上再进行近似恒流量的双重控制，能使系统变得紧凑、具有实现集成化控制的意义。

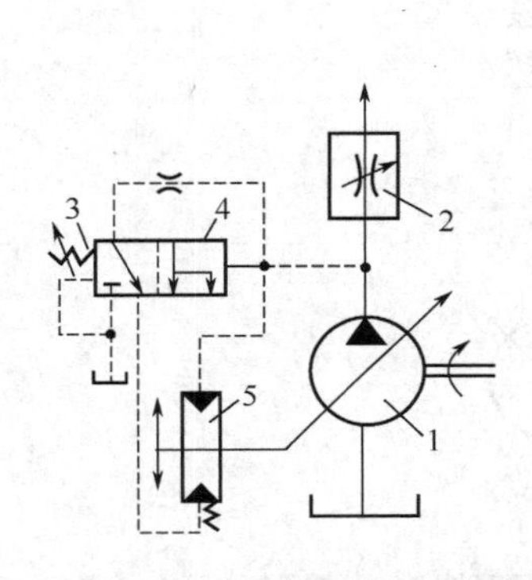

图4-46　采用恒压变量泵的流量适应液压源回路
1—恒压变量泵；2—调速阀；3—调压弹簧；
4—先导三通减压阀；5—变量机构

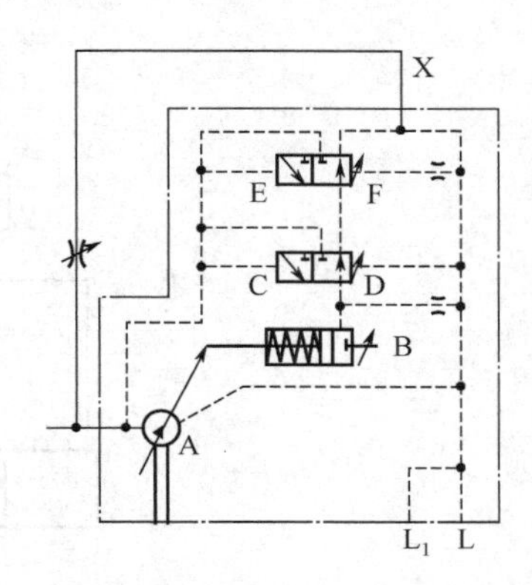

图4-47　恒压恒流量双重控制液压源回路
A—变量泵；B—变量活塞；C、D—恒压阀；E、F—恒流量阀

恒流量的工作原理：首先调定控制阀F端预压弹簧，弹簧力与节流阀两侧压力差在控制阀阀芯上产生的液压力相平衡。变量泵A输出流量随斜盘倾角的改变而改变。当泵转速减小时，输出流量也相应减小。由于节流阀面积不变，则节流阀两端的压力差减小，在弹簧力的作用下，控制阀F阀芯左移，带动变量活塞B右移，斜盘倾角增大，流量增大，直至恢复到调定值。此时，阀芯上弹簧力与液压力重新平衡，斜盘倾角稳定，泵输出流量恒定。同理可分析泵转速增大时的情况。恒压控制部分与图4-46类似，不再赘述。

② 流量、压力同时适应的液压源回路　这种液压源具有流量、压力同时适应的功能，可适应不同的工矿要求。如图4-48所示，流量、压力同时适应的液压源回路中泵的变量机构通过一个三通减压阀（作为先导阀）来控制，不是靠负载反馈信号控制，所以具有先导控制的许多优点，动态特性好，灵敏度高。减压阀的参比弹簧固定主节流阀的压差，通过主节流阀的流量仅由其开口面积决定。

（4）恒功率液压源回路

① 恒功率变量泵控制　如图4-49所示，系统负载压力反馈到变量缸的三通控制滑阀3上，当弹簧1调定值大于泵输出压力与负载压力差时，三通控制滑阀3的左位处于工作状态，变量缸左腔压力降低，弹簧1的作用力使活塞左移，从而使变量泵排量增大；反之，当泵输出压力与负载压力差大于调压弹簧的设定值时，三通控制滑阀3的右位处于工作状态，变量缸左腔压力增加，活塞右移使变量泵排量减小。从而保证转速恒定的变量泵输出压力和输出流量的乘积基本保持不变，即输出功率基本不变。

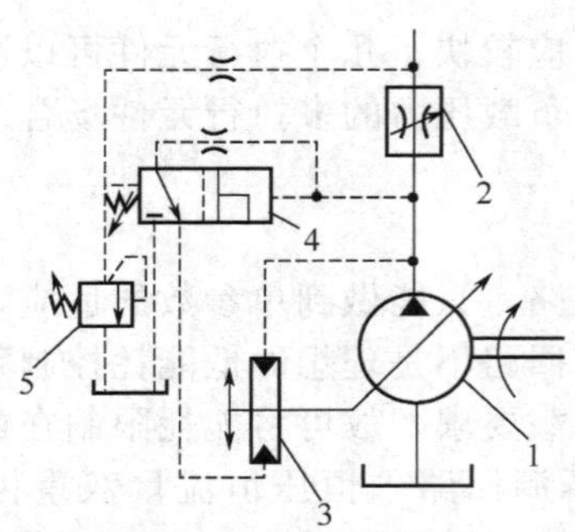

图 4-48 流量、压力同时适应的液压源回路
1—变量泵；2—可调节流阀；3—变量机构；4—三通减压阀；5—溢流阀

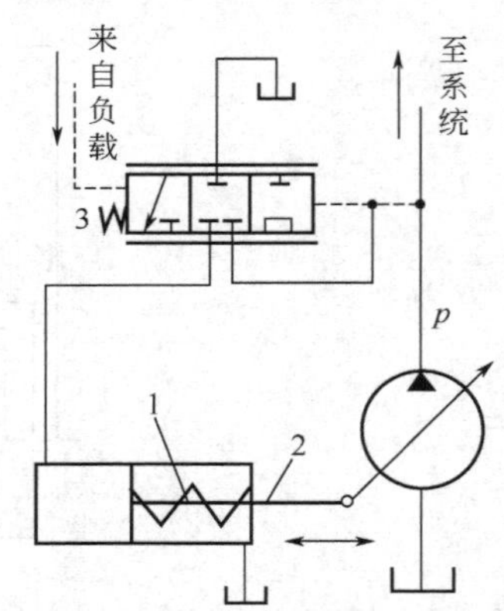

图 4-49 恒功率变量泵控制回路
1—弹簧；2—变量缸；3—三通控制滑阀

② 回转式执行元件的恒功率控制 采用定量泵驱动变量马达的恒功率回路如图 4-50（a）所示，而图 4-50（b）为采用变量泵驱动定量马达的回路。

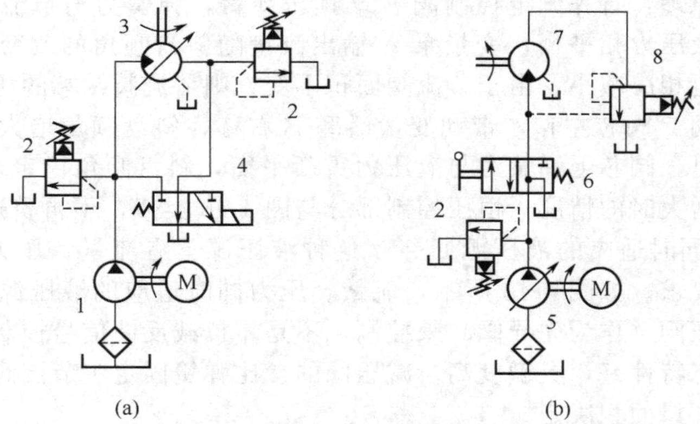

图 4-50 回转式执行元件的恒功率控制回路
1—定量泵；2—安全阀；3—变量马达；4—电磁换向阀；5—变量泵；
6—手动换向阀；7—定量马达；8—外控顺序阀

4.6 基本回路常见故障与排除方法

为便于读者掌握液压基本回路常见故障与排除方法，将方向控制基本回路、压力控制基本回路、速度控制基本回路、供油回路常见故障原因分析及排除方法列于表 4-2～表 4-5 中。

表 4-2　方向控制回路常见故障及其排除

故障现象	原因分析	关键问题	排除措施
执行元件不换向	①电磁铁吸力不足或损坏 ②电液换向阀的中位机能呈卸荷状态 ③复位弹簧太软或变形 ④内泄式阀形成过大背压 ⑤阀的制造精度差，油液太脏等	①推动换向阀阀芯的主动力不足 ②背压阻力等过大 ③阀芯卡死	①更换电磁铁，改用液动阀 ②液动换向阀类采用中位卸荷时，要设置压力阀，以确保启动压力 ③更换弹簧 ④采用外泄式换向阀 ⑤提高阀的制造精度和油液清洁度
三位换向阀的中位机能选择不当	①一泵驱动多缸的系统，中位机能误用 H 型、M 型等 ②中位停车时要求手调工作台的系统误用 O 型、M 型等 ③中位停车时要求液控单向阀立即关闭的系统，误用了 O 型机能，造成缸停止位置偏离了制定位置	不同的中位机能油路连接不同，特性也不同	①中位机能应用 O 型、Y 型等 ②中位机能应采用 Y 型、H 型等 ③中位机能应采用 Y 型等
锁紧回路工作不可靠	①利用三位换向阀的中位锁紧，但滑阀有配合间隙 ②利用单向阀类锁紧，但锥阀密封带接触不良 ③缸体与活塞间的密封圈损坏	①阀内泄漏 ②缸内泄漏	①采用液控单向阀或双向液压锁，锁紧精度高 ②单向阀密封锥面可用研磨法修复 ③更换密封件

表 4-3　压力控制回路常见故障及排除

故障现象	原因分析	关键问题	排除措施
压力调不上去或压力过高	各压力阀的具体情况有所不同	各压力阀本身的故障	见各压力阀的故障及排除
YF 型高压溢流阀，当压力调至较高值时，发出尖叫声	三级同心结构的同轴度较差，主阀芯贴在某一侧做高频振动、调压弹簧发生共振		①安装时要正确调整三级结构的同轴度 ②用合适的黏度，控制温升
利用溢流阀遥控口卸荷时，系统产生强烈的振动和噪声	①遥控口与二位二通阀之间有配管，它增加了溢流阀的控制腔容积，该容积越大，压力越不稳定 ②长配管中易残存空气，引起大的压力波动，导致弹性系统自激振动	机、液、气各因素产生的振动和共振	①配管直径宜在 $\phi 6\text{mm}$ 以下，配管长度应在 1m 以内 ②可选用电磁溢流阀实现卸荷功能
两个溢流阀的回油管道连在一起时易产生振动和噪声	溢流阀为内卸式结构，因此回油管中压力冲击、背压等将直接作用在导阀上，引起控制腔压力的波动，激起振动和噪声		①每个溢流阀的回油管应单独接回油箱 ②回油管必须合流时应加粗合流管 ③将溢流阀由内泄式改为外泄式
减压回路中，减压阀的出口压力不稳定	①主油路负载若有变化，当最低工作压力低于减压阀的调整压力时，则减压阀的出口压力下降 ②减压阀外泄油路有背压时其出口压力升高 ③减压阀的导阀密封不严，则减压阀的出口压力要低于调定值	控制压力有变化	①减压阀后应增设单向阀，必要时还可加蓄能器 ②减压阀的外泄管道一定要单独回油箱 ③修研导阀的密封带 ④过滤油液

续表

故障现象	原因分析	关键问题	排除措施
压力控制原理的顺序动作回路有时工作不正常	①顺序阀的调整压力太接近于先动作执行件的工作压力，与溢流阀的调定值也相差不多 ②压力继电器的调整压力同样存在上述问题	压力调定值不匹配	①顺序阀或压力继电器的调整压力应高于先动作缸工作压力约5～10bar(1bar=10^5Pa) ②顺序阀或压力继电器的调整压力应低于溢流阀的调整压力5～10bar
	某些负载很大的工况下，按压力控制原理工作的顺序动作回路会出现Ⅰ缸动作尚未完成而已发出使Ⅱ缸动作的误信号	设计原理不合理	①改为按行程控制原理工作的顺序动作回路 ②可设计成双重控制方式

表4-4 速度控制回路常见故障及其排除

故障现象	原因分析	关键问题	排除措施
快速不快	①差动快速回路调整不当等，未形成差动连接 ②变量泵的流量没有调至最大值 ③双泵供油系统的液控卸荷阀调压过低	流量不够	①调节好液控顺序阀，保证快进时实现差动连接 ②调节变量泵的偏心距或斜盘倾角至最大值 ③液控卸荷阀的调整压力要大于快速运动时的油路压力
快进转工进时冲击较大	快进转工进采用二位二通电磁阀	速度转换阀的阀芯移动速度过快	用二位二通行程阀来代替电磁阀
执行机构不能实现低速运动	①节流口堵塞，不能再调小 ②节流阀的前后压力差调得过大	通过流量阀的流量调不小	①过滤或更换油液 ②正确调整溢流阀的工作压力 ③采用低速性能更好的流量阀
负载增加时速度显著下降	①节流阀不适用于变载系统 ②调速阀在回路中装反 ③调速阀前后的压差太小，其减压阀不能正常工作 ④泵和液压马达的泄漏增加	进入执行元件的流量减小	①变速系统可采用调速阀 ②调速阀在安装时一定不能接反 ③调压要合理，保证调速阀前后的压力差有5～10bar ④提高泵和液压马达的容积效率

表4-5 供油回路常见故障及其排除

故障现象	原因分析	关键问题	排除措施
泵不出油	①液压泵的转向不对 ②滤油器严重堵塞、吸油管路严重漏气 ③油的黏度过高，油温太低 ④油箱油面过低 ⑤泵内部故障，如叶片卡在转子槽中，变量泵在零流量位置上卡住 ⑥新泵启动时，空气被堵，排不出去	不具备泵工作的基本条件	①改变泵的转向 ②清洗滤油器，拧紧吸油管 ③油的黏度、温度要合适 ④油面应符合规定要求 ⑤新泵启动前最好先向泵内灌油，以免干摩擦磨损等 ⑥在低压下放走排油管中的空气

续表

故障现象	原因分析	关键问题	排除措施
泵的温度过高	①泵的效率太低 ②液压回路效率太低，如采用单泵供油、节流调速等，导致油温太高 ③泵的泄油管接入吸油管	过大的能量损失转换成热能	①选用效率高的液压泵 ②选用节能型的调速回路，双泵供油系统，增设卸荷回路等 ③泵的外泄管应直接回油箱 ④对泵进行风冷
泵源的振动与噪声	①电动机、联轴器、油箱、管件等的振动 ②泵内零件损坏，困油和流量脉动严重 ③双泵供油合流处液体撞击 ④溢流阀回油管液体冲击 ⑤滤油器堵塞，吸油管漏气	存在机械、液压和空气三种噪声因素	①注意装配质量和防振、隔振措施 ②更换损坏零件，选用性能好的液压泵 ③合流点距泵口应大于200mm ④增大回油管直径 ⑤洗滤油器，拧紧吸油管

第5章 典型液压系统故障分析与排除实例

5.1 平板轮辋刨渣机液压系统故障诊断与排除方法

平板轮辋刨渣机是用于加工焊接轮辋的专用设备，加工轮辋直径范围12～16in，加工宽度12in，板料厚度（最大）8mm，生产效率10～15s/只。整机采用PLC电控系统，执行机构的运动全部采用液压缸来驱动，液压系统主参数：系统额定工作压力20MPa、额定流量60L/min。平板轮辋的生产工艺是：平钢板下料→卷筒→焊接→刨渣。刨渣过程中由于需要焊缝仍然处于高温状态才能大大减小切削力，所以其加工速度要求较高。下面介绍平板轮辋刨渣机在调试过程中的出现的故障原因和排除方法。

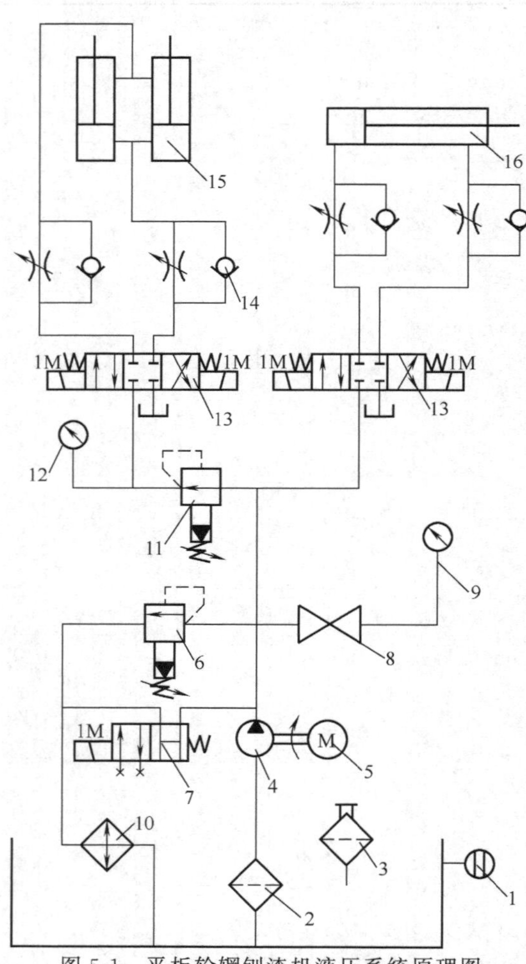

图5-1　平板轮辋刨渣机液压系统原理图

1—液位计；2—吸油过滤器；3—空气滤清器；4—液压泵；5—电动机；6—溢流阀；7—卸荷换向阀；8—压力表开关；9,12—压力表；10冷却器；11—减压阀；13—电磁换向阀；14—单向节流阀；15—夹紧缸；16—刨渣缸

5.1.1 液压系统工作原理

平板轮辋刨渣机液压系统原理如图5-1所示。

由图5-1可见，平板轮辋刨渣机液压系统中共有两种执行元件，夹紧缸15和刨渣缸16。为了便于分析，首先介绍液压系统工作原理。

液压泵启动后，由于电磁阀的电磁铁均处于断电状态，因此，三位电磁换向阀在两端弹簧的作用下处于中位，二位电磁阀处于左位，此时，液压泵输出的液压油经二位电磁阀回油箱，此时液压泵卸荷，执行元件15、16停留在原始位置。当二位电磁阀1DT通电时，随即可进行压力调接，通过调整溢流阀手柄上的内六角方向（顺时针压力升高，反之降低），系统压力随着溢流阀6的调整压力而变化。当需要液压缸活塞杆伸出时，4DT，6DT通电，三位阀处右位，液压缸无杆腔进油，有杆腔回油，活塞杆伸出；

当需要液压缸活塞杆缩回时，3DT，5DT通电，三位阀处左位，液压缸有杆腔进油，无杆腔回油，活塞杆缩回，完成工作全过程。其中系统压力（刨渣缸）由溢流阀调定，夹紧缸的工作压力由减压阀调定。

从工作原理以及技术参数来分析，平板轮辋刨渣机液压系统原理图的设计是合理的，能够满足工作要求，不存在设计缺陷。

5.1.2　平板轮辋刨渣机调试过程中的故障诊断与排除方法

（1）故障现象

① 系统压力升不上去，最大仅2MPa。

② 夹紧缸速度不稳定。

（2）故障原因分析

① 故障现象①可能的原因

a. 液压泵4本身故障。

b. 溢流阀6故障。

c. 卸荷换向阀7没动作或阀芯被卡住。

d. 集成块本身故障（集成块内的P口和T口有似通非通现象）。

e. 管路泄漏（吸油管路密封不好、压油管路连接处漏油）。

② 故障现象②可能的原因

由于故障现象②是在排除完故障①的基础上发现的，所以已经排除了液压泵流量不均的因素，可能的原因有以下几个。

a. 节流阀的性能差。

b. 减压阀阻尼孔被堵或主阀芯弹簧稳定性差。

c. 减压阀与节流阀叠加时位置的相互影响。

（3）故障排除过程与方法

由于刨渣机液压系统采用的是立式连接方式，液压阀全部采用叠加连接方式，所以故障排除过程说先从油箱外部进行。对于故障现象①的排除过程与方法如下。

第一步：首先检查电磁阀的电路输出，经过万用表的检测，电磁阀插头的输入电压为231V，满足使用要求，所以，电磁阀控制电路的原因得以排除。通过进一步观察，电磁阀通电后，阀芯动作良好，未出现阀芯被卡现象，电磁阀故障原因得以排除。

第二步：检查溢流阀故障。由于系统采用了先导式溢流阀，所以首先检查阻尼孔堵塞以及主阀阀芯阻尼孔阻塞情况，经检查阻尼孔和主阀阀芯均处于正常工作状态，溢流阀故障原因被排除。

第三步：检查集成块。对集成块图纸进行进一步审核，发现图纸没有问题，进一步检查集成块加工情况，同样未发现任何问题，集成块的原因得以排除。

第四步：打开油箱侧面的人孔，检查管路泄漏情况，经检查吸油管路密封良好，压油管路处密封良好，管路泄漏原因得以排除。

第五步：检查液压泵。由于现场仅有一台液压泵，所以无法直接采用更换液压泵的方法来判断。根据现场的情况，找来了另一台液压站，借用其油泵电动机组，将其输出直接接到集成块的P口，对刨渣机液压系统进行了调试，都达到了预期的压力指标，验证了原液压泵的故障所在。最后与液压泵制造厂联系，更换了液压泵，连接好管路后，一切正常，压力可以调节到20MPa。

针对故障现象②，对减压阀与节流阀叠加时位置的相互影响进行了分析，如图5-2所示。图5-2(a)是原液压系统装配时的位置，这种配置，当A口进油、B口回油时，由于节流阀的节流作用产生背压，使得液压缸 B 腔单向节流阀之间的油路压力升高，升高的压力又作用在减压阀上，使减压阀减压口变小，出口流量减小，造成供给液压缸的流量不足；当液压缸的运动趋于停止时，液压缸 B 腔压力又会下降，控制压力随之降低，减压阀开口加大，其出口流量增加，这样反复变化，造成了液压缸运动的不平稳，并有一定的振动。将叠加式减压阀置于单向节流阀与换向阀之间，如图 5-2(b) 所示，节流阀产生的背压不再影响减压阀，所以夹紧缸速度稳定性得到明显改善。

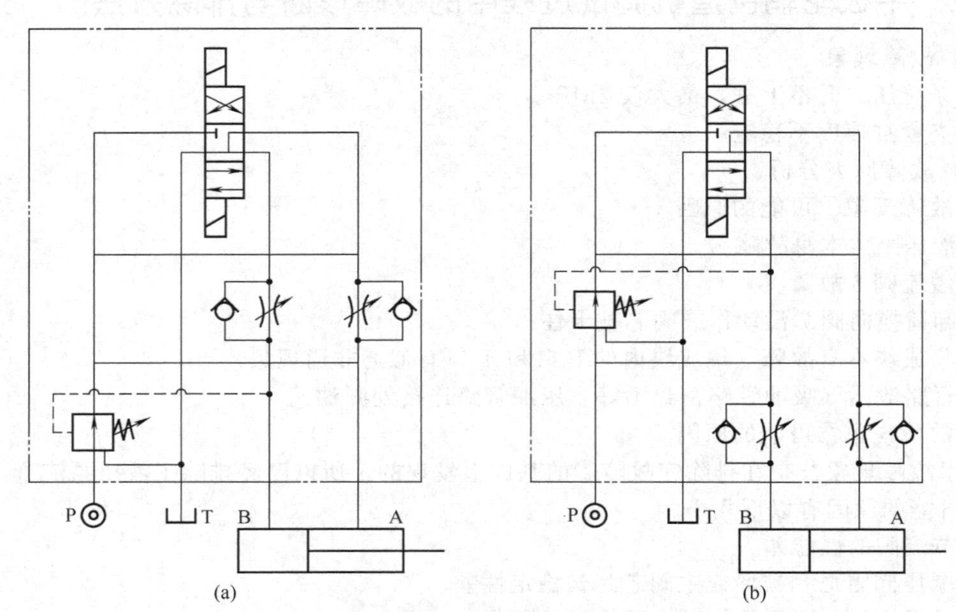

图 5-2 叠加式减压阀与节流阀位置的比较

最后对整个液压系统液压缸的速度、输出力均做了测试，完全符合要求。

值得注意的是：上述故障现象都是发生在新设备的调试阶段，属于早期故障，其原因大多集中在液压元件本身、集成块、液压管路连接以及叠加阀的排列顺序等问题上，随着时间的推移，液压油的污染问题、液压元件的磨损问题、用户的使用问题等因素也需要考虑。液压系统的故障其实并不神秘，只要掌握了液压元件与系统的工作原理，具体问题、具体分析，并注意积累现场调试和故障处理的经验，现场故障就会迎刃而解。

5.2 双立柱带锯机液压系统的故障分析与排除

近几年，随着钢结构行业的逐渐兴起，与之相关的一系列的钢结构机械加工设备不断地被研究开发出来，双立柱带锯机便是一种对各种型钢进行切断的型钢二次加工设备。它是在模拟手工锯工作原理基础上研制开发出来的，其最大特点是锯条采用环形带式结构，它突破了手工锯在往返式锯切过程中只有半个行程锯切工件的局限性，可以实现连续锯切，极大地节省了工作时间，提高了工作效率，结构简单，加工精度高，稳定可靠，有更佳的经济性、可靠性和先进性，目前已得到广泛应用。

5.2.1 结构及作业流程

双立柱带锯机的结构如图 5-3 所示，它主要由底座 1、工作台 2、锯架 7 和两个立柱 4、10 等部分组成。带状锯条 5 安装在锯架的主动轮 11 和从动轮 6 之间，由电动机经减速机后驱动主动轮旋转，带动锯条运转。锯架可沿垂直于工作台的两个立柱上下移动。工作时，工件 15 固定在工作台 2 上，锯条随锯架一起沿两个立柱下降，锯切工件。在一次工序中需进行以下操作。

① 工件定位夹紧——锯架升起、料道辊前进进料、压紧马达夹紧、竖直压料下压。

② 锯切工件——锯架快降、锯架慢降锯切工件、锯架升起。在此工作过程中实现锯条“快进－工进－快退”的动作循环。

③ 返回卸料——竖直压料升起、压紧马达松开、料道辊后退卸料。

这些动作是由液压系统与 PLC 组成的电气系统联合实现的。

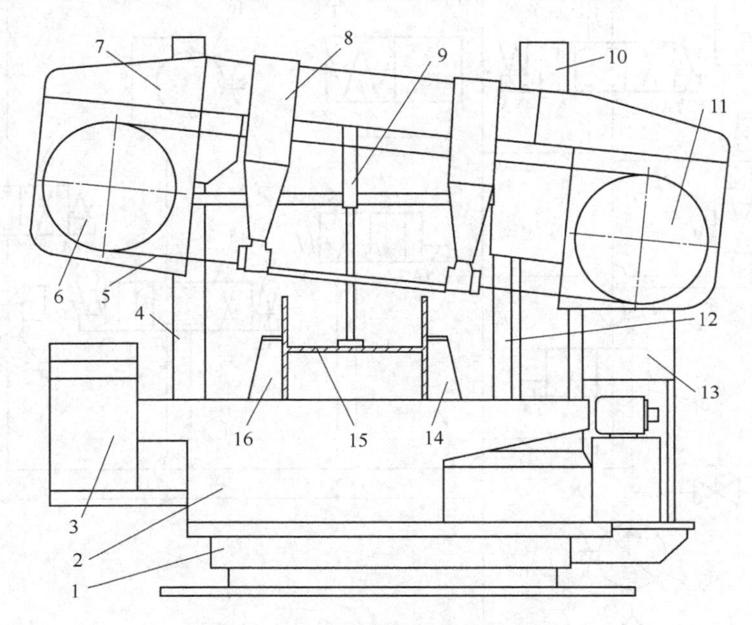

图 5-3　双立柱带锯机结构示意图

1—底座；2—工作台；3—电气柜；4,10—立柱；5—锯条；6—从动轮；7—锯架；8—锯导向装置；9—竖直压料装置；11—主动轮；12—锯架升降油缸；13—液压站；14—定位夹钳；15—工件；16—压紧夹钳

5.2.2　液压控制系统及工作原理

要实现“快进－工进－快退”的工作循环，在液压系统的设计中应采用调速回路。因为该机床的锯架升降油缸要承受一部分锯架的重力，所以要使得锯架上升需要较高的液压泵工作压力，此处选用了压力补偿变量柱塞泵。由于系统工作压力较高，所以在工作压力较低的回路中采用了减压回路。其液压系统原理如图 5-4 所示。

在一次机械加工工序过程中，其工作原理如下。

(1) 工件定位夹紧

在工件装夹前，锯架应处于升起位置。按下“锯架上升”按钮，电磁铁 1YA 得电，电磁阀 3 右位工作，压力补偿变量柱塞泵 2 输出的液压油经电磁阀 3、单向阀 4、液控单向阀 6 进入锯架移动缸 7 的无杆腔，有杆腔的油液直接回到油箱，此时液压缸活塞向上运动，带动锯架上升。当锯架上升到一定位置时接近开关 8 接通，使电磁铁 1YA 断电同时 5YA 得电，电磁阀 3 左位工作，同时由于液控单向阀 6 的作用，锯架停止上升。5YA 使得电磁阀 14 左位工作，液压油进入料道辊移动缸 13 的无杆腔，使料道辊升起开始进料，当工件运动到指定位置后，电磁铁 5YA 断电同时 6YA 得电，电磁阀 14 右位工作，缸 13 在弹簧作用下复

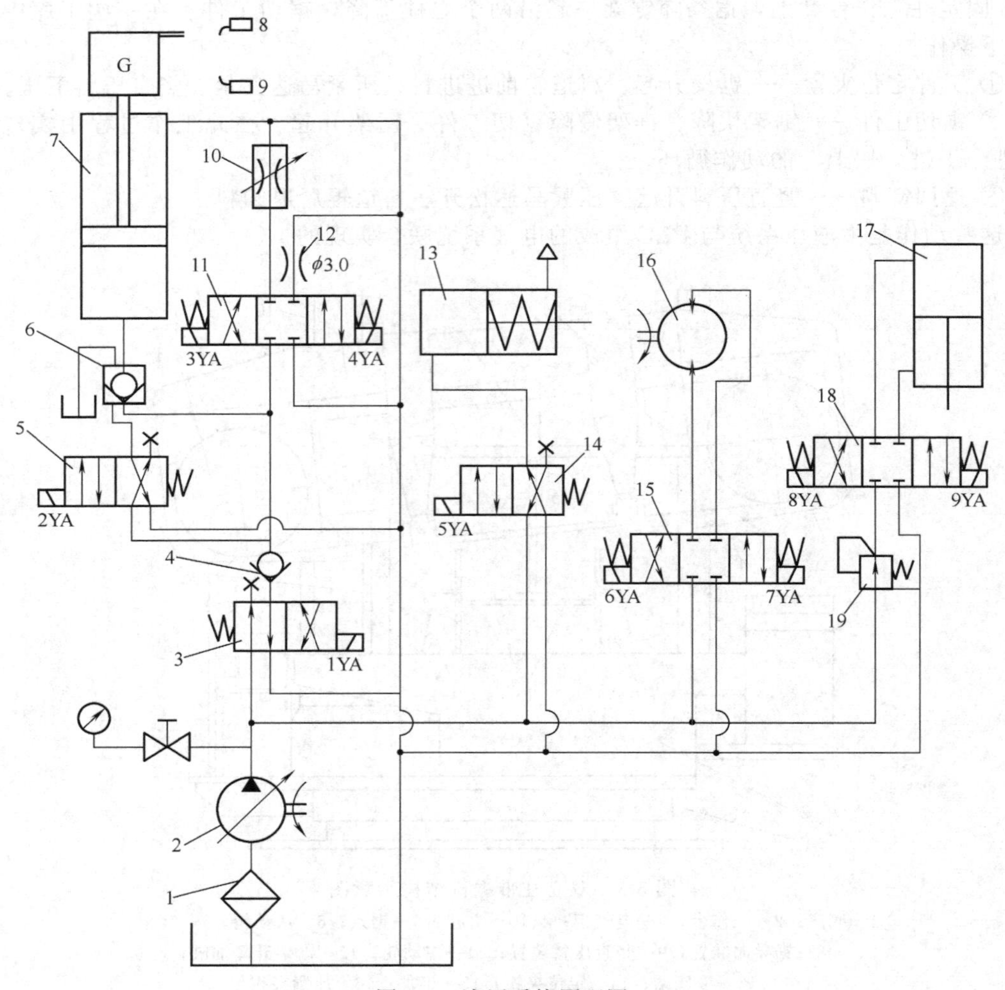

图 5-4 液压系统原理图

1—滤油器；2—压力补偿变量柱塞泵；3,5,11,14,15,18—电磁阀；4—单向阀；
6—液控单向阀；7—锯架移动缸；8,9—接近开关；10—调速阀；12—阻尼孔；
13—料道辊移动缸；16—压紧驱动柱塞马达；17—竖直压料缸；19—减压阀

位，料道辊落下。6YA 得电，电磁阀 15 左位工作，高压油进入压紧驱动柱塞马达 16，马达正转驱动丝杠带动压紧夹钳前进，使工件在水平方向上定位夹紧。夹紧后，6YA 断电 9YA 得电，电磁阀 18 右位导通，液压油经减压阀 19、电磁阀 18 进入竖直压料缸 17 上腔，活塞向下运动，竖直压料向下运动压紧工件，实现了工件的完全定位夹紧。

（2）锯切工件

定位夹紧后，PLC 发出指令使电磁铁 2YA、3YA 得电，电磁阀 5 左位工作使液控单向阀 6 反向导通，同时电磁阀 11 左位工作，缸 7 的活塞在锯架的重力作用下向下运动，缸 7 下端的高压油经液控单向阀 6、电磁阀 11、直径为 3mm 的阻尼孔 12、进入缸 7 的上腔，多余的流量流回油箱，使缸 7 的活塞快速下降，带动锯条快进。锯架下降到靠近工件的某位置时，PLC 发指令使电磁铁 3YA 断电 4YA 得电，电磁阀 11 右位工作，缸 7 下腔的高压油经液控单向阀 6、电磁阀 11、调速阀 10 进入缸 7 的上腔，多余流量流回油箱，活塞缓慢下降，锯条工进，锯切工件。通过调节调速阀 10，可以调整锯架下降的速度即工进的速度。锯架下降到一定位置后锯切工件完毕，接近开关 9 接通，电磁铁 2YA、4YA 断电 1YA 得电，电磁阀 3 右位工作，锯架升起。

（3）返回卸料

在上一过程中，锯架上升接通接近开关 8，使电磁铁 1YA 断电 8YA 得电，电磁阀 18 左位工作，压力补偿变量柱塞泵 2 排出的高压油经减压阀 19、电磁阀 18 后进入竖直压料缸 17 下腔，竖直压料随活塞升起回到原位。同时 8YA 断电 7YA 得电，电磁阀 15 右位工作，压紧驱动柱塞马达 16 反转，驱动丝杠带动压紧夹钳后退松开工件，夹钳回到原位后，7YA 断电 5YA 得电，电磁阀 14 左位工作，液压油进入缸 13 的无杆腔，料道辊升起，卸料，卸料完毕后，电磁铁 5YA 断电，缸 13 在弹簧作用下复位，料道辊落回原位。这样整个工作过程结束。

5.2.3　常见故障与排除方法

（1）料道辊移动缸不动、有时不到位

可能的原因如下。

① 电磁阀 14 未动作或阀芯被卡住。

解决方法如下。

a. 检查电磁阀的供电情况、插头连接情况是否正常，并逐一排除。

b. 检查电磁阀芯是否被卡住，可以用手动操作顶阀芯来检查，采用处理（更换）阀芯或更换液压电磁阀来解决。

② 料道辊移动缸无排气孔或排气孔堵塞、弹簧刚度和液压缸密封阻力太大。

解决方法如下。

a. 检查料道辊移动缸有无排气孔以及排气孔堵塞情况，并排除。

b. 检查液压缸密封阻力以及活塞上沟槽尺寸是否偏大，并对应排除。

c. 检查弹簧刚度是否偏大、液压缸连接件是否有卡住或阻滞现象并对应排除。

（2）液压马达转向不转或转向不对

可能的原因如下。

① 液压泵本身的原因

a. 液压泵转向不对，检查转向，注意更换电动机的任意两条相线。

b. 液压泵内泄漏量太大，通过检查其容积效率排除。

② 液压油的原因

a. 液压油黏度太大，造成液压泵无法吸油。

b. 液压油污染，造成柱塞无法移动。

③ 电磁阀的原因

a. 检查电磁阀的供电情况、插头连接情况是否正常，并逐一排除。

b. 检查电磁阀芯是否被卡住，可以用手动操作顶阀芯来检查，采用处理（更换）阀芯或更换液压电磁阀来解决。

c. 如马达转向相反，可以更换马达进出油管或对换电磁阀的两个插头。

5.2.4　双立柱带锯机液压系统的特点

双立柱带锯机液压系统在工作过程中实现了锯条“快进－工进－快退”的工作循环，满足了设计要求，其特点如下。

① 在调速回路中，利用机床部件的自重推动油缸活塞下降，液压缸上下两腔互通，下腔的油经液控单向阀、电磁阀、调速阀后进入上腔，不需压力补偿变量柱塞泵供油，提高了

系统效率，节约了能源，而且系统速度调节范围大，运动平稳。

② 回路中采用液控单向阀可以防止液压缸下腔的高压油回流，使液压缸保持在停留位置不落下，起到了支承的作用。

③ 采用液压系统与PLC系统相结合，PLC发出指令控制液压系统动作，实现了工作过程的自动控制。同时，也可以手动控制。操作灵活、方便。

④ 采用压力补偿变量柱塞泵，能源利用合理，完全满足不同负载情况对压力的需求。

⑤ 采用电磁换向阀，换向性能好，控制方便，便于实现自动控制。

5.3 丁基胶涂布机液压系统的故障分析与排除

近年来，中空玻璃门窗由于具有良好的隔热性、隔音性、抗凝霜性以及密封性能，再加上其使用寿命长等诸多优点而得到了广泛的应用。丁基胶是槽铝式中空玻璃门窗的首道密封，在常温下为固体，加热至110～140℃时变成半流动状态，在12～15MPa的压力下即可将胶挤出实现涂胶。涂丁基胶是槽铝式中空玻璃门窗生产工艺中必不可少的环节。丁基胶涂布机就是为这一工艺环节而设计制造的专用设备，它将丁基胶加热、加压，挤出均匀涂在铝隔条两侧中部。工艺要求：丁基胶一定要涂均匀，不能出现断流，以保证中空玻璃门窗的性能。

5.3.1 丁基胶涂布机液压系统的组成和原理

丁基胶涂布机液压系统是参照意大利引进样机进行测绘制造的，其组成如图5-5所示。图5-5(a)和图5-5(b)所示系统在实际中都有应用，二者原理相似，现以图5-5（b）为例。其工作原理为：当1YA通电，换向阀左位接入回路，液压缸5由右向左运动挤出丁基胶进行涂胶。当液压缸无杆腔压力上升至电接点压力表8的上限值时，压力表触点发出信号，使电磁铁1YA断电，换向阀处于中位，同时液压泵关闭，液压缸由液控单向阀4及蓄能器7保压。当液压缸无杆腔压力下降到电接点压力表调定的下限值时，压力表又发出信号，使1YA通电，液压泵再次向系统供油，使无杆腔压力上升，从而使液压缸的压力保持在要求的工作范围内。当液压缸活塞到达终点前的预定位置时，电磁铁2YA通电，换向阀右位接入回路，液压缸由左向右运动，活塞杆退回。需要指出的是：液压缸5

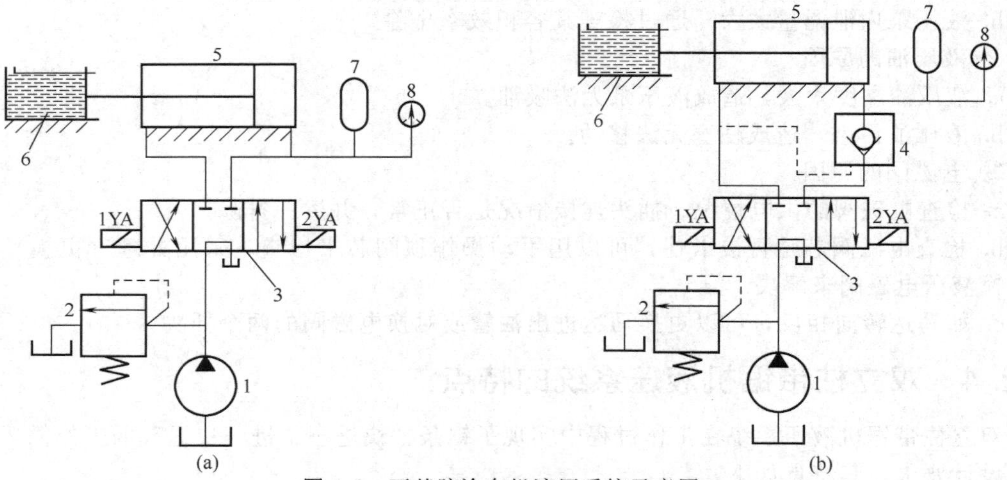

图5-5 丁基胶涂布机液压系统示意图

1—液压泵；2—溢流阀；3—三位四通电磁换向阀；4—液控单向阀；5—液压缸；6—丁基胶缸；7—蓄能器；8—电接点压力表

和丁基胶缸6安装在同一水平线上，并分别固定在支架上，两者之间的间隔是用来充添固体丁基胶的。

5.3.2 丁基胶涂布机液压系统存在的问题及改进方法

在运行过程中，发现涂胶不均匀，挤出的胶流越来越细直至断流，生产出的中空玻璃门窗性能达不到要求。而对图5-5(a)所示系统进行保压性能试验，在液压泵未开启而手动控制1YA通电时，还出现了泵的反转现象。对系统进行分析，发现图5-5所示的两个回路都存在一定的缺陷：在保压阶段，蓄能器中的液压油进入液压缸无杆腔，但由于换向阀采用M型中位机能，液压缸有杆腔中的油无法回油箱，即回油封闭，造成液压缸活塞不能运动，丁基胶不能挤出，从而使胶流越来越小，直到最后出现断流。对图5-5(a)所示系统，在液压泵不工作且换向阀左位接通时，由于蓄能器中的液压油压力高，使得高压油倒流进入液压泵，引起泵的反转。

针对上述问题，我们对丁基胶涂布机液压系统进行了改进，图5-6为改进后的丁基胶涂布机液压系统原理图。换向阀的中位机能采用K型，在保压阶段液压缸有杆腔可以回油，液压缸活塞依靠蓄能器的压力可继续维持由左向右运动，使涂胶均匀且不会出现断流。在泵的出口处，增加了一个单向阀，有效地防止了蓄能器内的高压油液倒流引起的液压泵反转现象。

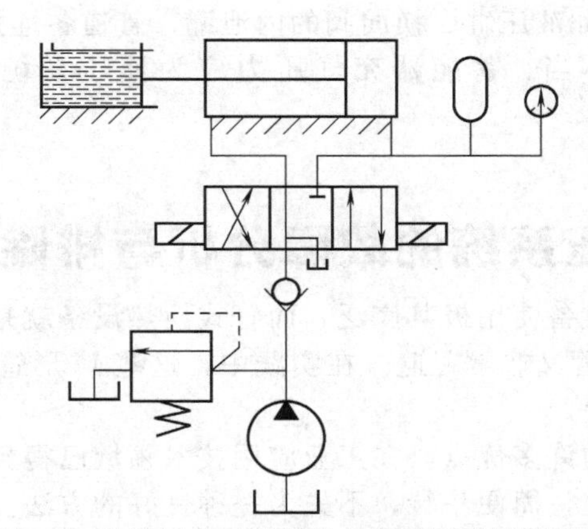

图5-6 改进后的丁基胶涂布机液压系统原理图

5.3.3 丁基胶涂布机液压系统的常见故障与排除方法

丁基胶涂布机液压系统常见的故障与排除方法如下。

(1) 压力表不指示压力

当液压系统在开泵后仍处于不工作状态时，由于整个回路处于卸荷状态，因此，压力表不指示压力属于正常情况。当液压系统进入工作状态而压力表仍不指示压力时，应做如下检查。

① 电动机转向是否正确，若反转，则应交换三相电源线中的两根接线。

② 溢流阀是否已调整至正常工作压力，若已调定则应锁住。

③ 溢流阀阀芯上的阻尼孔是否堵塞，阀芯是否被脏物卡住，此时，应仔细拆开用煤油(汽油)清洗干净重新装配后再用，或者更换新阀。

④ 弹簧轴线歪斜，严重的应更换。

⑤ 压力表开关是否已打开，阻尼孔是否堵塞，若属于后者则应清洗干净。

⑥ 压力表本身有无问题，若发现问题应更换，不要拆卸。

(2) 换向阀不换向

① 主阀芯是否被卡死。此时，可用手动换向作检查，若阀芯推不动，说明阀芯已被卡住，则必须拆开清洗干净主阀体和阀芯后再装配使用，也可更换新阀。

② 电磁铁不动作，应首先检查电源是否已接通，电磁线圈是否已烧坏，此时，可观察指示灯是否点亮或者仔细倾听电磁线圈吸合时的声音，若发现问题，则应更换电磁线圈。

(3) 异常噪声

① 吸油阻力过大，包括吸油管径过小，过滤器过滤面积太小或被杂物堵塞。

② 混入空气，检查方法同前述。

③ 液压系统较长时间停止使用，因系统没有压力而混入空气，系统进入工作状态后，气泡在高压作用下破裂而产生噪声。

④ 油温过低，油的黏性过大，造成吸油困难，使吸油阻力增高而产生振动和噪声。压力油管拐弯过急，管子截面变化过大时都可能产生液压冲击和噪声。

⑤ 液压系统中蓄能器的迅速卸荷而引起液压冲击，在蓄能器出口处增加一个固定阻尼孔。

(4) 不保压

① 液压系统有泄漏：如液压缸、换向阀的内泄漏、管道各连接部位外泄漏等。

② 蓄能器充气压力不当。蓄能器充气压力应为液压系统额定工作压力的 0.65～0.85 倍。

③ 负载突然变化等。

5.4 弯管机液压系统的故障分析与排除

在工业生产中，换热设备使用极其广泛，而管式换热设备就是常见的一种。在这些管式换热设备中，采用 U 形弯管又非常普遍。在实践中，这些 U 形管有许多加工方法，如机械弯曲形式或手动弯曲形式等。

液压技术由于其潜在的许多优点，在工业应用技术领域已得到广泛应用，并且比较经济实用，把它应用到弯管机上，简便易行，不失为一种良好的方法。

5.4.1 液压系统工作原理

(1) 结构特点

如图 5-7 所示，弯管机的执行机构采用夹紧缸 1、2、弯曲成形缸 3、呈 T 形布置在同一水平面上（这可由机械机构保证），并借助一些辅助机构组成一体，整机由液压实现驱动与控制。

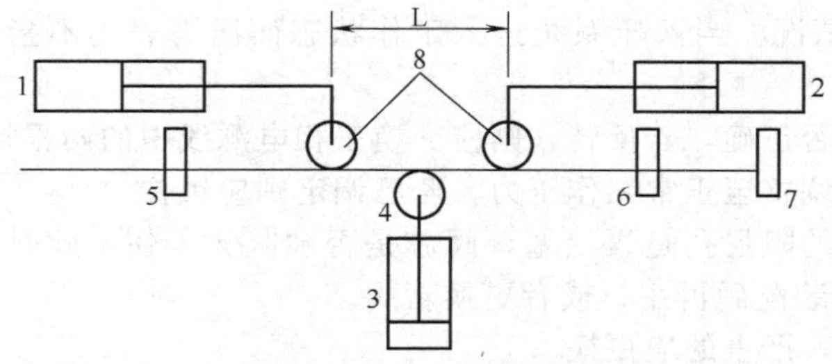

图 5-7 弯管机结构简图

1，2—夹紧缸；3—弯曲成形缸；4—胎模；5，6—托架；7—限位块；8—辅助成形轮

（2）工作原理

弯管机液压原理如图5-8所示。在图示状态，所有电磁铁均处于断电状态，柱塞泵2输出的液压油经二位四通电磁阀3卸荷，同时所有执行元件的活塞杆处于缩回状态。液压系统工作时，首先使7YA通电，此时整个液压系统工作在调定的工作压力下。按下操作按钮，使电磁铁1YA、3YA同时得电，此时三位四通电磁阀6、7换向处于左位，液压油经减压阀5，进入夹紧缸17、18的无杆腔，有杆腔的液压油经单向节流阀的单向阀口回到油箱；夹紧缸17、18的速度大小由单向节流阀12、13调节，调整到两夹紧缸基本同步为止。当两缸运动到设定位置时使1YA，3YA失电，使三位四通电磁阀6、7处中位，夹紧缸停止进给，此时两缸间距离应稍大于胎模直径；而后使5YA得电，液压油进入弯曲成形缸无杆腔，有杆腔的液压油回到油箱，弯曲成形缸开始运动并推动管料，使之产生弯曲变形，直到所需的半圆形时，弯曲成形缸运动到这两个辅助成形轮后停止，电磁阀8处中位，弯曲成形缸压力由双液控单向阀保持；接着使电磁阀6，7的1YA、3YA二次得电，两夹紧缸17、18二次进给，使管材的弯曲大于180°，当压力达到设定值时，压力继电器15、20给三位四通电磁阀6、7发信，使之处于中位保压，保证U形的成形度；最后，使电磁阀6、7的2YA、4YA得电，两夹紧缸返回，跟着电磁阀8的6YA得电，弯曲成形缸也返回，取下成形弯管，完成一次完整的弯管工作循环。

由以上工作原理图可见，弯管机液压系统包含以下几种基本回路。

① 卸荷回路　此回路由一个溢流阀4和二位四通电磁阀3构成。启动液压泵后，二位四通电磁阀3在常态下处于卸荷状态，此时液压泵的输出全部经电磁阀回油箱。当电磁铁7YA得电时，电磁阀换向处于工作状态，调整溢流阀4至工作压力。为便于选阀，本回路使用堵上二位四通电磁阀A、B口的方式来代替二位二通阀，二者是完全等效的。

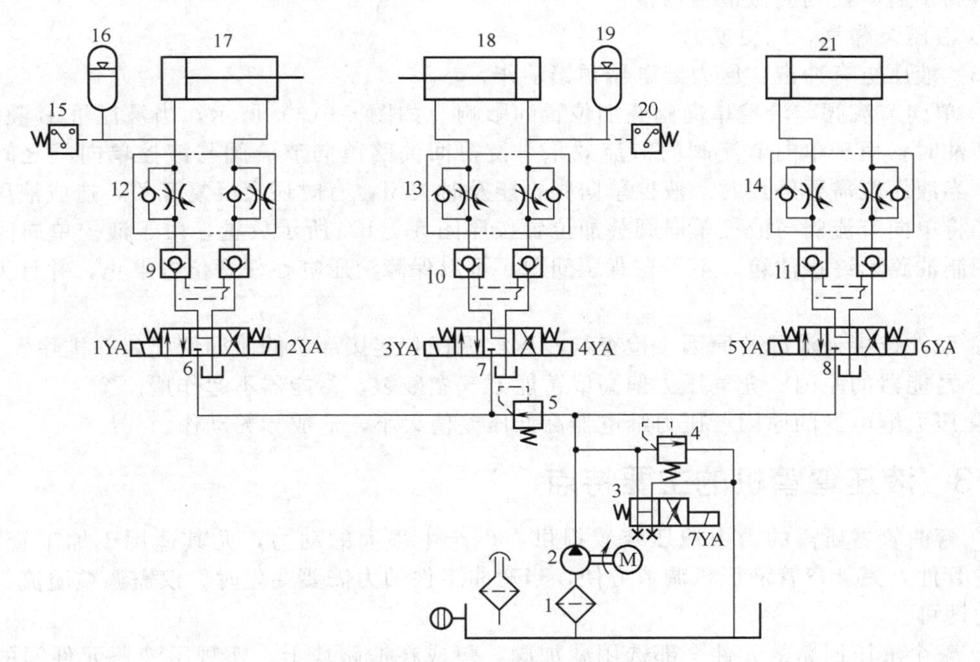

图5-8　弯管机液压原理图

1—过滤器；2—柱塞泵；3—二位四通电磁阀；4—溢流阀；5—减压阀；6～8—三位四通电磁阀；9～11—双液控单向阀；12～14—单向节流阀；15,20—压力继电器；16,19—蓄能器；17,18—夹紧缸；21—弯曲成形缸

② 速度控制回路　速度控制回路采用进油节油调速，容易采用压力继电器实现压力控制；这种调速方法具有调节方便、节约能源的特点，进入液压缸的流量受到节流阀的限制，可减小启动冲击，弯管时，要求液压缸有较低的速度，进油节流调速可方便地达到这个要求。

③ 保压回路　在回路中分别设置双液控单向阀9、10、11，当回路中的电磁阀6、7、8处于中位时，使液压缸能保持其压力。另外考虑到液压缸的泄漏问题，在回路中加上蓄能器16，19，以补偿其泄漏量。

5.4.2　故障分析与排除

（1）液压缸推力不足

① 过载或承受过大偏载荷，此时应根据弯管直径大小以及管子壁调整溢流阀的工作压力。

② 液压缸有内泄漏，此时应检查活塞上的密封件是否损坏或者缸筒内壁有无严重划伤。

③ 回油不畅引起背压过高。

④ 油温过高，导致泄漏增加，采取相应的降温措施。

（2）液压缸爬行

① 空气入侵，首先检查吸油管口是否完全埋入油面以下，然后再检查液压泵与吸油管连接处的密封垫是否漏放、螺母是否拧紧等。若液压缸内已侵入空气，则应拧开放气阀，驱动液压缸反复动作几次，直至排尽为止。

② 偏载过大。

③ 活塞与缸体、活塞杆与端盖之间的配合精度超差，或装配时紧固螺母的紧固力不均衡，若属于后者，则应做适当调整。

④ 液压泵漏气，应更换。

（3）液压缸有冲击、压力继电器频繁动作

① 单向节流阀与液控单向阀叠加位置的影响　如图5-9(a)所示，当液压缸B腔进油、A腔回油时，由于单向节流阀的节流效果，使得回油路单向节流阀与液控单向阀之间产生背压，当液压缸需要停止时，液控单向阀不能及时关闭，有时还会反复开关，造成液压缸冲击。如将单向节流阀与液控单向阀叠加位置按照图5-9(b)所示放置，由于液控单向阀回油腔的控制油路始终接油箱，不存在背压问题，可以保障液压缸在任意位置停止，并且无冲击现象。

② 系统连接处泄漏的原因　检查与液压缸无杆腔连接部位的泄漏情况，并排除。

③ 蓄能器的原因　充气压力偏高或蓄能器气囊破裂，蓄能器不起作用。

④ 压力继电器的原因　压力继电器高低压差值太小，造成频繁动作。

5.4.3　液压弯管机的主要特点

① 弯曲管材所需的力由液压装置提供，可产生很大的动力，尤其适用于加工管径大、壁厚的管件。另外弯管液压机调节方便，当弯曲工件的力需要变化时，仅需调整溢流阀的工作压力即可。

② 整个液压回路的元件全部选用叠加阀，集成在油路块上，实现了液压元件间的无管化连接，使连接方式大为简化，系统紧凑，功耗减少，设计安装周期短。

③ 电动机与液压柱塞泵采用立式连接，泵处于油面以下，大大改善了柱塞泵的吸油状况，同时减小了液压系统工作时的噪声，利于保持良好的工作环境。

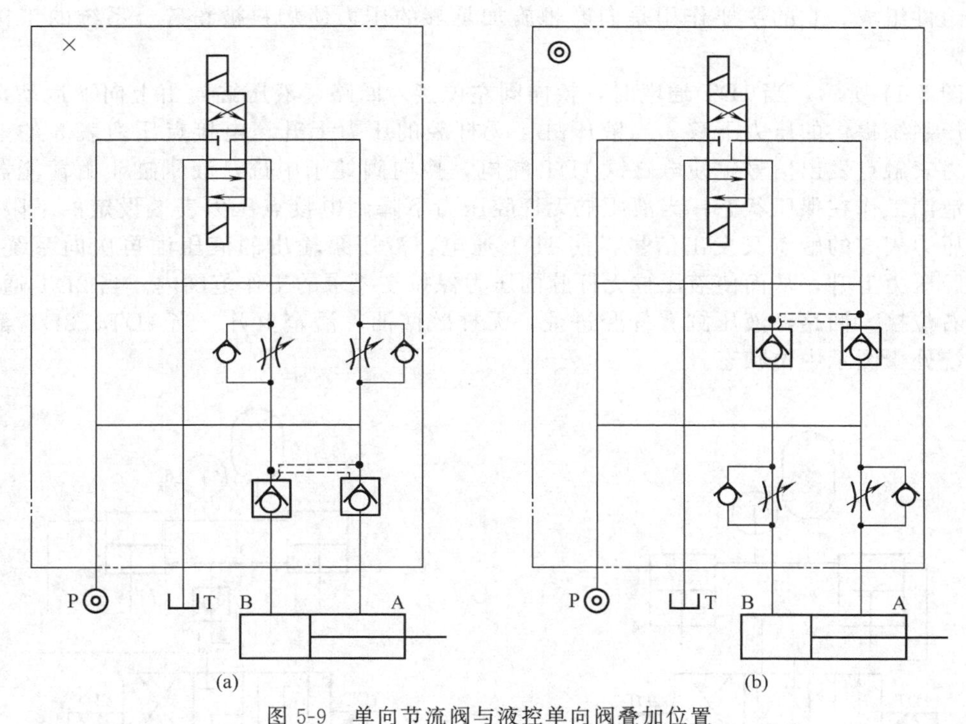

图 5-9　单向节流阀与液控单向阀叠加位置

5.5　立磨液压机液压系统的故障分析与排除

立式辊磨由于其节能、高效、运行平稳等特点，被广泛应用于水泥行业的生料生产中。本节内容介绍某水泥厂花巨资从德国引进的水泥生产线中立磨液压机的使用情况以及存在的问题。立磨液压机是水泥生产线中的关键设备，它的工作性能直接影响着生产线的效率，原来该水泥生产线存在的主要故障是：立磨液压机的设计能力是50t/h，但设备自安装调试以来其产量一直维持在35t/h，生产率远远达不到设计要求，严重影响了该厂的经济效益。为此，我们通过对该液压系统进行分析研究的基础上，不仅在现场采取了应对措施，而且还对液压系统进行了改进并排除了故障。

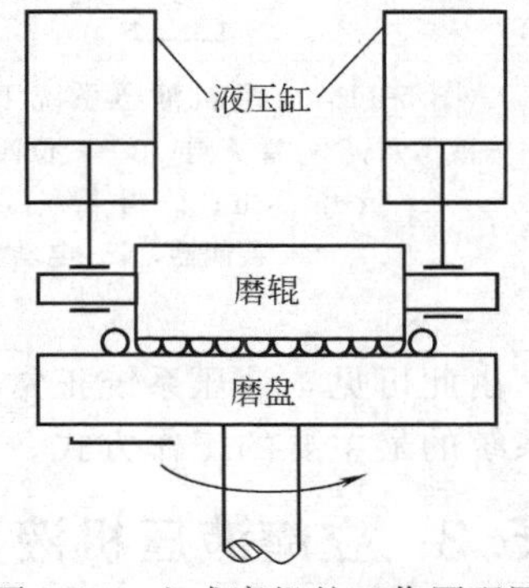

图 5-10　立式磨机的工作原理图

5.5.1　立式磨机的工作原理

立式磨机的工作原理如图 5-10 所示，磨辊的左右两端分别与左右两液压缸的活塞杆相连，由液压缸的活塞杆的伸缩来控制磨辊的升降。在粉磨过程中，一方面由液压系统提供给磨辊足够的压力；另一方面磨盘做旋转运动，磨辊在磨料的作用下自转，磨盘的旋转运动是由电动机经带传动来实现的。磨盘中的物料由于离心力的作用向磨盘周边移动，进入辊道，物料在磨辊的压力和剪切作用下被粉碎。

5.5.2　立磨液压机液压系统的组成和工作原理

立磨液压机液压系统是立式磨的重要组成部分，主要由液压缸、蓄能器、液压管路、液压站等组件组成。它的主要作用是向磨辊施加足够的压力使物料被粉碎。系统的工作原理如下。

如图 5-11 所示，当 1DT 通电时，换向阀左位接入回路，液压缸 4 由上向下运动，磨辊通过液压系统提供的压力下移。当液压缸 4 无杆腔的压力上升至电接点压力表 5 的上限值时，压力表触点发出信号，使电磁铁 1DT 断电，换向阀处于中位，液压缸 4 由蓄能器 6 补偿系统泄漏工作在保压状态；当液压缸无杆腔压力下降到电接点压力表 5 设定的下限值时，电接点压力表 5 的触点又发出信号，使 1DT 通电，液压泵输出的液压油再次向系统供应，使无杆腔压力上升，从而使液压缸无杆腔的压力保持在要求的工作范围内。当 2DT 通电时，换向阀右位接入回路，液压缸有杆腔进油，无杆腔回油，活塞上升。当 1DT、2DT 都断电时，系统处于图示中位状态。

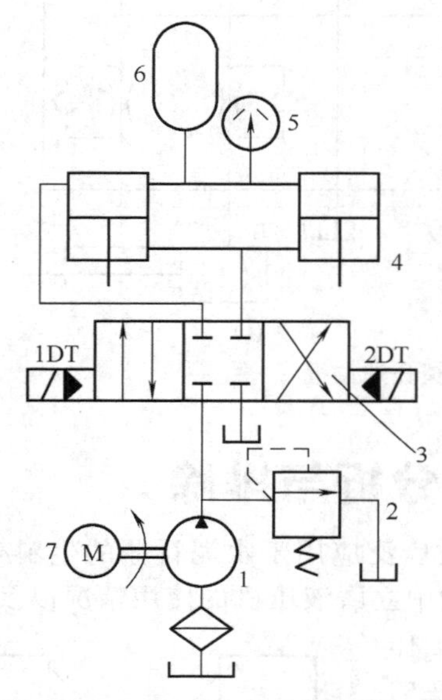

图 5-11　立磨机液压系统工作原理图
1—液压泵；2—溢流阀；3—三位四通电液换向阀；
4—液压缸；5—电接点压力表；
6—蓄能器；7—电动机

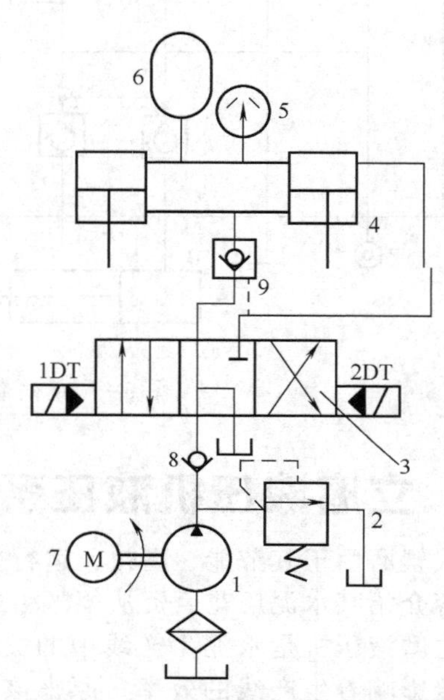

图 5-12　改进后的液压系统原理图
1—液压泵；2—溢流阀；3—三位四通电液换向阀；
4—液压缸；5—电接点压力表；6—蓄能器；
7—电动机；8—单向阀；9—液控单向阀

由此可见，液压系统正常工作运行时是处于保压状态，它的工作时间最长，保压是该液压系统的最主要的工作方式。

5.5.3　立磨液压机液压系统的故障分析与排除方法

对于系统运转过程中出现的问题，我们对其进行了分析。

由图 5-11 所示立磨机液压系统的工作原理可见，当系统工作在保压状态时，液压泵一直处于工作状态，这样溢流损失转换成了系统热量，造成了油温过高（现场测试油温在 80℃以上），油温升高使油的黏度降低，所以在已调定的压力下，系统效率下降，造成了水泥生产效率达不到设计产量。为此我们做了两方面的工作：一方面现场采用两个大排风扇对吹油箱，强制冷却系统，结果 6h 后水泥生产线的效率提高到 45t/h。另一方面的工作是对液压系统进行了改进，改进后的液压系统原理图如图 5-12 所示（原理不再重复叙述）。将换向阀的中位机能由 O 型换成 K 型，同时，在液压缸 4 的有杆腔侧增加了一液控单向阀 9。

这样，当压力表达到压力上限值，触点发出电信号使电液换向阀处于中位时，液压泵工作在卸荷状态，由于加入了液控单向阀9，使液压缸4有杆腔的泄漏量大大减少，进一步延长了保压时间。这样系统不仅仍能满足保压的要求，而且大大减少系统的发热量。另外我们在液压泵出口处加装了一单向阀8，使电液换向阀控制端在液压泵卸荷时仍能保持一定的启动压力。

5.5.4 几点说明

通过对立磨液压机液压系统的工作原理进行分析，对其运行过程中出现的故障原因进行了分析并提出了改进方法，将具有K型中位机能的换向阀取代了O型中位机能的换向阀，使液压泵在换向阀处于中位时卸荷，减少了系统的发热，并达到了设备的设计生产能力。应当指出的是：进口生产线的配套系统并非尽善尽美，只有认真分析其工作性质及特点，才能使配套系统充分发挥其潜能；从液压原理的角度分析立磨液压机的故障原因是保压回路的设计问题，但其表现形式却是生产效率低于设计能力；具体分析设备故障时，要从生产工艺、技术要求，液压、电气的相关关系综合考虑。

5.6 剪绳机液压系统的故障分析与排除

在造纸工艺中，为了去除原材料中的长纤维，经常采用“引绳”缠绕方法。“引绳”其实就是一盘缠绕在筒状旋转体上的钢丝，长纤维缠绕在钢丝上达到一定直径（一般300mm以上）后，用剪绳机将其按照定长（1m左右）剪断，剪断后将钢丝抽出，对长纤维进行短纤维化处理后再次使用。剪绳机的核心部件是液压系统，剪绳机性能的优劣取决于液压系统。

5.6.1 液压系统工作原理

剪绳机液压系统的工作原理如图5-13所示。工作原理如下。

液压泵2启动后，由于电磁阀的电磁铁均处于断电状态，因此，电磁换向阀在两端弹簧的作用下处于中位，此时，液压泵2经电磁换向阀8卸荷，此时液压缸11停留在原始位置。当1YA通电时，电磁换向阀8换向处于右位，液压缸11无杆腔进油，有杆腔回油，活塞杆伸出；当2YA通电时，电磁换向阀8处于左位，液压缸有杆腔进油，无杆腔回油，活塞杆缩回，完成工作全过程。系统压力只有在1YA、2YA通电情况下才能随着溢流阀6的调整压力而变化。压力继电器的作用是当系统达到调定值后，发出信号，让液压缸11自动退回；溢流阀6的作用是起安全阀作用，用以保护液压泵2。

剪绳机液压系统的液压泵电动机组采用卧式连接，溢流阀采用板式结构，其余元件采用叠加式连接方式。

5.6.2 剪绳机液压系统的故障分析与排除

（1）调试过程中的故障与排除方法

① 故障现象：系统有压力但液压缸不动作。

② 故障原因分析与排除方法

a. 电磁换向阀已通电但阀芯卡住不动作，经检查阀芯未被卡住。

b. 液压缸内泄漏严重，采用分别堵液压缸A、B口的方法，未发现液压缸内泄漏现象。

c. 液压油管堵塞，经过通压缩空气方法检验不存在此问题。

d. 集成块的原因。经检查：板式溢流阀位置处的P、T口分别通液压泵的出口和油箱，所以可以显示压力，但叠加阀组处的T口是盲孔，将其打通后，故障现象得以排除。

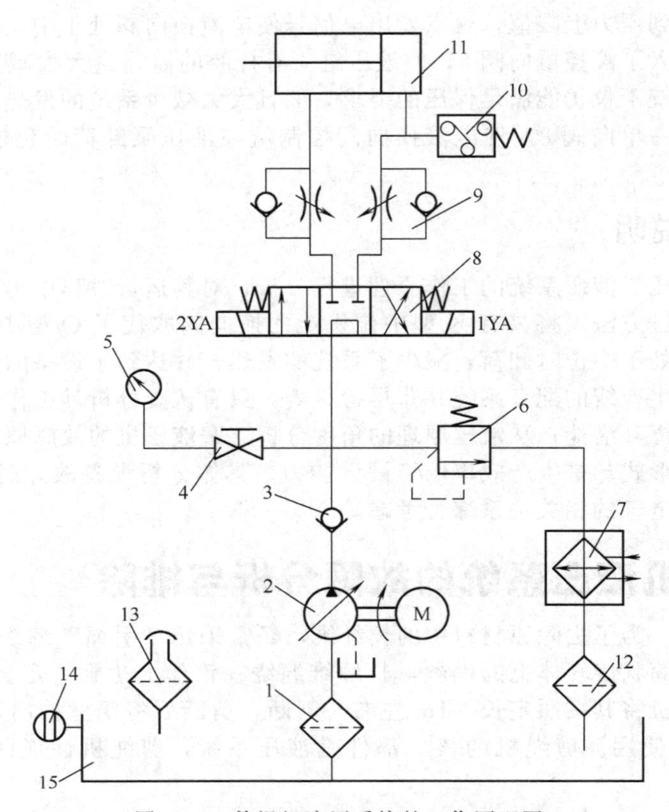

图 5-13 剪绳机液压系统的工作原理图

1—洗油过滤器；2—液压泵；3—单向阀；4—压力开关表；5—压力表；6—溢流阀；7—冷却器；8—电磁换向阀；9—单向节流阀；10—压力继电器；11—液压缸；12—回油过滤器；13—空气过滤器；14—液位计；15—油箱

(2) 装配注意事项以及调试方法与步骤

① 装配注意事项

a. 根据图纸及明细表清点液压元件、外协外购件。

b. 检查液压元件的包装情况，如有破损，首先要进行元件性能测试。

c. 根据集成块图纸，检查其尺寸的正确性、表面粗糙度情况（特别是元件安装面）、各通路的连接情况；清理并清洗集成块。

d. 进一步清理油箱。

e. 液压泵电动机组装配、液压阀组装配。

f. 用油管连接各部件。

g. 向油箱内加入清洁的液压油至液位计的上限。

h. 出厂试验调试与检测。

② 调试方法步骤

a. 液压系统安装完毕后，按液压系统原理图、电器原理图等检查各部分的安装，连接是否正确，如发现有问题，应先处理好后才允许开机。

b. 根据要求确保无问题后，参照液压、电器系统原理图，按下列步骤进行调试工作。

第一步：点动液压泵，观察其转向是否正确，即从电动机尾端看电机应顺时针方向旋转，确认方向正确后，才可进行下一步调试工作。

第二步：松开溢流阀的手柄，合上电源开关，启动液压泵电动机，使其空运转 2～3min，此时，由于液压泵处于卸荷状态，压力表指示“0”压。若一切正常，则可调节溢流阀手柄，同时使 1YA 通电，电磁换向阀 8 换向处于右位，系统压力随着溢流阀 5 的调整压力而变化，这时观察压力表，当压力表指示工作压力时，将调节手柄锁住。

第三步：按上述动作顺序进行操作，随时观察执行元件运行情况是否完全符合工作要求，若发现异常现象，应立即停机检查，直至整机运行完全符合正常工作要求为止。

第四步：在正常运行过程中，要随时观察液压系统电动机、液压泵的动静，液压油的温升，换向阀、溢流阀等液压件的工作状态，若发现异常情况，除应及时排除外，还应做好记录，便于总结经验和教训。

5.7 盘式热分散机液压系统的故障分析与排除

盘式热分散机是处理废纸的专用设备，它能有效地对废纸浆料中的胶黏物、油脂、石蜡、塑料、橡胶或油墨粒子等杂质进行分散处理，以改进纸张的外观质量，提高纸张的外观质量，提高纸张性能，工作过程中将浓缩至 30%以上的废纸浆经动静磨盘之间的间隙分散并细化至粉末状，然后送至下一造纸工序。造纸工艺要求移动磨盘实现精确的定位控制，其定位精度要求在±0.02mm 以内，动静盘间隙调节范围在 0～15mm 内，同时具有维修时机体进退功能。盘式热分散机自动化程度高，其控制部分要求磨盘定位系统采用双闭环（即功率负荷闭环和间隙调整闭环）恒间隙控制，并保证在主电动机功率调节范围内准确地调整间隙。

5.7.1 工作原理

盘式热分散机的液压原理如图 5-14 所示。液压泵启动后，由于电磁阀的电磁铁均处于断电状态，因此，动盘进给缸 12、机体维修缸 17 均停留在原始位置；此时，液压泵经比例溢流阀 13（此时比例溢流阀的控制电压为零）卸荷。当比例溢流阀 13 的控制电压在 2V（目的避开比例阀的死区）以上并且 1YA 通电时，电磁换向阀 9 换向处于左位，动盘进给缸 12 的无杆腔进油，有杆腔回油，活塞杆伸出；当 2YA 通电时，电磁换向阀处于右位，动盘进给缸 12 的有杆腔进油，无杆腔回油，活塞杆缩回，完成动盘进给缸 12 的工作循环，在该工作循环过程中，比例流量阀 13 控制热分散机的位移和间隙大小，比例溢流阀 8 根据负载大小控制主电机工作在恒功率状态。当 3YA 通电时，电磁换向阀 16 换向处于左位，机体维修缸 17 的无杆腔进油，有杆腔回油，活塞杆伸出；当 4YA 通电时，电磁换向阀 16 换向处于右位，机体维修缸 17 有杆腔进油，无杆腔回油，活塞杆缩回，完成工作全过程。应当注意的是：系统压力只有在比例溢流阀 8 有控制电压的情况下才能随着控制电压的变化而变化，液压执行元件才能工作；溢流阀 7 起安全阀的作用，其目的是当比例溢流阀 8 本身或其控制器有故障时，整个液压系统的压力不至于突然大幅升高，以保护磨片和主电动机。

5.7.2 常见故障与排除

（1）故障现象 1：系统进给工作正常，压力为 8MPa，但机体维修液压缸不动作（使用现场故障）

原因分析：到现场后，发现液压系统一切正常，但机体维修液压缸不能前进或后退，电磁阀 16 换向正常，油路无泄漏，机体（自重 8.55t）却无法合拢，在正常情况下 3MPa（减压阀 15 的调定压力）以上就能保证机体维修液压缸轻松推开或合拢。观察现场情况：发现机体维修液压缸安装偏斜，且固定端强度不够，液压缸又处于最后端位置，机体导轨有划伤，判断问题就在此处。

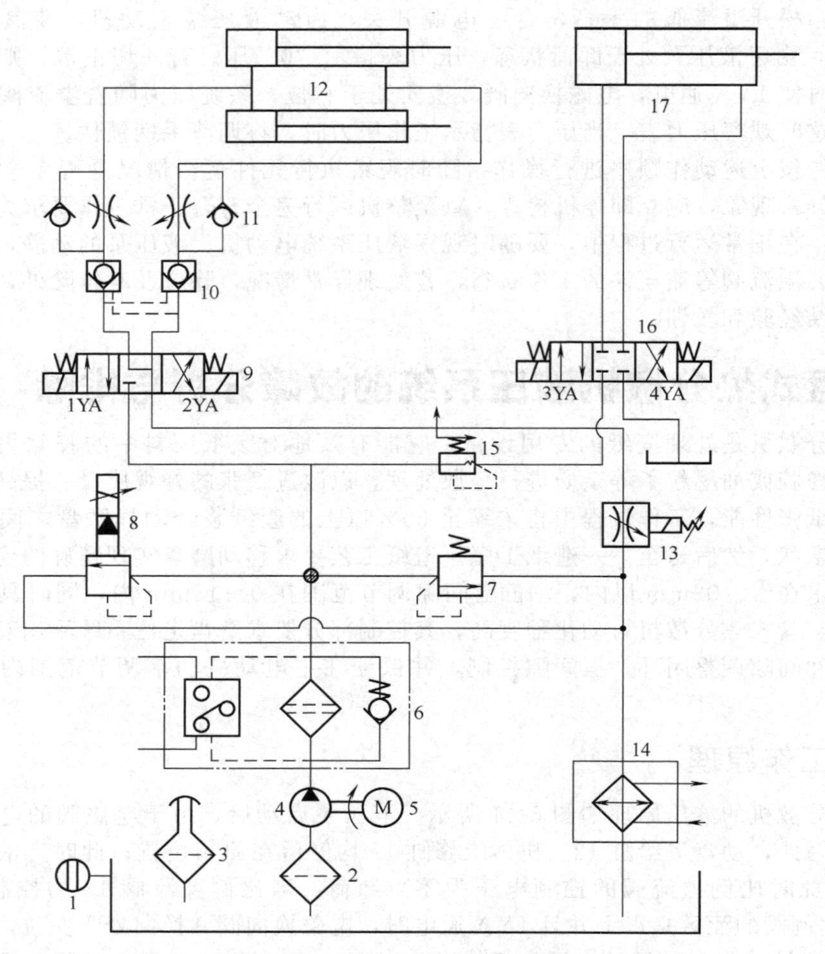

图 5-14 盘式热分散机的液压原理图

1—液位计；2—过滤器；3—空气过滤器；4—定量泵；5—电动机；6—精密过滤器；7—溢流阀；8,13—比例溢流阀；9,16—电磁换向器；10—单向阀；11—液压锁；12—动盘进给缸；14—冷却器；15—溢流阀；17—机体维修缸

排除方法：把液压缸拆掉，让其在无负载的情况下往复运动，然后把机体注油孔全部用高压气吹干净，并往导轨上均匀注润滑脂。安装液压缸后启动液压站，机体推开，合拢自如(3MPa)，故障得以排除。

(2) 故障现象 2：系统无压力（调试过程故障）

原因分析如下。

① 检查电动机转向，是否接反。

② 检查比例溢流阀放大器①—②：0～10V；③—④：0～24V，“+”“−”极是否接反。

③ 检查液压泵，溢流阀是否损坏。

④ 检查管路以及连接件是否有泄漏的地方。

排除方法：经排查均无以上现象，最后判断是“冷却器”回油口不通。将回油路打通后，问题排除。

(3) 故障现象 3：液压泵启动后，压力达到设定值 9.1MPa，0.5h 内压力下降至

4.0MPa后稳定不变，重新启动液压站还是同样故障（使用现场故障）

原因分析：在排除油路泄漏、逆流阀，比例压力阀没有问题的条件下，问题集中在液压泵上。打开油箱后发现泵体发热严重，且吸油滤油器完全被纸浆纤维糊住，根本无法吸油。

排除方法：把油箱内的液压油完全排掉，全面清洗油箱（发现油箱内有很多纸纤维），更换液压泵，吸油滤油器并加注经过滤的液压油。重新开机，系统工作压力设定在8MPa，且无压力波动情况。

(4) 故障现象4：系统工作正常，压力为8MPa，进给液压缸在定位点有自走现象，导致精度降低（使用现场故障）

原因分析如下。

① 叠加式单向节流阀与液控单向阀排列位置不对，造成液控单向阀控制腔有背压，造成液控单向阀打开，定位精度降低。

② 液控单向阀本身的质量差，造成定位精度降低。

③ 液压油被污染。

故障排除：经检查叠加式单向节流阀与液控单向阀排列位置正确，由于位置错误造成的故障原因排除；更换了液控单向阀，现象仍无变化，液控单向阀质量问题得以排除；问题集中在液压油的污染问题上，经检查液压油液有轻微污染，通过进一步过滤液压油，并清洗了液控单向阀，问题得以解决。

(5) 故障现象5：维修缸工作正常，系统工作正常，压力为8MPa，动盘进给液压缸只能进刀却无法退刀（使用现场故障）

原因分析如下。

① 动盘进给液压缸的主液压阀退刀电磁铁未通电或阀芯被卡住。

② 控制退刀侧的单向节流阀调得太小。

③ 比例流量阀放大器故障或受到电磁干扰。

④ 比例流量阀本身的故障。

故障排除：原因①、②很快排除，主要集中在原因③和④上。

对于故障原因③、控制器本身的故障也很快排除。我们开始怀疑是否是高压（1.5×10^4V）电动机产生磁场造成电磁阀失灵（液压站距电动机接线盒仅0.5m），我们让造纸厂做了一个屏蔽罩把液压站罩起来，同时把控制柜、液压站接地处理，但启动电动机后，液压站还是无法进刀，这样问题集中在比例流量阀本身的故障上来，因为热分散机启动后，振动特别强，人站在旁边就能感觉到楼板振动，由于这时流量极小，阀芯处于半关闭状态，振动大造成阀芯波动，从而无法进刀，更换比例流量阀后，一切正常，故障得以解决。

需要说明的是：盘式热分散机液压系统是本书编者为某一生产企业设计开发的能够替代进口的产品，采用了比例流量和比例压力符合控制方式，实现了磨盘定位系统采用双闭环（即功率负荷闭环和间隙调整闭环）恒间隙控制，并保证在主电动机功率调节范围内准确地调整间隙。自2001年开始生产第一台样机至今，已经累计生产数百台，取得了显著的经济效益和良好的社会效益，提升了我国造纸机械的自动化水平。但是通过以上故障现象、产生的原因可以看出，主要问题反映在用户的使用问题上，特别是液压油的污染防治方面还有许多工作要做，同时加强液压技术的培训也会提高操作者的使用水平，降低设备的故障率。

5.8 垃圾压缩中转站液压系统的故障分析与排除

随着人们生活水平的提高，对生存环境提出了更高的要求，而环境保护又是国家的根本大法，为此围绕环境保护的产品层出不穷，垃圾压缩中转站就是一种典型的环保设备。这种设备的执行元件全部采用液压缸，其动力源是集中供油式液压站，本节内容介绍垃圾压缩中转站所实现的动作、调试过程中出现的故障以及排除方法。

5.8.1 垃圾压缩中转站实现的动作以及设计说明

垃圾压缩中转站液压系统工作原理如图5-15所示。该液压系统实现的动作如下。

① 压台液压缸——压台上升、快速下降（差动连接）、压缩，并能完成垃圾箱升降动作，手动操作并能实现任意位置停止。

② 中闸门液压缸——垃圾箱中闸门升降。

③ 挂箱液压缸——压头挂箱、脱箱，以便完成垃圾箱升降动作。

④ 散料推料液压缸——散料垃圾推出、退回。

⑤ 升降液压缸——单作用液压缸上升、靠自重下降，升降速度可以调节。

⑥ 推箱液压缸——推箱液压缸前进、退回。

⑦ 前门液压缸——前门升起、落下。

⑧ 块料推料液压缸——压缩后块状垃圾推出、退回。

对于动作①，从实现高效和降低能耗的角度，本液压系统采用高低压泵供油的方式，高压泵选用内啮合齿轮泵，低压泵选用大排量叶片泵；为避免高压噪声，高压泵零载荷启动，低压时双泵同时供油，已达到快速高效的目的；高压时由高压泵单独供油，低压泵卸荷；如此高低压泵交替工作，已达到节能、高效及降低噪声的目的。

压台液压缸采用差动回路转换，以达到液压缸在空行程时实现快速，提高工作效率；设置液控单向阀和抗衡阀，避免压台自重下落，提高了安全性。其可以同时完成装车时垃圾箱的提升和下降动作。

对于动作②～⑧项均由各自独立的液压换向阀控制回路来实现，其中第⑤项为单作用液压缸升降，升降速度可以调节。增设了一组换向阀以备用。

由于用户在华北地区，考虑到北方冬季寒冷因素，液压系统增加了液压油加热及温控装置。

5.8.2 调试过程中的常见故障与排除

在垃圾压缩中转站液压系统的调试过程中，主要出现了两种故障。

（1）故障现象1：压台液压缸由快进转为工进时、速度变化不大

原因分析：该故障比较容易判断，因为快进与工进的转换是由电液换向阀来实现的，速度变化不大，肯定与其相关。经检查，电液换向阀的先导阀阀芯方向反了，将阀芯倒过来以后，问题得到解决。

（2）故障现象2：高压泵工作时，低压泵电动机不仅不卸荷，而且其电流随着高压泵工作压力的升高而升高，造成低压泵电动机过热

原因分析：从故障现象可以看出，高压泵的负载加在低压泵上造成低压泵电动机电流的持续升高而出现过热现象。问题集中在卸荷溢流阀中的单向阀和溢流阀本身的质量问题上来。经现场检查：单向阀密封情况良好、液压油本身也比较洁净，所以通过单向阀的油路途径被否定。唯一的问题就是溢流阀本身的质量问题，经检查：卸荷溢流阀主阀芯上无阻尼孔，这样高压泵的压力 p_A 经单向阀直接作用在溢流阀主阀芯上侧，如图5-16所示，从而引起低压泵出口处压力 p_1 的升高，所以低压泵电动机的电流随之升高。找出原因后，将溢流阀主阀芯在电火花加工机床上打了一个直径为0.9mm的阻尼孔（一般为0.8～1.2mm），再次将主阀芯装到溢流阀上，重新开机试验，低压泵电动机电流不再随着高压泵压力的变化而变化，电动机过热现象消失。

从垃圾压缩中转站液压系统的调试过程出现的故障分析可见，其原因全部由于液压元件

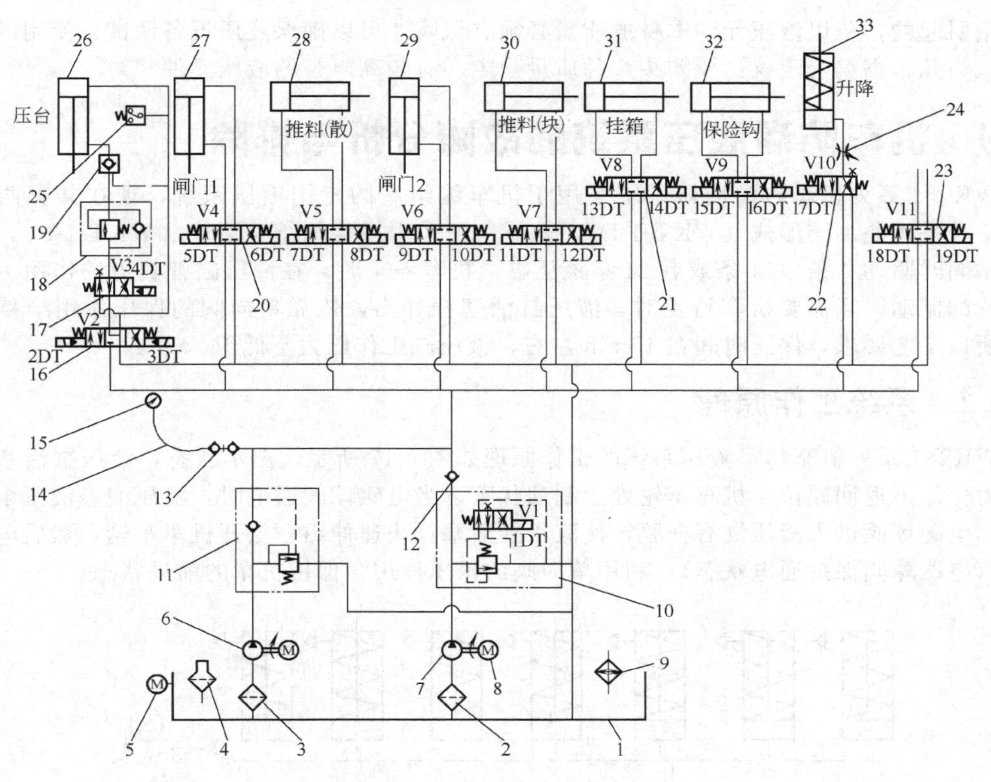

图 5-15　垃圾压缩中转站液压系统图

1—油箱；2,3—吸油过滤器；4—空气滤清器；5—液位计；6,7—液压泵；8—电动机；9—加热器；10—电磁溢流阀；11—卸荷溢流阀；12—单向阀；13—测压接头；14—压力表软管；15—压力表；16—三位四通电液换向阀；17—二位四通电液换向阀；18—抗衡阀；19—液控单向阀；20～23—电磁换向阀；24—节流阀；25—压力继电器；26—压缩液压缸；27—中闸门液压缸；28—退散料液压缸；29—前闸门液压缸；30—推块料液压缸；31—挂箱液压缸；32—保险钩液压缸；33—升降液压缸

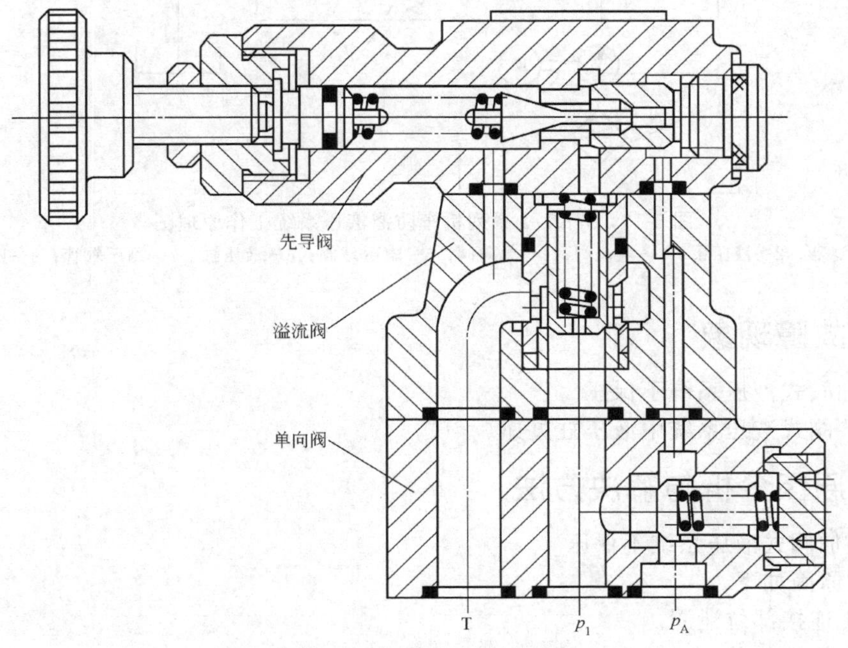

图 5-16　卸荷溢流阀结构图

的质量引起的，所以液压元件本身的质量必须有保障才可以确保液压设备调试、使用的顺利进行，为此本书编者建议：要购买产品质量稳定、有较高声誉的液压元件。

5.9 机车防溜液压系统的故障分析与排除

WKT-1 系列机车防溜液压系统是用于机车编组站的专用液压系统，现在共有两种产品，一种采用叠加阀形式（WKT-1-D），另外一种采用插装阀结构形式（WKT-1-C），一台液压站同时驱动 7 条、14 条或者 21 条液压缸。机车停车时，在液压缸弹簧力的作用下实现对车轮的制动，当需要机车行走时，液压缸活塞杆伸出，依靠单向阀的保压作用维持其伸出，所以工艺要求，保压时间在 15min 左右，液压缸工作压力不低于 7MPa。

5.9.1 系统工作原理

WKT-1 系列机车防溜液压系统的工作原理如图 5-17 所示。图示状态，液压缸活塞杆在弹簧力作用下返回原位，机车车轮处于制动状态。当电磁球阀通电时，液压油经液压泵、单向阀、电磁球阀进入液压缸有杆腔，使液压缸活塞杆快速伸出、松开机车车轮，然后电动机断电（电磁球阀保持通电状态），利用单向阀的保压作用，保持机车的前进状态。

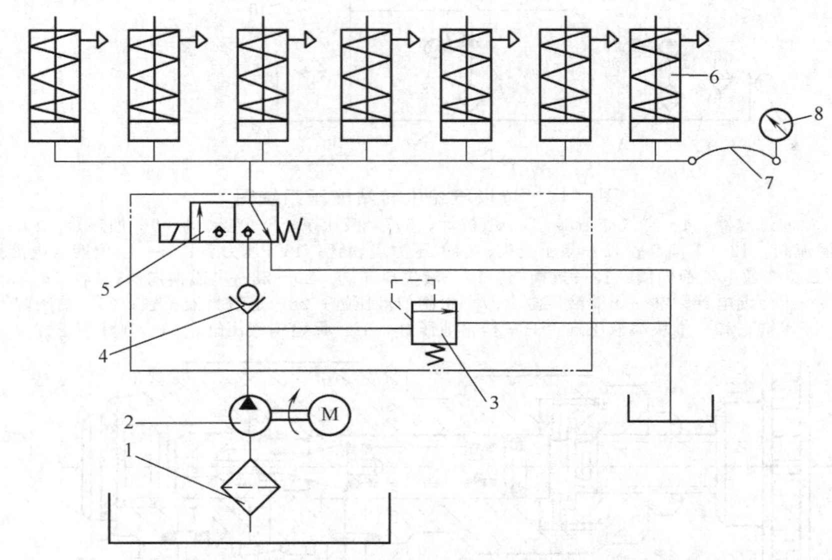

图 5-17 WKT-1 系列机车防溜液压系统工作原理图

1—过滤器；2—液压泵；3—溢流阀；4—单向阀；5—电磁球阀；6—液压缸；7—测压软管；8—压力表

5.9.2 故障现象

① 叠加阀式液压系统不保压。

② 插装阀式液压系统中液压缸欠速。

5.9.3 原因分析与解决方法

（1）叠加阀式液压系统不保压

可能的原因如下。

① 系统连接部位泄漏。

② 单向阀性能差。

③ 溢流阀与单向阀叠加位置的影响。

④ 溢流阀本身的性能差。

⑤ 液压缸泄漏。

⑥ 电磁球阀性能差。

解决方法如下。

① 检查系统各连接件处是否有渗油、漏油现象，注意密封件的安装和有无损坏或漏装。

② 采用元件互换方法，检验单向阀的保压性能。

③ 叠加式单向阀与溢流阀在集成块上的叠加位置不能随意更换，溢流阀必须在单向阀下面，电磁球阀在最上方。否则，溢流阀本身的泄漏将会严重影响系统的保压性能。

④ 检查并测试溢流阀的性能，注意密封件。

⑤ 检查液压缸的内外泄漏。

⑥ 检查电磁球阀的密封情况。

(2) 插装阀式液压系统中液压缸欠速

可能的原因如下。

① 液压泵排量小、容积效率太低。

② 液压缸泄漏。

③ 溢流阀的性能差。

解决方法如下。

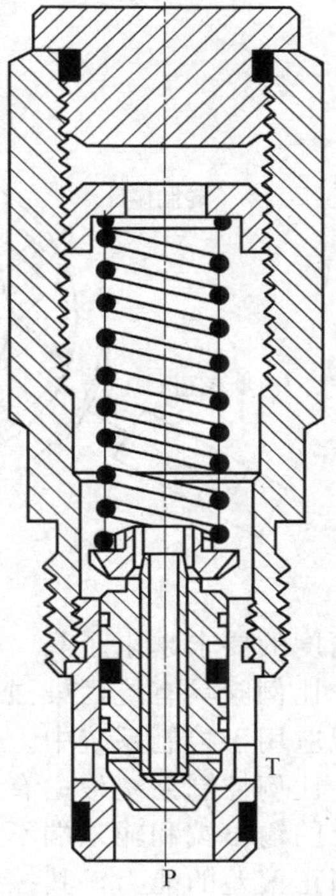

图 5-18 插装式直动溢流阀结构图

① 将溢流阀调至接近零压，将液压缸脱开，直接检测液压泵的理论输出流量，检测其排量的大小；再将溢流阀调至系统额定工作压力，检测其容积效率。

② 检查液压缸的内外泄漏。

③ 检查插装式溢流阀的性能、注意插装式溢流阀P口与T口处密封件的预压缩量（图5-18）以及与集成块配合处的表面加工质量、溢流阀弹簧刚度。

通过上述检查，确认插装式直动溢流阀弹簧刚度低、P口与T口处密封件的预压缩量引起了液压缸的欠速现象，通过更换弹簧、密封件，问题得到圆满解决。

5.10 轮胎脱模机三缸比例同步液压系统的故障分析与排除

轮胎脱模机是轮胎生产过程中的重要设备，其性能的好坏将直接影响到轮胎产品的质量，特别是橡胶被压入轮胎模具成形过程中，如何保证在轮胎圆周的360°范围内实现同步控制，以及实现模具的脱离，都至关重要。而同步控制一直是液压行业的一个重要课题，在多缸液压系统中，影响同步精度的因素很多，如液压缸外负载、泄漏、摩擦、阻力、制造精度、油液中的含气量及结构弹性变形等，都会使运动产生不同步现象。本文将介绍一种实现轮胎脱模同步控制的液压系统，其中的三只同步液压缸B1、B2、B3需要在轮胎模具的360°圆周范围内均匀分布，控制其同步精度；而液压缸A则用于控制轮胎模具的进出，脱模原理示意图如图5-19所示。

5.10.1 系统工作原理

电液比例控制阀（简称比例阀）是一种廉价的、抗污染性较好的电液控制阀，是在传统液压阀的基础上发展起来的，它按输入电信号指令连续地成比例地控制压力、流量等参数，是介于普通液压阀和电液伺服阀之间的控制阀。随着科技的发展，对设备的自动化和目标控

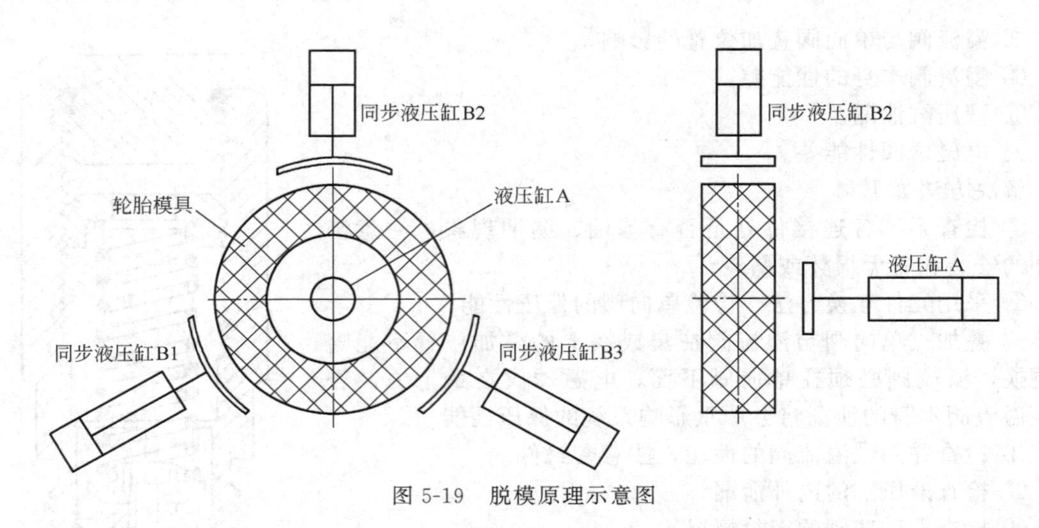

图 5-19 脱模原理示意图

制精度的要求越来越高，采用普通液压阀已难以满足这些发展方向的要求；而与伺服阀相比，比例阀具有抗污染强、工作可靠、无零漂、价廉和节能等优点，因此比例阀已经越来越多地应用于控制系统中。

比例控制系统根据有无反馈分为开环控制和闭环控制。开环控制系统的结构组成简单，系统的输出端和输入端不存在反馈回路，系统输出量对系统输入控制作用没有影响，没有自动纠正偏差的能力，其控制精度主要取决于关键元器件的特性和系统调整精度，因此开环系统的精度比较低，只能应用在精度要求不高而且不存在内外干扰的场合。闭环控制系统的优点是对内部和外部干扰不敏感，系统工作原理是反馈控制原理或按偏差调整原理。这种控制系统有通过负反馈控制自动纠正偏差的能力；但反馈带来了系统的稳定性问题，只要系统稳定，闭环控制系统可以保持较高的精度。本文所介绍的系统，就是一种典型的闭环控制系统，从而有效地保证了系统的精度，控制系统框图如图 5-20 所示。

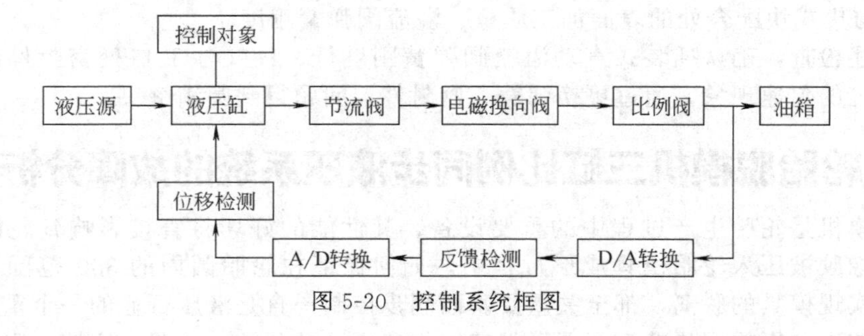

图 5-20 控制系统框图

本系统将比例流量阀（常开型，流量特征曲线见图 5-21）用于液压缸的同步控制中，分别安装在同步缸活塞处的位移传感器、模数转换器和 PLC 构成了一个闭环反馈回路，通过控制回油油路的流量来控制油缸活塞的行进速度，以达到三缸同步的目的（液压系统原理图见图 5-22）。首先，阀 1 左端电磁铁 1YA 通电，液压缸 A 向前推进，将轮胎模具压入指定位置；然后，阀 2 左端电磁铁 3YA 通电，液压泵打出的液压油经过减压阀 5、阀 2、液压锁 6、单向节流阀 7 进入液压缸无杆腔，活塞右移（三套回路的工作原理相同）。传感器检测到活塞的位移后，发出信号，经过模数转换器 A/D 转换成数字信号后，输入可编程序控制器；经过处理后，可编程序控制器输出的信号经过数模转换器转换成模拟信号，再传给比例流量阀，以此来调节回油油路的流量，达到对液压缸活塞位移的控制，以实现三缸同步控

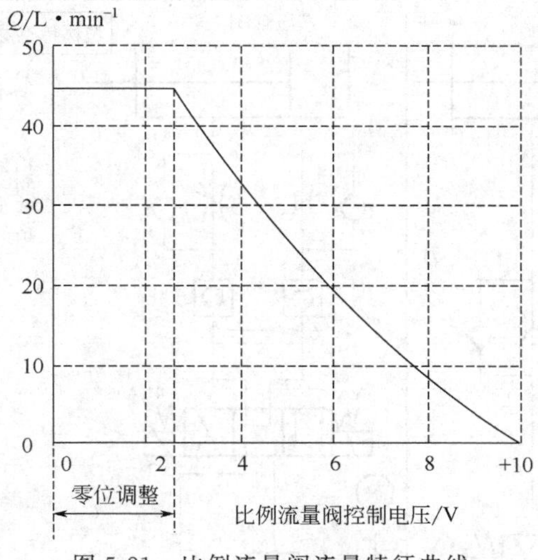

图 5-21　比例流量阀流量特征曲线

制。当三同步液压缸的活塞到达指定位置，将橡胶压入模具后，阀 2 右端电磁铁 4YA 通电，使三同步液压缸活塞左移，此时不需要同步控制。最后，阀 1 的右端电磁铁 2YA 通电，液压缸 A 的活塞杆左移，将轮胎模具脱离。

比例阀在没有电信号输入时，处于常开位置，不起节流作用；液压锁 6 可以使液压缸停于任何一个位置；单向节流阀 7、8 在控制过程中起粗调作用，比例阀则起细调作用；二位二通电磁阀 4 的通断电控制液压泵的加载和卸荷。

5.10.2　系统故障原因与排除

在三缸比例同步控制液压系统的调试过程中，主要出现了两种故障。

（1）故障现象 1：系统无压力

可能的原因及解决方法如下。

① 液压泵电动机转向不对，任意对调电动机两相接线。

② 液压泵内泄漏大或泵损坏，检查并更换。

③ 溢流阀弹簧折断或未装弹簧，检查更换或补装。

④ 二位二通换向阀 4 未通电或阀芯卡住，检查电磁铁插头，检查阀芯移动情况。

⑤ 经过上述步骤检查，确认是由于阀芯卡住引起。

（2）故障现象 2：执行元件速度低、三缸同步效果差

可能的原因及解决方法如下。

① 液压泵排量小或内泄漏大，检查并更换。

② 3 组单向节流阀的开度调得太小，重新调整。

③ 比例流量阀控制器接线错误，检查、重新接线。

④ 比例流量阀性能差，更换。

经检查，原因在于 3 组单向节流阀的开度调得太小，将其进行重新调整后，比例流量阀的控制作用得到充分体现，三缸同步效果达到了使用要求。

5.10.3　系统特点

由于本系统将比例控制与 PLC 控制相结合，大大提高了设备的自动化水平，具有以下

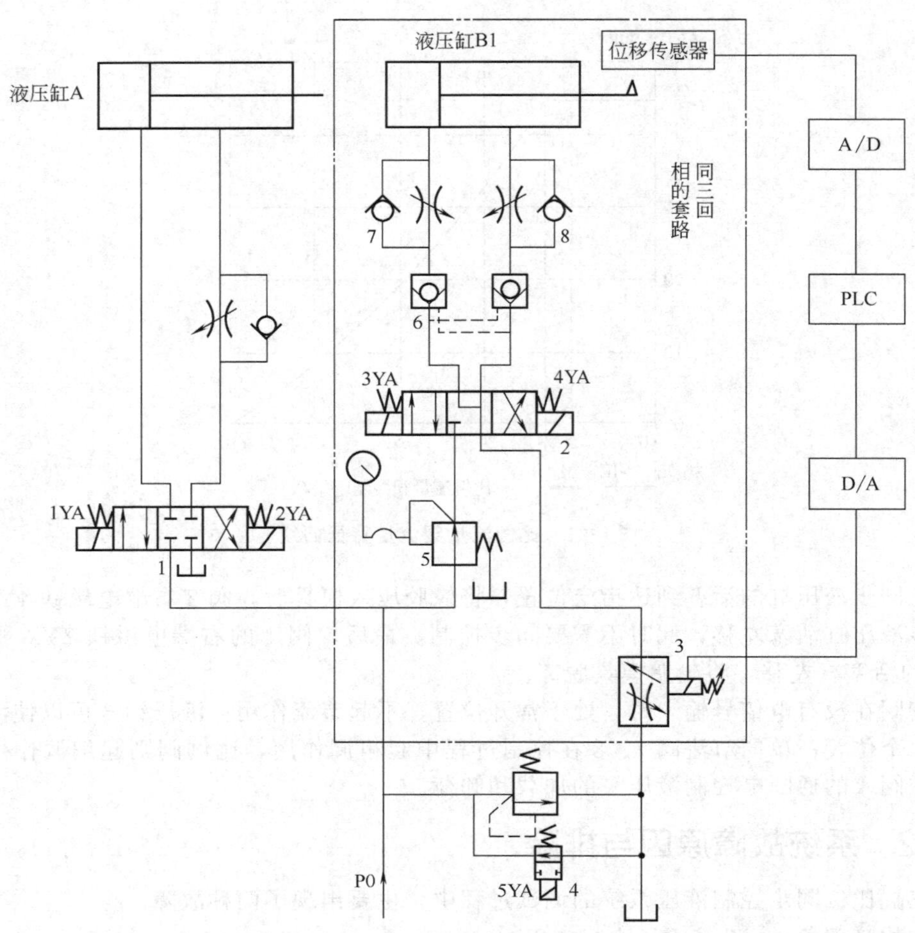

图 5-22　三缸同步液压原理图

1—三位四通 O 型电磁换向阀；2—三位四通 Y 型电磁换向阀；3—比例流量阀；4—二位二通换向阀；5—减压阀；6—液压锁；7,8—单向节流阀

特点。

① 操作方便，容易实现遥控。

② 自动化程度高，容易实现编程控制。

③ 工作平稳，控制精度高，不会形成与液压缸行程有关的累计同步误差；通过控制液压缸行程，即可适用于不同直径轮胎的同步控制，适应性好。

④ 结构简单，使用元件较少，对油液污染不敏感。

⑤ 节能效果好，系统工作时液压泵加载，系统不工作时，液压泵卸载。

⑥ 整个液压站采用了立式安装结构，将液压泵置于液压油中，不仅外形美观，而且大大改善了液压泵的吸油条件、噪声低。

5.11　二通插装方坯剪切机液压系统的常见故障与排除

在钢铁生产过程中，经过热锻造或连续锻造加工后的方坯，需要按定尺长度切断。除采用火焰切割和锯片切割方式外还可采用剪切方式。传统的机械剪体积庞大且噪声、振动大。液压剪则避免了这些缺点。因此，显示了方坯剪切方式与火焰切割和锯切相比的优越性，如剪切方式使金属损失少、能源消耗少、切口整齐、噪声小等特点。

5.11.1　剪切机液压系统的工作过程

剪切机的液压系统工作原理如图 5-23 所示。插装阀 C_1、C_2、C_3、C_4 分别为 4 个液阻桥臂 AR_1、AR_2、AR_3、AR_4 上的主开关阀。当 AR_1、AR_4 桥臂通导，AR_2、AR_3 桥臂截止时主液压缸 CY_1 和压紧缸 CY_2 的活塞杆向下，完成剪刃闭合动作。当 AR_2、AR_3 桥臂通导，AR_1、AR_4 桥臂截止时，主液压缸和压紧缸活塞杆向上收缩，剪刃开启，电磁换向阀 V_1 控制 4 个桥臂上插装阀的开与关。在液阻桥路的中路上，插装阀 C_5 和 C_6 组成向下的单向节流回路，其作用是使剪刃慢速接近钢坯，防止冲击。插装阀 C_7 与阀 V_2、V_B 组成开、关及溢流回路，其作用可使剪刃快降以及保护主液压缸无杆腔的超压。压紧缸上腔的溢流阀 V_C 用以调紧压紧力。插装阀 C_8 及 V_3、V_A 组成电磁溢流回路。C_9 为单向阀。由于液压剪所需流量大，故采用了 4 个变量柱塞泵，工作是采用 3 备 1 方式。

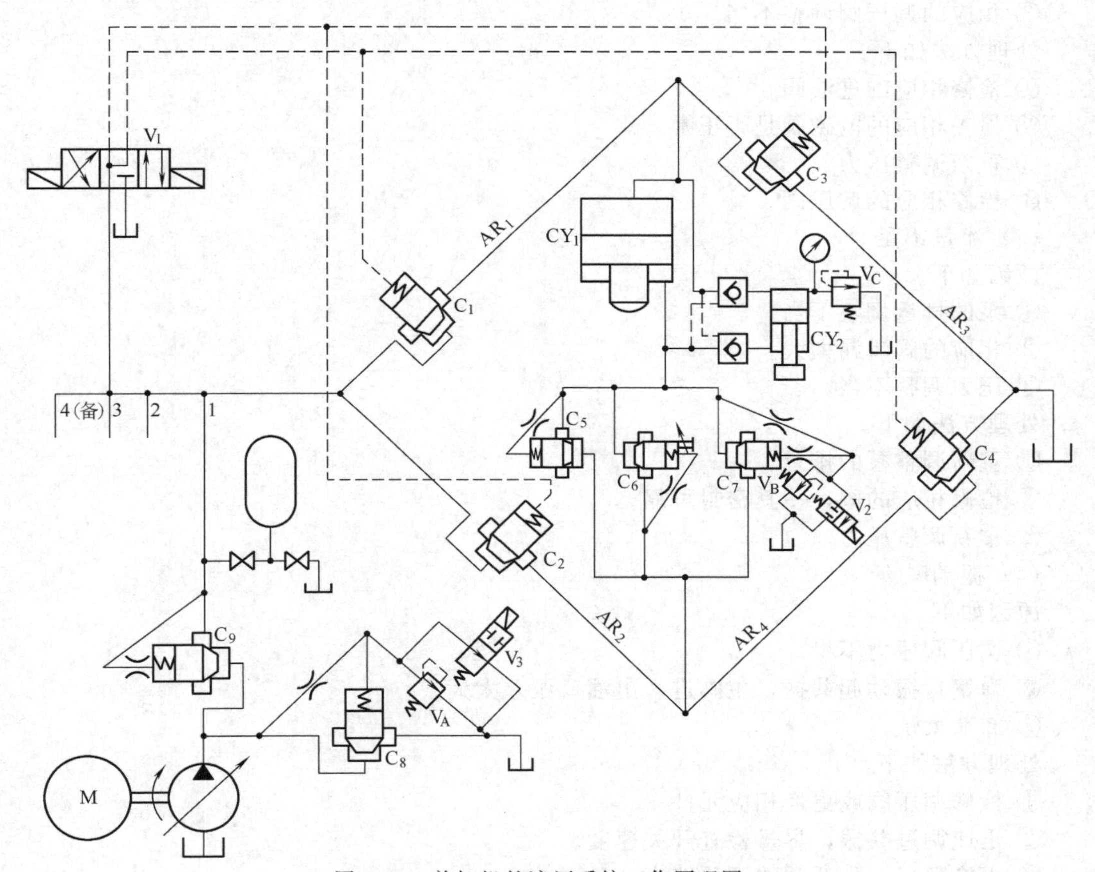

图 5-23　剪切机的液压系统工作原理图

5.11.2　剪切机液压系统的常见故障与排除

二通插装阀液压系统在调试和运转过程中，遇到的故障其原因比较复杂，某一故障的出现不仅与某一元件有关，还可能与执行元件、电气控制系统、机械等方面有关，这里介绍几种常见故障及处理方法。

（1）系统无压力

原因如下。
① 盖板调压阀泄漏太大。
② 电磁换向阀不动作或卡死。
③ 压力阀卡在开启位置。
处理方法如下。
① 检查该调压阀。
② 检查电磁阀、电源是否通，清洗该阀。
③ 检修调压阀，使其运动正常，封闭可靠。
(2) 各口压力不足或无压力
原因如下。
① 相应的进油阀卡住打不开。
② 相应的电磁阀不动作。
③ 相应的调压阀调整不当。
处理方法如下。
① 检修相应的进油阀。
② 检查相应的电磁阀是否正常。
③ 重新调整压力。
④ 检修相应的调压阀。
(3) 流量不足
原因如下。
① 泵的排量调整不当。
② 相应的阀泄漏太大。
③ 压力调整不当。
处理方法如下。
① 重新调整泵的排量。
② 检修相应的阀，使其密封可靠。
③ 重新调整压力。
(4) 振动噪声
原因如下。
① 调压阀压力不稳。
② 弹簧自振动起共振，主阀进、出油口压差太大。
③ 卸荷太快。
处理方法如下。
① 检修调压阀或更换相应元件。
② 迅速调过共振，尽量检查开关速度。
③ 更换阻尼，降低阀的开关速度。
(5) 系统发热
原因如下。
① 调压过高。
② 泵未充分卸荷。
③ 使用不当，长期溢流。
处理方法如下。
① 重新调整调压阀。

② 检修阀压力阀。

③ 重新调整工作循环。

5.12　玻璃钢拉挤机液压比例系统的故障和分析

玻璃钢拉挤机是玻璃钢制品行业重要的设备之一，可用于电缆桥架、电工梯、电厂托架及各类等截面玻璃钢型材的拉挤成形。这种设备采用液压比例系统控制，使两条拉挤液压缸在运行中的速度保持恒定，从而保证所拉挤的制品能满足玻璃钢制品工艺技术要求。为保证系统连续、可靠、安全、稳定地工作，本文分别从系统设计及使用维护等方面采取措施，以满足液压比例系统的温升要求。

5.12.1　玻璃钢拉挤机液压比例系统的原理

玻璃钢拉挤机液压比例控制系统的原理如图 5-24 所示，该系统采用两套完全相同的泵站，分别用于控制玻璃钢拉挤过程中垂直升降及水平拉挤液压缸的恒速进退。玻璃钢拉挤机液压比例控制系统主要由比例节流阀、内置式位移传感器的液压缸、电磁换向阀、过滤器、冷却器、泵源、油箱等组成，其核心部件是比例节流阀 19 和拉挤液压缸 16，用于实现两条拉挤液压缸在伸出过程中的速度恒定。液压比例系统的动力源为两台变量柱塞泵 8。正常工作时液压系统压力可以根据使用要求调节，系统回路设有四块压力表 11，分别用于检测并显示系统及垂直夹紧液压缸的压力。另外，在系统中分别设置了两套压油过滤器 10，总回油上设置了回油过滤器 21，以确保进入比例阀油液的清洁度。

比例控制系统的具体工作过程如下。

当系统工作时，首先开启电动机，设定好系统所需压力后，调节压紧液压缸 15 的夹紧压力，即调节叠加式减压阀 13。通过电磁换向阀 14 将工件夹紧，同时通过比例节流阀 19 和电磁换向阀 18 来控制拉挤液压缸的伸出速度（即拉挤速度）。利用比例节流阀 19 与拉挤液压缸 16 中的位移传感器 17，使拉挤系统成为一个闭环控制系统。当工件参数需改变时，通过比例节流阀 19 可实时改变拉挤速度，压紧参数通过减压阀 13 调节，拉挤液压缸 16 的活塞运行速度可通过位移传感器 17 反馈给闭环控制器。由于两条拉挤液压缸的拉挤过程相当于接力行走，所以第二条拉挤液压缸的拉挤速度需通过第二个比例节流阀 19 进行调节，从而保证两条拉挤液压缸在接力过程的速度恒定。

5.12.2　玻璃钢拉挤机液压比例系统常见故障与排除

(1) 液压缸快速缩回时撞击声大

解决办法：液压缸无杆腔加缓冲，避免快速缩回时金属接触引起的撞击声。

(2) 长期工作油温温升高，导致无法正常工作

解决办法：根据工况，将液压泵改为复合变量泵，根据需要调好泵的压力及流量。改动后长期工作液压站的油温为 48℃。

(3) 慢速伸出速度不能始终保持一致

解决办法：将调速阀选为带温度及压力补偿的阀，避免长期工作因油温变化和压力波动而引起的工进速度的变动。

(4) 拉挤过程中压紧液压缸与拉挤液压缸交叉时的波动

解决办法：将原来的回油调速阀改成进油调速阀，避免因为流量的突然波动造成拉挤液压缸拉挤时的不平稳。

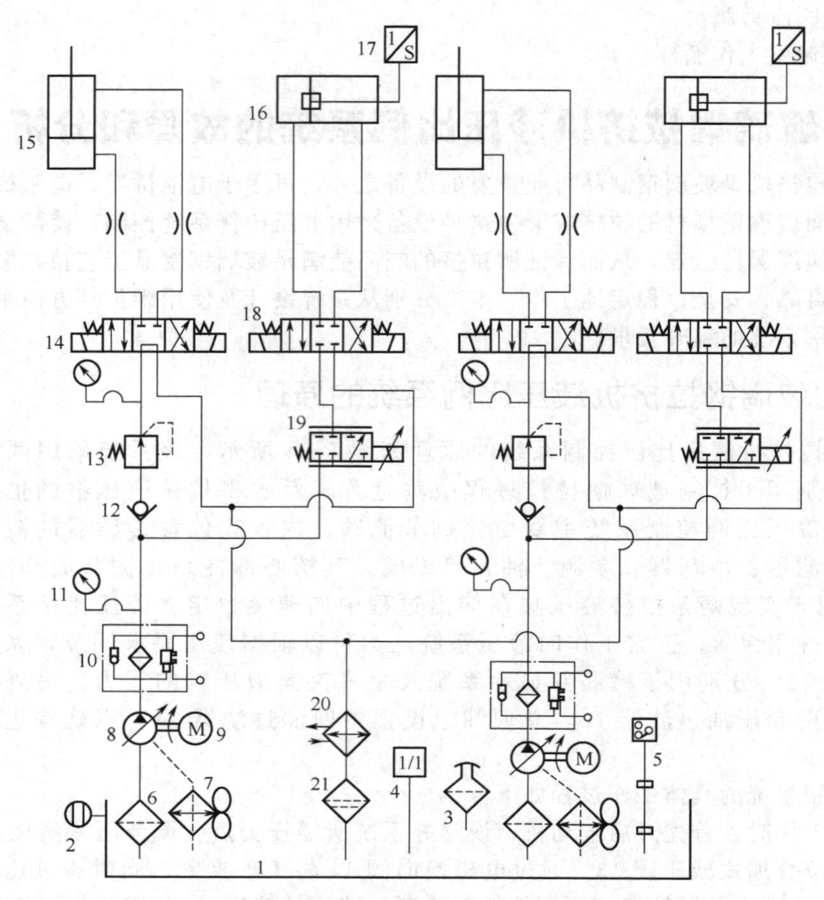

图 5-24 玻璃钢拉挤机液压比例控制系统原理

1—油箱；2—液位计；3—空气滤清器；4—温度变送器；5—液位控制器；6—吸油过滤器；7—风冷却器；8—柱塞泵；9—电动机；10—压油过滤器；11—压力表；12—叠加式单向阀；13—叠加式减压阀；14—电磁换向阀；15—压紧液压缸；16—拉挤液压缸；17—位移传感器；18—电磁换向阀；19—比例节流阀；20—水冷却器；21—回油过滤器

5.13 XLB1800×10000平板硫化机液压系统常见故障与排除

橡胶本身具有弹性、耐磨、气密性好等特点。正是由于弹性，才使橡胶加工困难，特别是要得到具有一定形状的成品，则更困难，因此就必须用炼胶设备炼胶，增加可塑度，降低弹性，然后进行半成品加工，最后再将具有可塑性的半成品恢复到原有的弹性，这种加工过程，就叫硫化。无论何种橡胶制品，最后一道工序一般都是硫化。由于硫化工艺的多样性和各种硫化制品的不同特点，硫化设备种类繁多，根据用途不同，可分为平板硫化机、鼓式硫化机、轮胎定型硫化机等。平板硫化机主要用于硫化平型胶带（如输送带、传动带，简称平带），它具有热板单位面积压力大、设备操作可靠和维修量少等优点。平板硫化机的主要功能是提供硫化所需的压力和温度。压力由液压系统通过液压缸产生，温度由加热介质（通常为蒸汽）所提供。本节以XLB1800×10000平板硫化机（其中X代表橡胶机械，L代标硫化机，B代表板型，1800×10000代表平板的板幅，型号符合GB/T 12783—2000相关标准）主机液压系统为例，介绍平板硫化机液压系统的原理及特点。

5.13.1 XLB1800×10000平板硫化机液压系统工作原理

平板硫化机主机（图5-25）由柱塞缸33提供硫化过程中的压力，平板快速上升是由低压大流量的叶片泵10供油，上升到位后叶片泵10停止工作，由变量柱塞泵5加压，当压力到达设定值后，变量柱塞泵5停止工作，系统进入保压状态，当压力值下降到一定值后，启动小排量的变量柱塞泵14进行补压，以完成对胶带的硫化。

具体动作如下：第一次排气，2YA、3YA、4YA、5通YA电，热板快速上升，上升到位后，柱塞缸33压力达到低压设定值时，压力变送器25发信，变量柱塞泵5工作，1YA通电，给柱塞缸33加压，压力到达高压设定值后保压一定时间，18YA通电，迅速将柱塞缸33压力卸掉，上下热板脱开一段距离，然后重复上述过程，进行第二次排气保压，完成两次排气后进入硫化工序，2YA、3YA、4YA、5YA通电，热板快速上升，柱塞缸33压力达到低压设定值时，压力变送器25发信，1YA通电，变量柱塞泵5工作，柱塞缸33压力达到高压设定值，所有液压泵停止工作，柱塞缸33进入保压状态，当柱塞缸33压力降至补压设定值时，压力变送器25发信，启动补压油泵14，6YA通电，将柱塞缸33压力补压至高压设定值。完成硫化工序后，即可开模，17YA通电，打开液控单向阀28，热板靠自重下降至初始位置，完成一次硫化过程。

大型平板硫化机工作台上升高度必须一致，否则会影响产品质量，还会使热板变形，影响设备的使用，所以热板的平衡装置尤为重要。平衡装置可采用机械装置完成，一半采用齿轮齿条形式，但是机械装置存在安装齿轮，齿条时初始位置存在位置度公差，联轴器加工制造、安装也存在误差，这些积累误差，必然导致热板上升下降过程的不平衡，另外由于热板的幅面较大，因此平衡轴较长，容易变形，而且加工难度较大，设备维修也较复杂。所以经过改进，平板的平衡装置采用平衡液压缸34，一条液压缸的上腔与另一条液压缸的下腔通过管路连接，在平板运动时，充油阀11YA、12YA、13YA、14YA、15YA通电，将平衡液压缸34充满油，每条平衡液压缸的上下腔均有压力表显示充油压力，当上下腔的充油压力一致时，由于液压缸上下腔的油液变化基本一致，而油液的总体积不变，因此只要平衡液压缸不漏油，能够使热板处于平衡状态，当压力表37的读数出现变化时，打开充油阀向平衡液压缸内补油即可。在热板的两端分别设置一组平衡液压缸，能很好地解决热板动作时的平衡问题。

顶铁装置比胶带的毛坯薄25%左右，可以限制胶带在硫化过程中的压缩量，还能在硫化时顶住带坯的两侧，与上热板和下热板构成一个活动模腔，使带坯在硫化过程中不至于从边缘流出，达到对带坯加压硫化的目的。自动顶铁液压缸共有4条，分为两组，动作时7YA、9YA通电，液压缸伸出，缩回时8YA、10YA通电。

5.13.2 XLB1800×10000平板硫化机液压系统常见故障及排除

（1）叶片泵10开机后大平板自动升起

故障原因：叶片泵背压高，平板由多条大缸径的柱塞缸支承，只需要很低的系统压力，就能输出很大的支持力，当支持力大于平板的自重时，平板便会自动上升。

处理方法：调低叶片泵的工作压力。

（2）平板上升、下降时出现倾斜

故障原因：平衡缸34上下腔的压力不相等。

处理方法：打开泵5、电磁换向阀23、电磁换向阀38给平衡缸34的上下两腔补压，平板反复上升、下降动作，同时观察压力表37，待各表显示压力达到设定值后即可。

（3）柱塞缸33补压频繁。

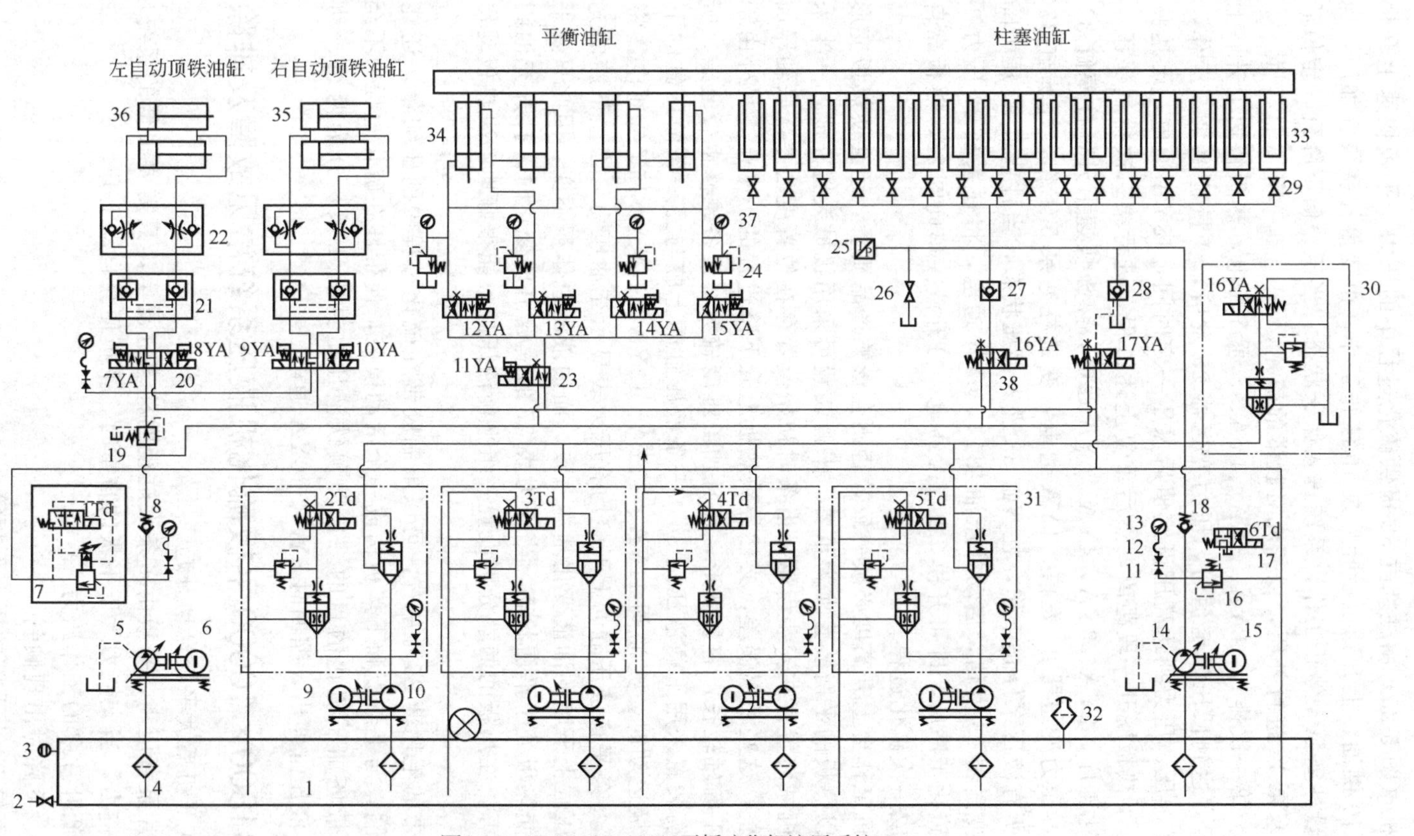

图5-25 XLB1800×10000平板硫化机液压系统

1—油箱；2—球阀；3—液位计；4—吸油过滤器；5,14—变量柱塞泵；6,9,15—电动机；7—电磁溢流阀；8,18,27—单向阀；10—叶片泵；11—测压接头；12—测压软管；13—耐震压力表；16—溢流阀；17—电磁换向阀；19—减压阀；20,23,38—电磁换向阀；21,28—液控单向阀；22—双单向节流阀；24—溢流阀；25—压力变送器；26—高压球阀；29—高压球阀；30—放气阀组；31—液压泵调压阀组；32—空气滤清器；33—柱塞缸；34—平衡缸；35—右自动顶铁液压缸；36—左自动顶铁液压缸；37—压力表故障原因：柱塞缸连接管路或控制阀组出现泄漏。

处理方法：首先排除管路是否有泄漏，如果管路无泄漏则可确定为阀有泄漏引起压力下降，逐个检查高压球阀26、单向阀27、液控单向阀28、放气阀组30是否有泄漏，检查时逐个更换上述元件，观察柱塞缸33的保压效果，以确定哪个元件有泄漏。

(4) 放气时间长、泄压慢

故障原因：放气阀组30压力调节不合适；放气阀组30通流能力小，大流量通过时泄压较慢。

处理方法：调整放气阀组30的设定压力；更换大通径的放气阀组。

5.13.3 XLB1800×10000平板硫化机液压系统特点

① 板快速上升、慢速锁紧、快速下降功能。合模快转慢与排气快转慢可分别调整，提高生产效率。

② 产品硫化成形时，液压泵电动机停止工作，并具有自动压力补偿功能及液压泵停机延时，油路配置更为合理、可靠。

③ 放气时间、放气次数、加热温度、硫化时间均可设定，操作方便。

④ 硫化过程中各个工序间的切换由压力变送器发信控制，切换点可自由设置，可以适合各种不同规格的产品，适应能力强。

5.14 液压系统常见故障共性分析

由本章内容可见，虽然液压系统的故障现象不同，但有其明显的共性，为便于读者快速分析液压系统故障，将液压系统常见的噪声、运转失常、运动速度不稳定、运动部件换向不良、爬行、不能实现正常的工作循环等共性列于表5-1～表5-6中。

表5-1 液压系统产生噪声的原因及排除方法

故障	原因	排除方法
液压泵吸空引起连续不断的“嗡嗡”声并伴随杂声	液压泵本身或进油管密封不良、漏气	拧紧各接口的连接螺母
	油箱油量不足	将油箱油量加至油标处
	液压泵进油管口滤油器堵塞	清洗滤油器
	油箱不透空气	清理空气滤清器
	油液黏度过大	油液黏度应适当
液压泵故障造成杂声	轴向间隙因磨损而增大，输油量不足	修磨轴向间隙
	泵内轴承、叶片等元件磨损或精度低	检修并更换已损坏零件
控制阀处发出刺耳的噪声	调压弹簧永久变形、扭曲或损坏	更换弹簧
	阀磨损、密封不良	修研阀座
	阀芯拉毛、变形、移动不灵活或卡死	修研阀芯、去毛刺，使阀芯移动灵活
	阻尼小也被堵塞	清洗、疏通阻尼孔
	阀芯与阀孔间隙大，高低压油互通	研磨阀孔，重配新阀芯
	阀开口小、流速高，产生空穴现象	应尽量减小进、出口压差
机械振动引起噪声	液压泵与电动机安装不同轴	安装或更换柔性联轴器
	油管振动或互相撞击	适当加设支承管夹
	电动机轴承磨损严重	更换电动机轴承

续表

故障	原　因	排　除　方　法
液压冲击声	液压缸缓冲装置失灵	进行检修和调整
	背压阀调整压力变动	进行检查、调整
	电液换向阀端的单向节流阀故障	调节节流螺钉、检修单向阀

表 5-2　液压系统运转失常或压力不足的原因及排除方法

故障	原　因	排　除　方　法
液压泵电动机	电动机线接反	调换电动机接线
	电动机功率不足，转速不够高	检查电压、电流大小
液压泵	泵进、出油口接反	调换吸、压油管位置
	泵吸油不畅、进气	同表 5-1
	泵轴向、径向间隙过大	检修液压泵
	泵体缺陷造成高、低压腔互通	更换液压泵
	叶片泵叶片与定子内面接触不良	检修叶片及修研定子内表面
	柱塞泵柱塞卡死	检修柱塞泵
控制阀	压力阀主阀芯或锥阀芯卡死在开口位置	检修压力阀，使阀芯移动灵活
	压力阀弹簧断裂或永久变形	更换弹簧
	某阀泄漏严重以致高、低压油路连通	检修阀，更换损坏的密封件
	控制阀阻尼孔被堵塞	清洗、疏通阻尼孔
	控制阀的油口接反或接错	检查并纠正
液压油	黏度过高，吸不进或吸不足油	用指定黏度的液压油
	黏度过低，泄漏太多	用指定黏度的液压油

表 5-3　液压系统运动部件不运动或速度达不到的原因及排除方法

故障	原　因	排　除　方　法
液压泵	泵供油不足、压力不足	同表 5-2
控制阀	压力阀卡死，进、回油路连通	检修阀和连接管路
	流量阀的节流溃孔被堵塞	清洗、疏通节流孔
	互通阀卡住在互通位置	检修互通阀
液压缸	装配精度或安装精度超差	检查、保证达到规定的精度
	活塞密封圈损坏、缸内泄漏严重	更换密封圈
	间隙密封的活塞、缸壁磨损过大，内泄漏多	修研缸内孔，重配新活塞
	缸盖处密封圈磨擦力过大	适当调松压盖螺钉
	洗塞杆处密封圈磨损严重或损坏	调紧压盖螺钉或更换密封圈
导轨	导轨无润滑或润滑不充分，摩擦力大	调节润滑油量和压力，使润滑充分
	导轨的楔铁、压板调得过紧	重新调整楔铁、压板，使松紧合适

表 5-4 液压系统运动部件换向时的故障及排除方法

故障	原因	排除方法
换向有冲击	活塞杆与运动部件连接不牢固	检查并紧固连接螺栓
	不在缸端部换向，缓冲装置不起作用	在油路上设背压阀
	电液换向阀中的节流螺钉松动	检查、调整节流螺钉
	电液换向阀中的单向阀卡住或密封不良	检查及修研单向阀
换向冲击量大	节流阀口有污物，运动部件速度不均	清洗流量阀节流口
	换取向阀芯移动速度变化	检查电液换向阀节流螺钉
	油温高，注入油的黏度下降	检查油温升高的原因并排除
	导轨润滑油量过多，运动部件"漂浮"	调节润滑油压力或流量
	系统漏油多，进入空气	严防泄漏，排除空气

表 5-5 液压系统运动部件产生爬行的原因及排除方法

故障	原因	排除方法
控制阀	流量阀节流口有污物，通油量不均	检修或清洗流量阀
液压缸	活塞式液压缸端盖密封圈压得太死	调整压盖螺钉(不漏油即可)
	液压缸中进入的空气未排净	利用排气装置排气
导轨	接触精度不好，摩擦力不均匀	检修导轨
	润滑油不足或选用不当	调节润滑油量，选用适合的润滑油
	温度高使油黏度变小、油膜破坏	检查油温高的原因并排除

表 5-6 液压系统工作循环不能正确实现的原因及采取的措施

故障	原因	采取措施
液压回路间互相干扰	同一个泵供油的各液压缸压力、流量差别大	改用不同泵供油或用控制阀(单向阀、减压阀、顺序阀等)使油路互不干扰
	主油路与控制油路用同一泵供油，当主油路卸荷时，控制油路压力太低	在主油路上设控制阀，使控制油路始终有一定压力，能正常工作
控制信号不能正确发出	行程开关、压力继电器开关接触不良	检查及检修各开关接触情况
	某些元件的机械部分卡住(如弹簧、杠杆)	检修有关机械结构部分
控制信号不能正确执行	电压过低，弹簧过软或过硬使电磁阀失灵	检查电路的电压，检修电磁阀
	行程挡块位置不对或未固紧	检查挡块位置并将其固紧

第6章 液压系统的安装、调试、使用与维护

随着科学技术的发展，液压传动技术的应用日益广泛，液压设备在国民经济各个行业中所占的比重日益提高。在实际应用过程中，一个设计合理的并按照规范化操作来使用的液压传动系统，一般来说故障率极少的。但是，如果安装、调试、使用和维护不当，也会出现各种故障，以致严重影响生产。因此，安装、使用、调试和维护的优劣，将直接影响到设备的使用寿命、工作性能和产品质量，所以，液压系统的安装、调试、使用和维护在液压技术中占有相当重要的地位。本章从液压系统的安装、调试、使用和维护的各个方面加以阐述，最后列举了一个安装、调试、使用和维护的实例。

6.1 液压系统的安装

液压系统的安装，包括液压管路、液压元件（液压泵、液压缸、液压马达和液压阀等）、辅助元件的安装等，其实质就是通过流体连接件（油管与接头的总称）或者液压集成块将系统的各单元或元件连接起来。具体安装步骤（以焊接管路为例）如下。

① 预安装（试装配）流体连接件——弯管，组对油管和元件，点焊接头，使整个管路定位。

② 第一次清洗（分解清洗）——酸洗管路，清洗油箱和各类元件等。

③ 第一次安装——连成清洗回路及系统。

④ 第二次清洗（系统冲洗）——用清洗油清洗管路。

⑤ 第二次安装——组成正式系统。

⑥ 系统调试——加入实际工作用油，进行正式试车。

6.1.1 流体连接件的安装

液压系统，根据液压控制元件的连接形式，可分为集成式（液压站式）和分散式，无论哪种形式，欲连接成系统，都需要通过流体连接件连接起来。流体连接件中，接头一般直接与集成块或液压元件相连接，工作量主要体现在管路的连接上。所以管路的选择是否合理，安装是否正确，清洗是否干净，对液压系统的工作性能有很大影响。

（1）管路的选择与检查

在选择管路时，应根据系统的压力、流量以及工作介质、使用环境和元件及管接头的要求，来选择适当口径、壁厚、材质和管路。要求管道必须具有足够的强度，内壁光滑、清洁、无砂、无锈蚀、无氧化铁皮等缺陷，并且配管时应考虑管路的整齐美观以及安装、使用和维护工作的方便性。管路的长度应尽可能短，这样可减少压力损失、延时、振动等现象。常用的吸油、压油、回油管径与泵流量的关系见表6-1。

表 6-1　泵的流量与管径的关系

流量 /L·min⁻¹	吸油管 /mm	回油管 /mm	压油管 /mm	流量 /L·min⁻¹	吸油管 /mm	回油管 /mm	压油管 /mm
2	5～8	4～5	3～4	56	28～49	25～28	14～25
3	7～11	6～7	4～6	60	29.3～50	25～29.3	15～25
5	8～14	7～8	4～7	66	30～53	26～30	15～26
6	10～16	8～10	5～8	76	33～57	28～33	17～28
9	12～20	10～12	6～10	87	35～60	30～35	18～30
11	13～22	11～13	6～11	92	36～62	31～36	18～31
13	14～24	12～14	7～12	100	38～65	33～38	19～33
16	15～26	13～15	8～13	110	40～68	34～40	20～34
18	16～28	14～16	8～14	120	41～70	36～41	21～36
20	17～30	15～17	8～15	130	43～75	37～43	22～37
23	18～32	16～18	10～16	140	45～77	38～45	22～38
25	20～33	16～20	10～16	150	46～80	40～46	23～40
28	20～34	17～20	10～17	160	48～82	41～48	24～41
30	20～36	18～20	10～18	170	49～85	43～49	25～43
32	21～37	18～21	10～18	180	50～88	44～50	25～44
36	22～40	20～22	11～20	190	52～90	45～52	26～45
40	24～40	20～24	12～20	200	53～92	46～53	27～46
46	26～44	22～26	13～22	250	60～104	52～90	29～52
50	27～46	23～27	14～23	300	65～113	57～65	33～57

注：1. 压油管在压力高、流量大、管道短时取大值，反之取小值。

2. 压油管，当 $p<2.5$MPa 时取小值，$p=2.5\sim14$MPa 时取中间值，$p>14$MPa 时取大值。

检查管路时，若发现管路内外侧已腐蚀或有明显变色，管路被割口，壁内有小孔，管路表面凹入管路直径的 10%～20%以上（不同系统要求不同），管路伤口裂痕深度为管路壁厚的 10%以上时均不能再使用。

检查长期存放的管路，若发现内部腐蚀严重时，应用酸彻底冲洗内壁，清洗干净，再检查其耐用程度。合格后，才能进行安装。

检查经加工弯曲的管路时，应注意管路的弯曲半径不应太小。弯曲曲率太大，将导致管路应力集中增加，降低管路的疲劳强度，同时也最容易出现锯齿形皱纹。大截面的椭圆度不应超过 15%；弯曲处外侧壁厚的减薄量不应超过管路壁厚的 20%；弯曲处内侧部分不允许有扭伤，压坏或凹凸不平的皱纹。弯曲处内外侧部分都不允许有锯齿形或形状不规则的现象。扁平弯曲部分的最小外径应为原管外径的 70%以下。

（2） 管路连接件的安装

① 吸油管路的安装及要求　安装吸油管路时应符合下列要求。

a. 吸油管路要尽量短，弯曲少，管径不能过细。以减少吸油管的阻力，避免吸抽困难，产生吸空、汽蚀现象，对于泵的吸程高度，各种泵的要求有所不同，但一般不超过 500mm。

b. 吸油管应连接严密，不得漏气，以免使泵在工作时吸进空气，导致系统产生噪声，以致无法吸油（在泵吸口部分的螺纹，法兰结合面上往往会由于小小的缝隙而漏入空气），因此，建议在泵吸油口处采用密封胶与吸油管路连接。

c. 除柱塞泵以外，一般在液压泵吸油管路上应安装滤油器，滤油精度通常为100～200目，滤油器的通流能力至少相当于泵的额定流量的2倍，同时要考虑清洗时拆装方便，一般在油箱的设计过程中，将液压泵的吸油过滤器附近开设手孔就是基于这种考虑。

② 回油管的安装及要求　安装回油管时应符合下列要求。

a. 执行机构的主回油路及溢流阀的回油管应伸到油箱液面以下，以防止油飞溅而混入气泡，同时回油管应切出朝向油箱壁的45°斜口。

b. 具有外部泄漏的减压阀、顺序阀、电磁阀等的泄油口与回油管连通时不允许有背压，否则应将泄油口单独接回油箱，以免影响阀的正常工作。

c. 安装成水平面的油管，应有3/1000～5/1000的坡度。管路过长时，每500mm应固定一个夹持油管的管夹。

③ 压油管的安装及要求　压力油管的安装位置应尽量靠近设备和基础，同时又要便于支管的连接和检修，为了防止压力油管振动，应将管路安装在牢固的地方，在振动的地方要加阻尼来消除振动，或将木块、硬橡胶的衬垫装在管夹上，使金属件不直接接触管路。

④ 橡胶软管的安装及要求　橡胶软管用于两个有相对运动部件之间的连接。安装橡胶软管时应符合下列要求。

a. 要避免急转弯，其弯曲半径R应大于9～10倍外径，至少应在离接头6倍直径处弯曲。若弯曲半径只有规定的1/2时就不能使用，否则寿命将大大缩短。

b. 软管的弯曲同软管接头的安装应在同一运动平面上，以防扭转。若软管两端的接头需在两个不同的平面上运动时，应在适当的位置安装夹子，把软管分成两部分，使每一部分在同一平面上运动。

c. 软管应有一定余量。由于软管受压时，要产生长度（长度变化约为±4%）和直径的变化，因此弯曲情况下使用，不能马上从端部接头处开始弯曲；在直接情况下使用时，不要使端部接头和软管间受拉伸，所以要考虑长度上留有适当余量，使它保持松弛状态。

d. 软管在安装和工作时，不应有扭转现象；不应与其他管路接触，以免磨损破裂；在连接处应自由悬挂，避免受其自重而产生弯曲。

e. 由于软管在高温下工作时寿命短，所以尽可能使软管安装在远离热源的地方，不得已时要装隔热板或隔热套。

f. 软管过长或承受急剧振动的情况下宜用夹子夹牢，但在高压下使用的软管应尽量少用夹子，因软管受压变形，在夹子处会产生摩擦能量损失。

g. 软管要以最短距离或沿设备的轮廓安装，并尽可能平行排列。

h. 必须保证软管、接头与所处的环境条件相容，环境包括：紫外线辐射、阳光、热、臭氧、潮湿、水、盐水、化学物质、空气污染物等可能导致软管性能较低或引起早期失效的因素。

(3) 配管注意事项

① 整个管线要求尽量短，转弯数少，过滤平滑，尽量减少上下弯曲和接头数量并保证管路的伸缩变形，在有活接头的地方，管路的长度应能保证接头的拆卸安装方便，系统中主要管路或辅件能自由拆装，而不影响其他元件。

② 在设备上安装管路时，应布置成平行或垂直方向，注意整齐，管路的交叉要尽量少。

③ 平行或交叉的管路之间应有10mm以上的空隙，以防止干扰和振动。

④ 管路不能在圆弧部分接合，必须在平直部分接合。法兰盘焊接时，要与管路中心成直角。在有弯曲的管路上安装法兰时，只能安装在管路的直线部分。

⑤ 管路的最高部分应设有排气装置，以便启动时放掉管路中的空气。

⑥ 管道的连接有螺纹连接、法兰连接和焊接三种。可根据压力、管径和材料选定，螺

纹连接适用于直径较小的油管，低压管直径在50mm以下，高压管直径为25～38mm。管径再大时则用法兰连接。焊接连接成本低，不易泄漏，因此在保证安装拆卸的条件下，应尽量采用对头焊接，以减少管配件。

⑦ 全部管路应进行二次安装。第一次为试安装，将管接头及法兰点焊在适当的位置上，当整个管路确定后，拆下来进行酸洗或清洗，然后干燥，涂油及进行试压。最后安装时不准有砂子、氧化铁皮、铁屑等污物进入管路及元件内。

⑧ 为了保证外形美观，一般焊接钢管的外表面要全部喷面漆，主压力管路一般为红色，控制管路一般为橘红色，回油管路一般为蓝色或浅蓝色，冷却管路一般为黄色。

应当指出的是：随着技术的进步，生产周期日益减少，采用卡套式接头和经酸洗磷化处理过的钢管组成的连接件所连接的液压系统，不需再经过上述复杂的二次安装，根据实际需要，将钢管弯曲成形并截断，去毛刺清理后，可在安装后直接试车。

下面给出正确和错误安装管路（软管）的几个例子，如图6-1(a)～(h)所示，分别说明如下。

图6-1(a)中软管总成两端装配后不应把软管拉直，应有些松弛。因在压力作用下，软管长度会有些变化，其变化幅度从－4%～＋2%。图6-1(b)软管的最小弯曲半径必须大于软管允许的最小半径，使之处于自然状态，以避免降低软管的使用寿命。图6-1(c)、(d)选择合适的软管长度，弯曲处应距弯曲处距外套应有一定的距离。图6-1(e)、(f)合理使用弯头可以避免使软管产生额外的负载。图6-1(g)正确安装和固定软管，避免软管与其他物体摩擦碰撞。必要时，可采用护套保护，如软管必须装在发热物体旁，应使用耐火护套或其他保护措施。图6-1(h)中，当软管安装在运动物体上，应留有足够的自由长度。

(4) 选用软管注意事项

影响软管和软管总成寿命的因素有臭氧、氧、热、日光、雨以及其他一些类似的环境因素。软管和软管总成的储藏、转料、装运和使用过程中，应根据生产日期采用先进先出的方式。

① 选取软管时，应选取生产厂样本中软管所标明的最大推荐工作压力不小于最大系统压力的软管，否则会降低软管的使用寿命甚至损坏软管。

② 软管的选择是根据液压系统设计的最高压力值来确定的。由于液压系统的压力值通常是动态的，有时会出现冲击压力，冲击压力峰值会大大高于系统的最高压力值。但系统上一般都有溢流阀，故冲击压力不会影响软管的疲劳寿命。对于冲击特别频繁的液压系统，建议选用特别耐脉冲压力的软管产品。

③ 应在软管质量规范允许温度范围内使用软管。如果工作环境温度超过这一范围，将会影响到软管的寿命，其承压能力也会大大降低。工作环境温度长期过高或过低的系统，建议采用软管护套。软管在使用时如常与硬物接触或摩擦，建议在软管外部加弹簧护套。软管内径要适当，管径过小会加大管路内介质的流速，使系统发热，降低效率，而且会产生过大的压力降，影响整个系统的性能。若软管采用管夹或软管穿过钢板等间隔物时，应注意软管的外径尺寸。

④ 安装前，必须对软管进行检查，包括接头形式、尺寸、长度，确保正确无误。必须保证软管、接头与所处的环境条件相容，环境包括：紫外线辐射、阳光、热、臭氧、潮湿、水、盐水、化学物质、空气污染物等可能导致软管性能较低或引起早期失效的因素。软管总成的清洁度等级可能不同，必须保证选取的软管总成的清洁度符合应用要求。

6.1.2　液压元件的安装

各种液压元件的安装和具体要求，在产品说明书中都有详细的说明，在安装时液压元件应用煤油清洗，所有液压元件都要进行压力和密封性能试验。合格后可开始安装，安装前应将各种自

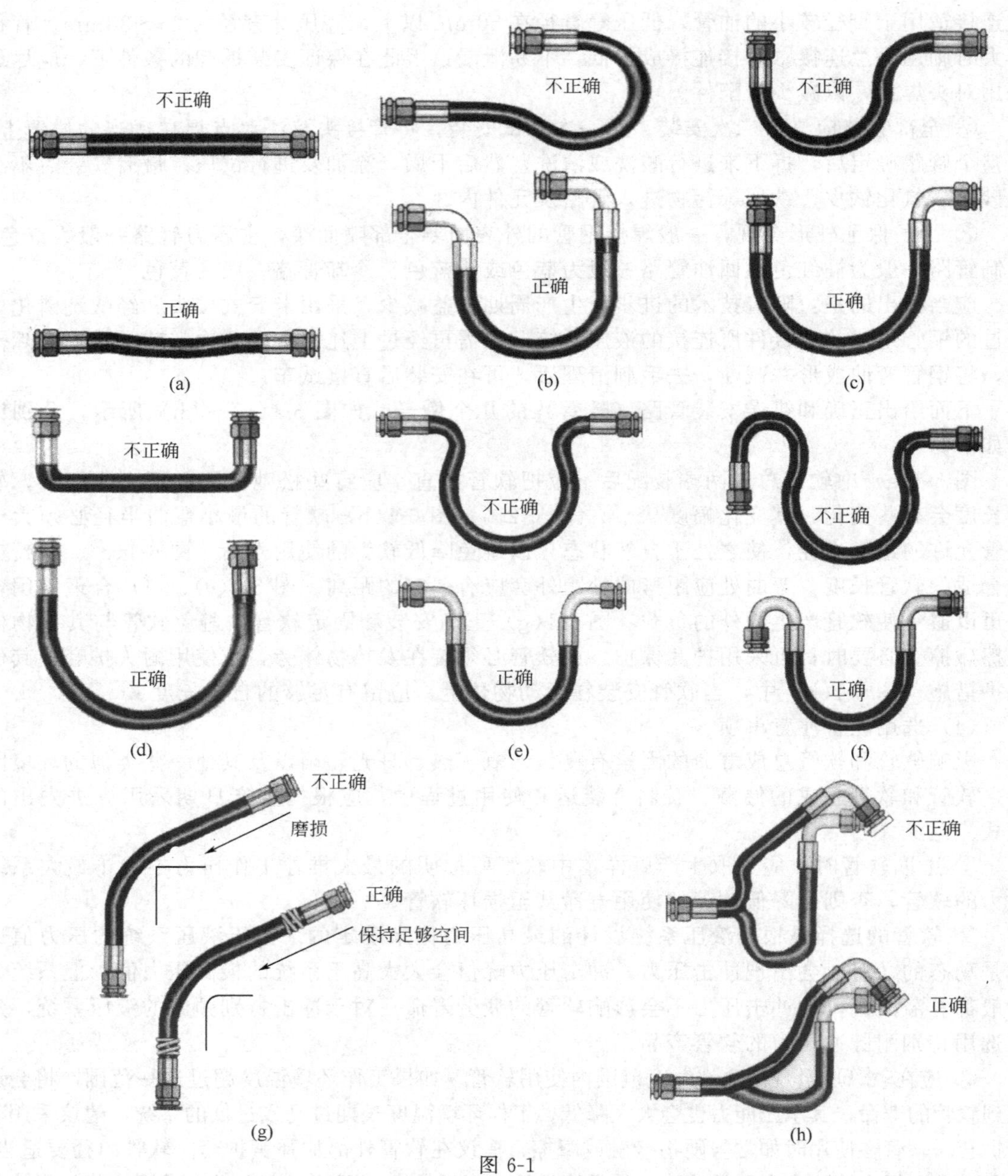

图 6-1

图 6-1(a) 中软管总成两端装配后不应把软管拉直，应有些松弛。因在压力作用下，软管长度会有些变化，其变化幅度从－4%～＋2%。图 6-1(b) 软管的最小弯曲半径必须大于软管允许的最小半径，使之处于自然状态，以避免降低软管的使用寿命。图 6-1(c)、(d) 选择合适的软管长度，弯曲处应距弯曲处距外套应有一定的距离。图 6-1(e)、(f) 合理使用弯头可以避免使软管产生额外的负载。图 6-1(g) 正确安装和固定软管，避免软管与其他物体摩擦碰撞。必要时，可采用护套保护，如软管必须装在发热物体旁，应使用耐火护套或其他保护措施。图 6-1(h) 中，当软管安装在运动物体上，应留有足够的自由长度。

动控制仪表进行校验，以避免不准确而造成事物。下面介绍液压元件在安装时应注意的事项。

(1) 液压阀类元件的安装及要求

液压元件安装前，对拆封的液压元件要先查验合格证书和审阅说明书，如果是手续完备的合格产品，又不是长期露天存放内部已经锈蚀了的产品，不需要另做任何试验，也不建议重新清洗拆装。试车时出了故障，在判断准确不得已时才对元件进行重新拆装，尤其对国外产品更不允许随意拆装，以免影响产品出厂精度。

① 安装时应注意各阀类元件进油口和回油口的方位。

② 安装的位置无规定时应安装在便于使用、维修的位置上。一般方向控制阀应保持轴线水平安装，注意安装换向阀时，四个螺钉要均匀拧紧，一般以对角线为一组逐渐拧紧。

③ 用法兰安装的阀件，螺钉不能拧得过紧，因过紧有时会造成密封不良；必须拧紧，而原密封件或材料不能满足密封要求时，应更换密封件的形式或材料。

④ 有些阀件为了制造、安装方便，往往开有相同作用的两个孔，安装后不用的一个要堵死。

⑤ 需要调整的阀类，通常按顺时针方向旋转，增加流量、压力；逆时针方向旋转，减少流量或压力。

⑥ 在安装时，若有些阀件及连接件购置不到时，允许用通过流量超过其额定流量为40%的液压阀件代用。

(2) 液压缸的安装及要求

液压缸的安装应结实可靠。配管连接不得有松弛现象，缸的安装面与活塞的滑动面，应保持足够的平行度和垂直度。安装液压缸应注意以下事项。

① 对于脚座固定式的移动缸的中心轴线应与负载作用力的轴线同心，以避免引起侧向力，侧向力容易使密封件磨损及活塞损坏。对移动物体的液压缸安装时使缸与移动物体在导轨面上的运动方向保持平行，其不平行度一般不大于0.05mm/m。

② 安装液压缸体的密封压盖螺钉，其拧紧程度以保证活塞在全行程上移动灵活，无阻滞和轻重不均匀的现象为宜。螺钉拧得过紧，会增加阻力，加速磨损；过松会引起漏油。

③ 在行程大和工作油温高的场合。液压缸的一端必须保持浮动以防止热膨胀的影响。

(3) 液压泵的安装及要求

液压泵布置在单独油箱上时，有两种安装方式：卧式和立式。立式安装，管道和泵等均在油箱内部，便于收集漏油，外形整齐。卧式安装，管道露在外面，安装和维修比较方便。

液压泵一般不允许承受径向负载，因此常用电动机直接通过弹性联轴器来传动。安装时要求电动机与液压泵的轴应有较高的同心度，其偏差应在0.1mm以下，倾斜角不得大于1°，以避免增加泵轴的额外负载并引起噪声。必须用带或齿轮传动时，应使液压泵卸掉径向和轴向负荷。液压马达与泵相似，对某些马达允许承受一定径向或轴向负荷，但不应超过规定允许数值。

液压泵吸油口的安装高度通常规定：距离油面不大于0.5m，某些泵允许有较高的吸油高度。而有一些泵则规定吸油口必须低于油面，个别无自吸能力的泵则需另设辅助泵供油。

安装液压泵还应注意以下事项。

① 液压泵的进口、出口和旋转方向应符合泵上标明的要求，不得反接。

② 安装联轴器时，不要用力敲打泵轴，以免损伤泵的转子。

(4) 辅助元件的安装

除去立体连接件外，液压系统的辅助元件还包括，滤油器、蓄能器、冷却和加热器、密封装置以及压力表、压力表开关等。

辅助元件在液压系统中是起辅助作用的，但在安装时也不容忽视，否则也会严重影响液压系统的正常工作。

辅助元件安装（管道的安装前面已介绍）主要注意下述几点。

① 应严格按照设计要求的位置进行安装并注意整齐、美观。

② 安装前应用煤油进行清洗、检查。

③ 在符合设计要求情况下，尽可能考虑使用、维修方便。

6.2 液压系统的清洗

在现代液压工业中，液压元件日趋复杂，配合精度的要求愈来愈高，所以在安装液压系统时，万一有杂质或金属粉末混入，将会引起液压元件的磨损或卡死等不良现象，甚至会造成重大事故。因此，为了使液压系统达到令人满意的工作性能和使用寿命，必须确保系统的清洁度，而保证液压系统清洁度的重要措施是系统安装和运转前的清洗工作。当液压系统的安装连接工作结束后，首先必须对该液压系统内部进行清洗。清洗的目的是洗掉液压系统内的焊渣、金属粉末、锈片、密封材料的碎片、油漆、涂料等。对于刚从制造厂购进的液压装置或液压元件，若已清洗干净可只对现场加工装配的部分进行清洗。液压系统的清洗必须经过第一次清洗和第二次清洗并达到规定的清洁度标准后方可进入调试阶段。

6.2.1 液压系统的清洁度标准

造成液压系统污染的原因很多，有外部的和内在的。液压元件无论怎样清洁，在装配过程中都会弄脏。在安装管路、接头、油箱、滤油器或者加入新的油液时，都会造成污染物从外部进入，但更多的是液压元件在制造时遗留下来而未清除干净的污物。除非液压设备或机器在离开工场前尽可能把污物清除干净，否则很可能会由此引起早期故障，美国汽车工程师协会（SAE）在推荐标准 J1165（《液压油清洁度等级报告》中，把造成严重故障的污垢微粒称为磨损催化剂，因为这类微粒造成的磨损碎屑又会产生新的更多的碎屑物，即产生典型的“磨损联锁式反应”。对这些微粒必须特别有效地从系统中清除掉，为此国外制造厂家制定了每台设备或机器离开装配线时冲洗液压系统的工艺程序。冲洗的目的，是使清洁度达到比在工场稳定工况时所希望的更好，即达到出厂清洁度，以清除装配时进入污物而造成的早期故障的可能性。

一个液压系统达到什么程度才算清洁？对这个问题，各国液压专家的意见不一致，但目前一般把 100：1 的微粒密集度范围作为可接受的系统清洁度标准。这一密集度是指每 1mL 油液中污垢敏感度的差异。要求清洁度标准亦各有所不同。国外设备厂家目前制定的设备清洗启用时的允许污垢量指标一般为每 1mL 油液中大于 10μm 的微粒数在 100～750 等级范围内。这一规定等级，限制了各种液压元件清洗后应达到的允许污垢量，可作为制定清洗液压元件的工艺规程。表 6-2 和表 6-3 分别是用国际标准化组织（ISO）清洁度代号列出的各种液压系统和元件清洁度的要求。

表 6-2 液压系统的清洁度标准

系统类型	清洁度代号指标		每 1mL 油液中大于给定尺寸的微粒数目	
	5μm	15μm	5μm	15μm
污垢敏感系统	13	9	80	5
伺服、高压系统	15	11	320	20
一般液压系统	16	13	640	80
中压系统	18	14	2500	160
低压系统	19	15	5000	320
大间隙低压系统	21	17	20000	1300

表 6-3 液压元件清洁度标准

液压元件	ISO 清洁度代号	
	5μm	15μm
叶片泵、柱塞泵、液压马达	16	13
齿轮泵、马达，摆动液压缸	17	14
控制元件、液压缸、蓄能器	18	15

6.2.2 液压系统的实用清洗方法

(1) 常温手洗法

这种方法采用煤油、柴油或浓度为 2%～5%的金属清洗液在常温下浸泡，再用手清洗。这种方法适用于修理后的小批零件，适当提高清洗液温度可提高清洗效果。

(2) 加压机械喷洗法

采用 2%～5%的金属清洗液，在适当温度下，加压 0.5～1MPa，从喷嘴中喷出，喷射到零件表面，效果较好，适用于中批零件的清洗。

(3) 加温浸洗法

采用 2%～5%的金属清洗液，浸洗 5～15min。为提高清洗效果，可以在清洗液中加入表 6-4 所示的常用添加剂，以提高防锈去污和清洗能力。

表 6-4 清洗液常用添加剂

名称	化学分子式	用量/%	使用场合
磷酸钠	Na_3PO_4	2～5	适用于钢铁、铝、镁及其合金的清洗防锈
磷酸氢钠	Na_2HPO_4	2～5	适用于钢铁、铝、镁及其合金的清洗防锈
亚硝酸钠	$NaNO_2$	2～4	适用于钢铁制件工序间、中间库或封存防锈
无水碳酸钠	Na_2CO_3	0.3～1	配合亚硝酸钠适用调整 pH 值
苯甲酸钠	C_6H_5COONa	1～5	适用于钢铁及铜合金工序间和封存包装防锈

(4) 蒸汽清洗法

采用有机溶剂（如三氯乙烯、三氯乙烷等）在高温高压下，有效地清除油污层。这种方法是一种生产率高而三废少的清洗法。

(5) 超声波清洗法

这种清洗法目前在国内液压元件生产厂普遍采用。超声波的频率比声波高，它可以传播比声波大得多的能量。在液体中传播时，液体分子可得到几十万倍至几百万倍的重力加速度，使液体产生压缩和稀疏作用。压缩部分受压。稀疏部分受拉，受拉的地方就会发生断裂而产生许多气泡形状小空腔。在很短的瞬间又受压而闭合产生数千至数万个大气压，这种空腔在液体中的产生和消失现象叫做空化作用。借助于空化作用的巨大压力变化，可将附着在物体上的油脂和污尘清洗干净。超声波清洗机就是根据空化作用的原理制成的。图 6-2 为超声波清洗机的工作示意图。

6.2.3 液压系统的两次清洗

(1) 第一次清洗

液压系统的第一次清洗是在预安装（试装配管）后，将管路全部拆下解体进行的。

第一次清洗应保证把大量的、明显的、可能清洗掉的金属毛刺与粉末、砂粒灰尘、油漆

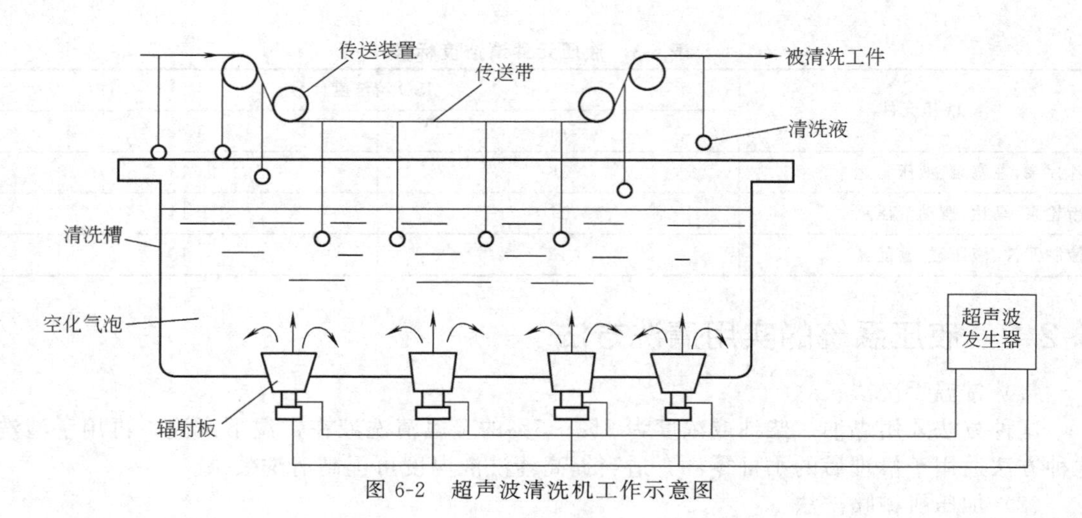

图 6-2 超声波清洗机工作示意图

涂料、氧化皮、油渍、棉纱、胶粒等污物全部认真仔细地清洗干净。否则不允许进行液压系统的第一次安装。

第一次清洗时间随液压系统的大小，所需的过滤精度和液压系统的污染程度的不同而定。一般情况下为1～2昼夜。当达到预定的清洗时间后，可根据过滤网中所过滤的杂质种类和数量，再确定清洗工作是否结束。

第一次清洗主要是酸洗管路和清洗油箱及各类元件。管路酸洗的方法如下。

① 脱脂初洗　去掉油管上的毛刺，用氢氧化钠、硫酸钠等脱脂（去油）后，再用温水清洗。

② 酸洗　在20%～30%的稀盐酸或10%～20%的稀硫酸溶液中浸渍和清洗30～40min（其溶液温度为40～60℃）后，再用温水清洗。清洗管子应经振动或敲打，以促使氧化皮脱落。

③ 中和　在10%的苛性钠（苏打）溶液中浸渍和清洗15min（其溶液温度为30～40℃），再用蒸汽或温水清洗。

④ 防锈处理　在清洁干燥的空气中干燥后，涂上防锈油。

当确认清洗合格后，即可进行第一次安装。

(2) 第二次清洗

液压系统的第二次清洗是在第一次安装连成清洗回路后进行的系统内部循环清洗。

第二次清洗的目的是把第一次安装后残存的污物，如密封碎块、不同品质的洗油和防锈油以及铸件内部冲洗掉的砂粒、金属磨合下来的粉末等清洗干净，而后再进行第二次安装组成正式系统，以保证顺利进行正式的调整试车和投入正常运转。对于刚从制造厂购进的液压设备，若确实已按要求清洗干净，可仅对在现场加工、安装的部分进行清洗。

第二次清洗的步骤和方法如下。

① 清洗准备

a. 清洗油的准备。清洗油选择被清洗机械设备的液压系统工作用油或试车油。不允许使用煤油、汽油、酒精或蒸汽等作清洗介质，以免腐蚀液压元件、管道和油箱。清洗油的用量通常为油箱内油量的60%～70%。

b. 滤油器的准备。清洗管道上应接上临时的回油滤油器。通常选用滤网精度为80目、150目的滤油器，供清洗初期后和后期使用，以滤出系统中的杂质与脏物，保持油液干净。

c. 清洗油箱。液压系统清洗前，首先应对油箱进行清洗。清洗后，用绸布或乙烯树脂海绵等将油箱内表面擦干净，才能加入清洗用油，不允许用棉布或纤维擦油箱。有些企业采用面团清理油箱，也会得到较为理想的清理效果。

d. 加热装置的准备，清洗油一般对非耐油橡胶有溶蚀能力。若加热到 50～80℃，则管道内的橡胶泥渣等杂物容易清除。因此，在清洗时要对油液分别进行大约 12h 的加热和冷却，故应准备加热装置。

② 清洗　清洗前应将安全溢流阀在其入口处临时切断。将液压缸进出油口隔开，在主油路上连接临时通路，组成独立的清洗回路。对于较复杂的液压系统，可以适当考虑分区对各部分进行清洗。

清洗时，一边使泵运转，一边将油加热，使油液在清洗回路中自动循环清洗，为提高清洗效果，回路中换向阀可作一次换向，泵可做间歇运动。若备有两台泵时，可交换运转。为了提高清洗效果，促使脏物脱落，在清洗过程中可用锤子对焊接部位和管道反复地、轻轻地敲打，锤击时间为清洗时间的 10%～15%。在清洗初期，使用 80 目的过滤网，到预定清洗时间的 60%时，可换用 150 目的过滤网。清洗时间根据液压系统的复杂程度，所需的过滤精度和液压系统的污染程度的不同而有所不同，当达到预定的清洗时间后，可根据过滤网中所过滤的杂质种类和数量，确定是否达到清洗目的而结束第二次清洗工作。

第二次清洗结束后，泵应在油液温度降低后停止运转，以避免外界气温变化引起锈蚀。油箱内的清洗油应全部清洗干净，不得有清洗油残留在油箱内。同时按上述清洗油箱的要求将油箱再次清洗一次，最后进行全面检查，符合要求后再将液压缸、阀等液压元件连接起来，为液压系统第二次安装组成正式系统后的调整试车做好准备。

最后按设计要求组装成正式的液压系统。在正式调整试车前，加入实际运转时所用的工作油液，用空运转断续开车（每隔 3～5min），这样进行 2～3 次后，可以空载连续开车 10min，使整个液压系统进行油液循环。经再次检查，回油管处的过滤网中应没有杂质，方可转入试车程序。

6.3　液压系统的调试

液压设备的安装、精度检验合格之后，必须进行调整试车，使其在正常运转状态下能够满足生产工艺对设备提出的各项要求，并达到设计时设备的最大生产能力。当液压设备经过修理、保养或重新装配之后，也必须进行调试才能使用。

液压设备调试的主要内容，就是液压系统的运转调试，不仅要检查系统是否完成设计要求的工作运动循环，而且还应该把组成工作循环的各个动作的力（力矩）、速度、加速度、行程的起点和终点，各动作的时间和整个工作循环的总时间等调整到设计时所规定的数值，通过调试应测定系统的功率损失和油温升高是否有碍于设备的正常运转，否则采取措施加以解决。通过调试还应检验力（力矩）、速度和行程的可调性以及操纵方面的可靠性，否则应予校正。

液压系统的调试应有书面记载，经过校准手续，纳入设备技术档案，作为该设备投产使用和维修的原始技术依据。

液压系统调试的步骤和方法可按下述进行。

6.3.1　液压系统调试前的准备

液压系统调试前应当做好以下准备工作。

（1）熟悉情况，确定调试项目

调试前，应根据设备使用说明书及有关技术资料，全面了解被调试设备的结构、性能、工作顺序、使用要求和操作方法，以及机械、电气、气动等方面与液压系统的联系，认真研究液压系统各元件的作用，读懂液压原理图，搞清楚液压元件在设备上的安装实际位置及其结构、性能和调整部位，仔细分析液压系统各工作循环的压力变化、速度变化以及系统的功率利用情况，熟悉液压系统用油的牌号和要求。

在掌握上述情况的基础上，确定调试的内容、方法及步骤，准备好调试工具、测量仪表和补接测试管路，制订安全技术措施，以避免人身安全和设备事故的发生。

(2) 外观检查

新设备和经过修理的设备均需进行外观检查，其目的是检查影响液压系统正常工作的相关因素。有效的外观检查可以避免许多故障的发生，因此在试车前首先必须做初步的外观检查。这一步骤的主要内容如下。

① 检查各个液压元件的安装及其管道连接是否正确可靠。例如各液压元件的进、出油口及回油口是否正确，液压泵的入口、出口和旋转方向与泵上标明的方向是否相符合等。

② 防止切屑、冷却液、磨粒、灰尘及其他杂质落入油箱，各个液压部件的防护装置是否具备和完好可靠。

③ 油箱中的油液牌号和过滤精度是否符合要求，液面高度是否合适。

④ 系统中各液压部件、管道和管接头位置是否便于安装、调节、检查和修理。检查观察用的压力表等仪表是否安装在便于观察的地方。

⑤ 检查液压泵电动机的转动是否轻松、均匀。

外观检查发现的问题，应改正后再进行调整试车。

6.3.2 液压系统的调试

液压系统的调整和试车一般不会截然分开，往往是穿插交替进行的。调试的主要内容有单项调整、空载试车和负载试车等。在安装现场对某些液压设备仅能进行空负荷试车。

(1) 空载试车

空载试车是指在不带负载运转的条件下，全面检查液压系统的各液压元件，各种辅助装置和系统内各回路的工作是否正常；工作循环或各种动作的自动换接是否符合要求。

空载试车及调整的方法与步骤如下。

① 间歇启动液压泵，使整个系统滑动部分得到充分的润滑，使液压泵在卸荷状况下运转（如将溢流阀旋松或使 M 型换向阀处于中位等），检查液压泵卸荷压力大小，是否在允许范围内；观察其运转是否正常，有无刺耳的噪声；油箱中液面是否有过多的泡沫，液位高度是否在规定范围内。

② 使系统在无负载状况下运转，先令液压缸活塞顶在缸盖上或使运动部件顶死在挡铁上（若为液压马达则固定输出轴），或用其他方法使运动部件停止，将溢流阀逐渐调节到规定压力值，检查溢流阀在调节过程中有无异常现象。其次让液压缸以最大行程多次往复运动或使液压马达转动，打开系统的排气阀排出积存的空气；检查安全防护装置（如安全阀、压力继电器等）工作的正确性和可靠性，从压力表上观察各油路的压力，并调整安全防护装置的压力值在规定范围内；检查各液压元件及管道的外泄漏、内泄漏是否在允许范围内；空载运转一定时间后，检查油箱的液面下降是否在规定高度范围内。由于油液进入了管道和液压缸中，使油箱下降，甚至会使吸油管上的过滤网露出液面，或使液压系统和机械传动润滑不充分而发出噪声，所以必须及时给油箱补充油液。对于液压机构和管道容量较大而油箱偏小的机械设备，这个问题特别要引起重视。

③ 与电器配合，调整自动工作循环或动作顺序，检查各动作的协调和顺序是否正确；检查启动、换向和速度换接时运动的平稳性，不应有爬行、跳动和冲击现象。

④ 液压系统连续运转一段时间（一般是 30min）。检查油液的温升应在允许规定值内

（一般工作油温为35～60℃）。空载试车结束后，方可进行负载试车。

（2）负载试车

负载试车是使液压系统按设计要求在预定的负载下工作。通过负载试车检查系统能否实现预定的工作要求，如工作部件的力、力矩或运动特性等；检查噪声和振动是否在允许范围内；检查工作部件运动换向和速度换接时的平稳性，不应有爬行、跳动和冲击现象；检查功率损耗情况及连续工作一段时间后的温升情况。

负载试车，一般是先在低于最大负载的1～2种情况下试车，如果一切正常，则可进行最大负载试车，这样可避免出现设备损坏等事故。

（3）液压系统的调整

液压系统的调整要在系统安装、试车过程中进行，在使用过程中也随时进行一些项目的调整。下面介绍液压系统调整的一些基本项目及方法。

① 液压泵工作压力，调节泵的安全阀或溢阀流，使液压泵的工作压力比液动机最大负载时的工作压力大10%～20%。

② 快速行程的压力。调节泵的卸荷阀，使其比快速行程所需的实际压力大15%～20%。

③ 压力继电器的工作压力。调节压力继电器的弹簧，使其低于液压泵工作压力（0.3～0.5MPa，在工作部件停止或顶在挡铁上进行）。

④ 换接顺序。调节行程开关、先导阀、挡铁、碰块及自测仪，使换接顺序及其精确程度满足工作部件的要求。

⑤ 工作部件的速度及其平衡性。调节节流阀、调整阀、变量液压泵或变量液压马达、润滑系统及密封装置，使工作部件运动平稳，没有冲击和振动，不允许有外泄漏，在有负载下，速度降落不应超过10%～20%。

6.3.3　液压系统的试压

液压系统试压的目的主要是检查系统、回路的漏油和耐压强度。系统的试压一般都采取分级试验，每升一级，检查一次，逐步升到规定的试验压力，这样可避免事故发生。

试验压力的选择：中、低压应为系统常用工作压力的1.5～2倍，高压系统为系统最大工作压力的1.2～1.5倍；在冲击大或压力变化剧烈的回路中，其试验压力应大于尖峰压力；对于橡胶软管，在1.5～2倍的常用工作压力下应无异常变形，在2～3倍的常用工作压力下不应破坏。

系统试压时，应注意以下事项。

① 试压时，系统的安全阀应调到所选定的试验压力值。

② 在向系统供油时，应将系统放气阀打开，待空气排除干净后，方可关闭。同时将节流阀打开。

③ 系统中出现不正常声响时，应立即停止试验，待查出原因并排除后，再进行试验。

④ 试验时，必须注意安全措施。

关于液压油在运转调试中的温度问题，要十分注意，一般的液压系统最合适温度为40～50℃，在此温度下工作时液压元件的效率最高，油液的抗氧化性处于最佳状态。如果工作温度超过80℃，油液将早期劣化（每增加10℃，油的劣化速度增加2倍），还将引起黏度降低、润滑性能变差、油膜容易破坏、液压件容易烧伤等。因此液压油的工作温度不宜超过70～80℃，当超过这一温度时，应停机冷却或采取强制冷却措施。

在环境温度较低的情况下，运转调试时，由于油的黏度增大，压力损失和泵的噪声增加，效率降低，同时也容易损伤元件，当环境温度在10℃以下时，属于危险温度，为此要采取预热措施，并降低溢流阀的设定压力，使液压泵负荷降低，当油温升到10℃以上时再进行正常运转。

6.4 液压系统的使用、维护和保养

随着液压传动技术的发展，采用液压传动的设备越来越多，其应用面也越来越广。这些液压设备中，有很多种常年露天作业，经受风吹、日晒、雨淋，受自然条件的影响较大。为了充分保障和发挥这些设备的工作效能，减少故障发生次数，延长使用寿命，就必须加强日常的维护保养。大量的使用经验表明，预防故障发生的最好办法是加强设备的定期检查。

6.4.1 液压系统的日常检查

液压传动系统发生故障前，往往都会出现一些小的异常现象，在使用中通过充分的日常维护、保养和检查就能够根据这些异常现象及早地发现和排除一些可能产生的故障，以达到尽量减少发生故障的目的。

日常检查的主要内容是检查液压泵启动前、后的状态以及停止运转前的状态。日常检查通常是用目视、听觉以及手触感觉等比较简单的方法进行。

（1）工作前的外观检查

大量的泄漏是很容易被发觉的，但在油管接头处少量的泄漏往往不易被人们发现，然而这种少量的泄漏现象却往往就是系统发生故障的先兆，所以对于密封必须经常检查和清理，液压机械上软管接头的松动往往就是机械发生故障的先觉症状。如果发现软管和管道的接头因松动而产生少量泄漏时应立即将接头旋紧。例如液压缸活塞杆与机械部件连接处的螺纹松紧情况。

（2）泵启动前的检查

液压泵启动前要注意油箱是否按规定加油，加油量以液位计上限为标准。用温度计测量油温，如果油温低于10℃时应使系统在无负载状态下（使溢流阀处于卸荷状态）运转20min以上。

（3）泵启动和启动后的检查

液压泵在启动时用开开停停的方法进行启动，重复几次使油温上升，各执行装置运转灵活后再进入正常运转。在启动过程中如泵无输出应立即停止启动，检查原因，当泵启动后，还需做如下检查。

① 汽蚀检查　液压系统在进行工作时，必须观察液压缸的活塞杆在运动时有否跳动现象，在液压缸全部外伸时有无泄漏，在重载时液压泵和溢流阀有无异常噪声，如果噪声很大，这时是检查汽蚀最为理想的时候。

液压系统产生汽蚀的主要原因是由于在液压泵的吸油部分有空气吸入，为了杜绝汽蚀现象的产生，必须把液压泵吸油管处所有的接头都旋紧，确保吸油管路的密封，如果在这些接头都旋紧的情况下仍不能清除噪声就需要立即停机做进一步检查。

② 过热的检查　液压泵发生故障的另一个症状是过热，汽蚀会产生过热，因为液压泵热到某一温度时，会压缩油液空穴中的气体而产生过热。如果发现因汽蚀造成过热应立即停车进行检查。

③ 气泡的检查　如果液压泵的吸油侧漏入空气，这些空气就会进入系统并在油箱内形成气泡。液压系统内存在气泡将产生三个问题：一是造成执行元件运动不平稳，影响液压油的体积弹性模量；二是加速液压油的氧化；三是产生汽蚀现象，所以要特别防止空气进入液压系统。有时空气也可能从油箱渗入液压系统，所以要经常检查油箱中液压油的油面高度是否符合规定要求，吸油管的管口是否浸没在油面以下，并保持足够的浸没深度。实践经验证明回油管的油口应保证低于油箱中最低油面高度以下10cm。

在系统稳定工作时，除随时注意油量、油温、压力等问题外，还要检查执行元件、控制元件的工作情况，注意整个系统漏油和振动。系统使用一段时间后，如出现不良或产生异常现象，用外部调整的办法不能排除时，可进行分解修理或更换配件。

6.4.2 液压油的使用和维护

液压传动系统中是以油液作为传递能量的工作介质，在正确选用油液以后还必须使油液保持清洁，防止油液中混入杂质和污物。经验证明：液压系统的故障75%以上是由于液压油污染造成的，因此液压油的污染控制十分重要。液压油中的污染物，金属颗粒约占75%，尘埃约占15%，其他杂质如氧化物、纤维、树脂等约占10%，这些污染物中危害最大的是固体颗粒，它使元件有相对运动的表面加速磨损，堵塞元件中的小孔和缝隙；有时甚至使阀芯卡住，造成元件的动作失灵；它还会堵塞油泵吸袖口的滤油器，造成吸油阻力过大，使油泵不能正常工作，产生振动和噪声。总之，油液中的污染物越多，系统中元件的工作性能下降得越快，因此经常保持油液的清洁是维护液压传动系统的一个重要方面。这些工作做起来并不费事，但却可以收到很好的效果。下列几点可供有关人员维护时参考。

① 液压用油的油库要设在干净的地方，所用的器具如油桶、漏斗、抹布等应保持干净。最好用绸布或的确良擦洗，以免纤维粘在元件上堵塞孔道，造成故障。

② 液压用油必须经过严格的过滤，以防止固体杂质损害系统。系统中应根据需要配置粗、精滤油器，滤油器应当经常检查清洗，发现损坏应及时更换。

③ 油箱应加盖密封，防止灰尘落入，在油箱上面应设有空气过滤器。

④ 系统中的油液应经常检查并根据工作情况定期更换。一般在累计工作1000h后，应当换油，如继续使用，油液将失去润滑性能，并可能具有酸性。在间断使用时可根据具体情况隔半年或一年换油一次，在换油时应将底部积存的污物去掉，将油箱清洗干净，向油箱注油时应通过120目以上的滤油器。

⑤ 如果采用钢管输油应把管在油中浸泡24h，生成不活泼的薄膜后再使用。

⑥ 装拆元件一定要清洗干净，防止污物落入。

⑦ 发现油液污染严重时应查明原因，及时消除。

6.4.3 防止空气进入系统

液压系统中所用的油液可压缩性很小，在一般的情况下它的影响可以忽略不计，但低压空气的可压缩性很大，大约为油液的10000倍，所以即使系统中含有少量的空气，它的影响也是很大的。溶解在油液中的空气，在压力低时就会从油中逸出，产生气泡，形成空穴现象，到了高压区在压力油的作用下这些气泡又很快被击碎，受到急剧压缩，使系统中产生噪声，同时当气体突然受到压缩时会放出大量热量，因而引起局部过热，使液压元件和液压油受到损坏。空气的可压缩性大，还使执行元件产生爬行，破坏工作平稳性，有时甚至引起振动，这些都影响到系统的正常工作。油液中混入大量气泡还容易使油液变质，降低油液的使用寿命，因此必须注意防止空气进入液压系统。

根据空气进入系统的不同原因，在使用维护中应当注意下列几点。

① 经常检查油箱中液面高度，其高度应保持在液位计的最低液位和最高液位之间。在最低液位时吸油管口和回油管口，也应保持在液面以下，同时必须用隔板隔开。

② 应尽量防止系统内各处的压力低于大气压力，同时应使用良好的密封装置，失效的要及时更换，管接头及各接合面处的螺钉都应拧紧，及时清洗入口滤油器。

③ 在液压缸上部设置排气阀，以便排出缸及系统中的空气。

6.4.4 防止油温过高

机床液压系统中的油液的温度一般希望在30～60℃的范围内，液压机械的液压传动系统油液的工作温度一般在30～65℃的范围内较好，如果油温超过这个范围将给液压系统带来许多不良的影响。油温升高后的主要影响有以下几点。

① 油温升高使油的黏度降低，因而元件及系统内油的泄漏量将增多，这样就会使液压泵的容积效率降低。

② 油温升高使油的黏度降低，这样将使油液经过节流小孔或隙缝式阀口的流量增大，这就使原来调节好的工作速度发生变化，特别对液压随动系统，将影响工作的稳定性，降低工作精度。

③ 油温升高黏度降低后相对运动表面的润滑油膜将变薄，这样就会增加机械磨损，在油液不太干净时容易发生故障。

④ 油温升高将使油液的氧化加快，导致油液变质，降低油的使用寿命。沉淀物还会堵塞小孔和缝隙，影响系统正常工作。

⑤ 油温升高将使机械产生热变形，液压阀类元件受热后膨胀，可能使配合间隙减小，因而影响阀芯的移动，增加磨损，甚至被卡住。

⑥ 油温过高会使密封装置迅速老化变质，丧失密封性能。

引起油温过高的原因很多。有些是属于系统设计不正确造成的，例如油箱容量太小，散热面积不够；系统中没有卸荷回路，在停止工作时液压泵仍在高压溢流；油管太细太长，弯曲过多，或者液压元件选择不当，使压力损失太大等。有些是属于制造上的问题，例如元件加工装配精度不高，相对运动件间摩擦发热过多，或者泄漏严重，容积损失太大等，从使用维护的角度来看，防止油温过高应注意以下几个问题。

a. 注意保持油箱中的正确液位，使系统中的油液有足够的循环冷却条件。

b. 正确选择系统所用油液的黏度。黏度过高，增加油液流动时的能量损失，黏度过低，泄漏就会增加，两者都会使油温升高。当油液变质时也会使液压泵容积效率降低，并破坏相对运动表面间的油膜，使阻力增大，摩擦损失增加，这些都会引起油液的发热，所以也需要经常保持油液干净，并及时更换油液。

c. 在系统不工作时液压泵必须卸荷。

d. 经常注意保持冷却器内水量充足，管路通畅。

6.4.5 检修液压系统的注意事项

液压系统使用一定时期后，由于各种原因产生异常现象或发生故障。此时用调整的方法不能排除时，可进行分解修理或更换元件。除了清洗后再装配和更换密封件或弹簧这类简单修理之外，重大的分解修理要十分小心，最好到制造厂或有关大修厂检修。

在检修和修理时，一定要做好记录。这种记录对以后发生故障时查找原因有实用价值。同时也可作为判断该设备常用备件的有关依据。在修理时，要备齐如下常用备件：液压缸的密封，泵轴密封，各种O形密封圈，电磁阀和溢流阀的弹簧，压力表，管路过滤元件，管路用的各种管接头、软管、电磁铁以及蓄能器用的隔膜等。此外，还必须备好检修时所需的有关资料：液压设备使用说明书、液压系统原理图、各种液压元件的产品目录、密封填料的产品目录以及液压油的性能表等。

在检修液压系统的过程中，具体应注意如下事项。

① 分解检修的工作场所一定要保持清洁，最好在净化车间内进行。

② 在检修时，要完全卸除液压系统内的液体压力，同时还要考虑好如何处理液压系统

的油液问题，在特殊情况下，可将液压系统内的油液排除干净。

③ 在拆卸油管时，事先应将油管的连接部位周围清洗干净，分解后，在油管的开口部位用干净的塑料制品或石蜡纸将油管包扎好。不能用棉纱或破布将油管堵塞住，同时注意避免杂质混入。

④ 在分解比较复杂的管路时，应在每根油管的连接处扎上有编号的白铁皮片或塑料片，以便于装配。

⑤ 在更换橡胶类的密封件时，不要用锐利的工具，更要注意不要碰伤工作表面。

⑥ 在安装或检修时，应将与 O 形密封圈或其他密封件相接触部件的尖角修钝，以免密封圈被尖角或毛刺划伤。

⑦ 分解时，各液压元件和其零部件应妥善保存和放置，不要丢失。

⑧ 液压元件中精度高的加工表面较多，在分解和装配时，不要碰伤加工表面。要特别注意工作环境的布置和准备工作。

⑨ 分解时最好用适当的工具，以免将例如内六角和尖角弄破损或将螺钉拧断等。

⑩ 分解后再装配时，各零部件必须清洗干净。

⑪ 在装配前，O 形密封圈或其他密封件，应浸放在油液中，以待使用，在装配时或装配好以后，密封圈不应有扭曲现象，而且要保证滑动过程中的润滑性能。

⑫ 在安装液压元件或管接头时，不要用过大的拧紧力，尤其要防止液压元件壳体变形、滑阀的阀芯不能滑动以及接合部位漏油等现象。

⑬ 若在重力作用下，液动机（液压缸等）可动部件有可能下降，应当用支撑架将可动部件牢牢支撑住。

6.5 200t 棉机液压系统安装、调试、使用与维护举例

压力为 200t 的液压棉花打包机可广泛用于棉花、化纤、麻草类等松散物资的压缩成包。其液压控制系统由油箱、齿轮泵组、柱塞泵组、控制阀站、各执行液压缸、管路等组成。油箱有效容积 1.8m³。齿轮泵组和柱塞泵组均为组装部件（由底板、电动机、液压泵、联轴器组成）。控制阀站分为低压和高压两组，低压阀站控制提箱液压缸、定位液压缸、锁箱及开箱液压缸，高压阀站控制主液压缸动作。本节介绍 200t 液压棉花打包机的安装、调试、使用与维护与常见故障的排除方法。

6.5.1 200t 液压棉花打包机液压系统的安装与调试

200t 棉花打包机的液压系统，能够实现打包、提箱（提机架）、锁箱、开箱、定位的自动操作，以提高工作效率。油箱、电动机、柱塞泵组、液压阀组单独放置，便于系统的维修保养。系统的压力通过远传压力表 YNTC-150 在主控制台及时数字显示。系统的主工作泵选用自动变量的柱塞泵，能有效减小电动机功率。为便于叙述，首先介绍其工作原理。

（1）200t 棉花打包机液压系统工作原理分析与改进

200t 棉花打包机的液压系统原理如图 6-3 所示。

这是某企业使用的 200t 棉花打包机的液压原理图，从工作原理来看比较简单。该系统的主液压缸（ϕ320/260-2000）由 20 通径电液阀控制其上升与下降，换向阀处于中位时，主缸停止在任意位置，此时主液压泵经电液阀的中位卸荷，电液阀采用了外控内泄式，其控制压力来自辅助油泵。提机架缸、锁箱、开箱、定位缸分别由 10 通径换向阀控制，其动力来自辅助液压泵，辅助液压泵通过电磁溢流阀（组合阀）卸荷。

通过对原理图的分析可见该液压系统的主液压缸回路设计不合理。由于主液压缸行程较长，所以其动作循环应为：快进→工进→保压→快退，为此在原回路基础上通过增加一个二

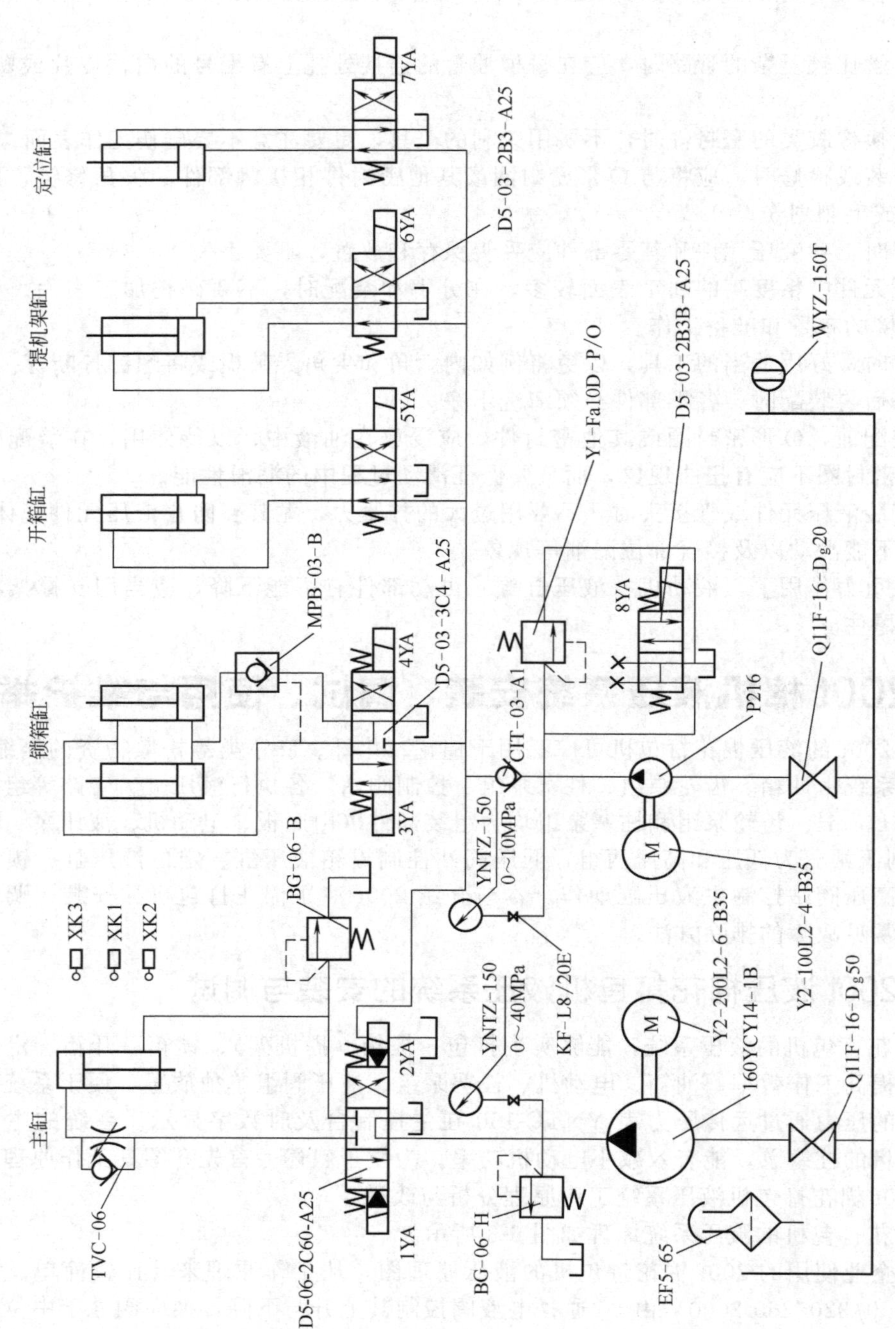

图 6-3 200t棉花打包机的液压系统原理图

位三通电液换向阀（二位四通电液换向阀用三个口）组成差动回路；另外原设计采用 M 型中位机能也欠妥，由于液压缸（垂直安装）靠换向阀的中位停止，而换向阀的中位泄漏，会造成主液压缸的向下移动，存在安全隐患。合理的选择应是 H 型电液阀加“双液控单向阀”组成的回路。改进后的液压原理如图 6-4 所示。

（2）200t 棉花打包机液压系统的安装

① 油箱：必须彻底清洗干净后安装在液压泵规定的位置上，油箱盖必须密封。

② 轴向柱塞泵电动机部件安装于规定位置，注意液压泵和电动机同轴度要求为 0.1mm。

③ 控制阀组件安装在规定位置。

④ 齿轮泵部件安装于规定位置，保证齿轮泵和电动机同轴度要求（0.1mm）。

⑤ 安装好各液压元件进、出油口法兰管接头，并拧紧连接螺钉（不安装任何密封件）。

⑥ 由油箱开始，直至各种液压缸配置各种油管，先采用点焊，然后做好标记，再拆下进行焊接，各焊缝必须保证焊接质量，不得有任何渗漏。

⑦ 酸洗、碱洗并用清水冲洗各油管，不得有任何异物。

⑧ 二次装配各液压油管，并装好各处密封件，连接好各油管，根据需要在各种不同功能的管路上喷涂不同的颜色。

（3）200t 棉花打包机液压系统的调试

① 调试前准备

a. 向清洁后的油箱中加入过滤后的液压油，液压油的标号：L-HM46。

b. 电动机线、电磁铁的接线连好，检查各行程开关接线，用于安全联锁的行程开关是否符合控制要求，控制电压是否正确，必须确认无误。

c. 将泵的进油法兰球阀打开，连接各压力表的压力表开关打开，单向节流阀的开关打开到最大；各溢流阀的调节手柄全部松开。

② 液压系统调试（图 6-4）

a. 电动机通电，先点动齿轮泵的电动机，观察泵的旋向：从电动机尾部看应为顺时针方向旋转。

b. 辅助泵调节：启动齿轮泵，先空转 5min；首先给电磁溢流阀 8YA 通电，然后调节溢流阀 Y_1-F_C10D-P/O，将压力逐渐升到系统设定的工作压力 5MPa。辅助系统压力通过压力表显示，升压后仔细观察系统的连接管路是否渗漏。

c. 定位液压缸调节：定位液压缸在齿轮泵运转后，液压缸活塞杆自动伸出，定位电磁阀 7YA 通电，定位液压缸活塞杆缩回。

d. 机架提升液压缸试验：机架提升。电磁换向阀的电磁铁 6YA 通电，机架提升液压缸活塞杆伸出；电磁换向阀的电磁铁 6YA 断电，机架提升液压缸活塞杆缩回。

e. 开箱液压缸调试：使用时为液压缸的无杆腔通油，活塞杆伸出。有杆腔通油，活塞杆缩回时换向阀的电磁铁 5YA 通电，液压缸活塞杆伸出，到位撞开锁箱连杆，观察压力表，到 5MPa 拧紧调节螺母，观察管路是否有渗漏。

f. 锁箱液压缸调试：由齿轮泵控制，无杆腔通油，活塞杆伸出锁紧箱门，主液压缸下行到位，开箱液压缸动作后，锁箱液压缸再退回。

g. 主泵调节：点动柱塞泵的电动机，电动机的正确旋向为顺时针旋转（判断方式同齿轮泵的调节），启动主泵，同时启动辅助泵。

h. 主液压缸（主缸）的调试：主换向阀的电磁铁 1YA 通电，主缸活塞伸出；行程到位，调节主溢流阀 BG-06-H 的手柄，系统升压。观察压力表，调整溢流阀使主缸无杆腔的压力为 16MPa。拧紧调节螺母，同时观察管路是否有渗漏；当 9YA 通电时，主缸实现差动

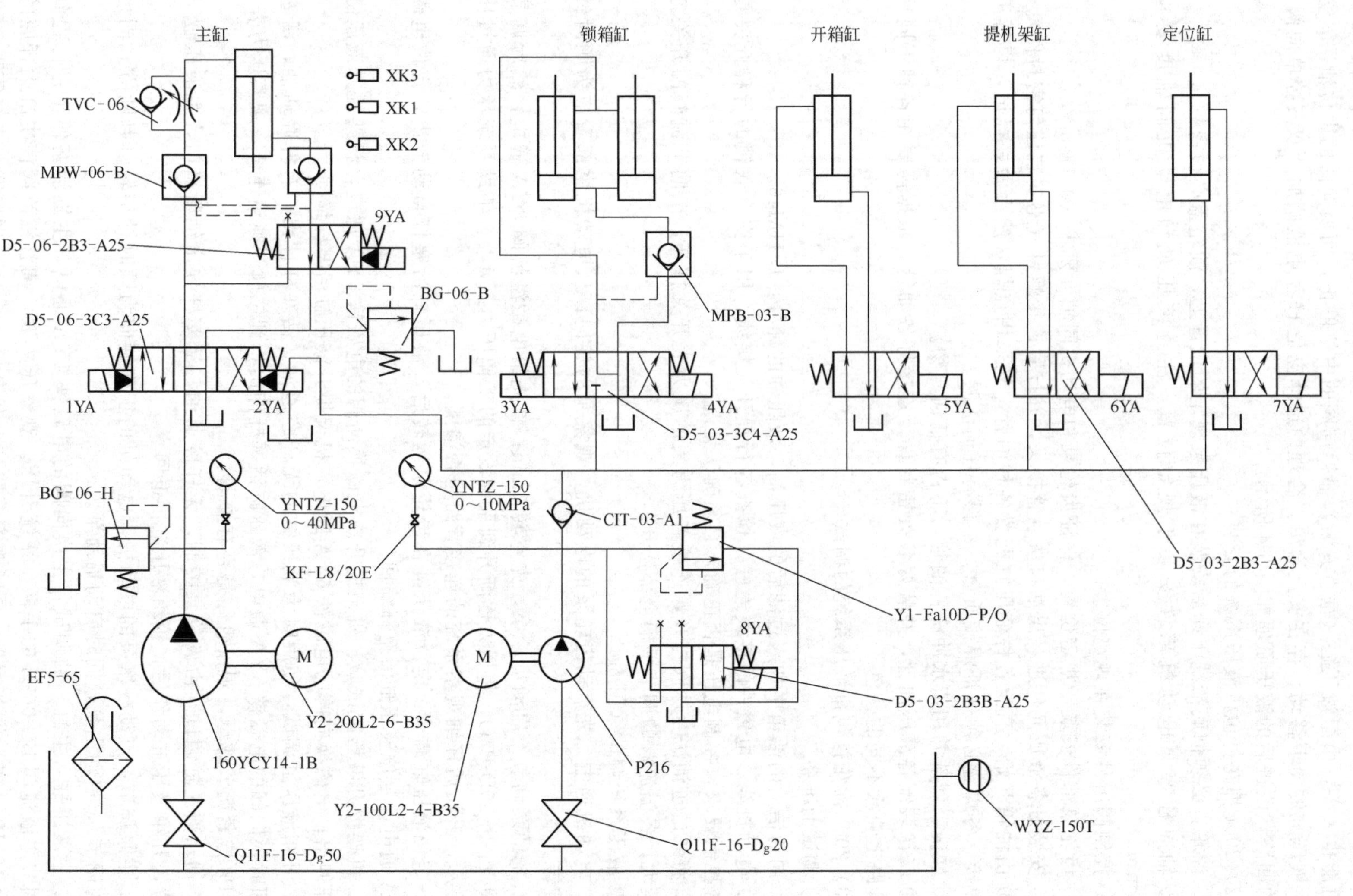

图6-4 改进后的200t棉花打包机液压原理图

快进；主缸快进与工进的转换由行程开关 XK1 的位置决定。主换向阀的电磁铁 2YA 通电，主缸活塞缩回；调节单向节流阀的手柄可控制回程的速度。行程到位，调节背压阀 BG-06-B 的手柄，系统升压；观察压力表，到 4MPa 后拧紧调节螺母，同时观察管路是否渗漏。

6.5.2　200t 棉花打包机液压系统的使用维护与保养

(1) 使用注意事项

① 使用前应检查系统中各类元件、附件的调节手轮是否在正确位置，油面是否在正确位置，各管道、紧固螺钉等有无松动。

② 使用过程中应随时检查电动机、液压泵的温升，随时观察系统的工作压力，随时检查各高压连接处是否有松动，以免发生异常事故。

③ 本液压系统在运行过程中应对油液的更换情况、附件更换情况、故障处理情况做出详细记录，以便于以后的维修、保养及故障分析。

(2) 200t 棉花打包机液压系统一般的维护保养

① 油箱中的液压油的标号为 L-HM46（代用油为 N46），设备连续使用 2～3 个月就要更换一次油，以后每个棉花季节更换一次，换油时，必须彻底清洗油箱，旧油可清洁处理后回用，换油工具必须清洁，注油必须用 120 目以上的滤网过滤，切忌油液中油水混合。

② 空气滤清器及油箱中滤网每半个月要清洗一次，油面要保持正常。

③ 必须经常注意打包机各液压元件的工作状况，执行安全操作规程，发现异响杂声、摇晃振动，要立即停车，查明原因，排除障碍后，才可继续使用。

液压系统发生故障，要由外及内，由简到繁，查明原因，确定部位进行修复。

(3) 200t 棉花打包机液压系统安全操作与注意事项

① 打包机如向下压缩时，由于特殊原因须停止，停止后不能继续向下压，要向上退回 300～500mm 后再向下压，以防止液压泵压力突然迅速变化而损坏液压泵机件。

② 液压泵加油开车后，如停车再开车，一般不需要再加油，但连续停车一星期，则需在液压泵泄油口补充加油。

③ 各法兰平面连接处如有漏油，必须均匀紧固各螺钉或更换油封。

④ 系统的主泵为轴向柱塞泵，为了保证泵的使用寿命，故使用前应向泵的泄油口中注入清洁后的液压油。要求注满。

⑤ 液压系统中的 70%～80%的故障是油的原因。故系统使用的液压油 L-HM46 一定要过滤后加入油箱中。

⑥ 为了防止液压泵的吸空现象，油箱中加入的液压油，要求达到油箱容积的 80%，即油标的上限。同时在试验泵之前，一定要检查各泵入口的法兰球阀是否打开。

⑦ 在各泵正式使用前，一定要保证泵的旋向正确。否则会对泵产生极大的破坏。

⑧ 由于系统中使用的电液动换向阀为 M 机能，故使用时，一定要首先将辅助泵启动运转。向电液动换向阀提供外控油。压力不能低于 5MPa。

⑨ 液压系统中的管路连接，使用的是液压用的厚壁无缝钢管，焊接后应酸洗磷化，除锈、氧化皮。

6.5.3　200t 棉花打包机液压系统常见故障与排除方法

200t 棉花打包机液压系统常见主要有液压泵不变量或不灵活、液压泵建立不起压力或流量不足、液压泵噪声过大、油液和液压泵温升太高、液压泵漏油回油严重、泵密封处渗漏等，为方便查阅，将其可能引起的原因与处理方法列于表 6-5。

表 6-5 200t 棉花打包机液压系统常见故障与排除方法

故障	可能引起的原因	排除方法
1. 油泵不变量或不灵活	(1)变量活塞、伺服阀套小油孔堵塞 (2)伺服活塞卡死或不灵活 (3)弹簧套和弹簧芯卡死或不灵活	(1)清洗各小孔，排除堵塞物 (2)伺服阀套和伺服活塞去毛刺，配研清洗 (3)弹簧套和弹簧心轴去毛刺，配研清洗
2. 油泵建立不起压力流量不足	(1)吸入管道上安装的漏油器或阀门阻力太大，吸入管道过长，或油箱液面太低 (2)吸入通道上管路接头漏气 (3)油的黏度太大或油温太低	(1)减小吸入管道上的阻力损失，增高油箱的液面。 (2)用清洁的黄油涂于吸入通道上各接头处检查是否漏气 (3)更换较低黏度的油或油箱加热
	配油盘与泵体之间有脏物或配油盘定位销未装好，使配油盘和缸体贴合不好	拆开液压泵，清洗各运动件零件重新装配
	变量机构的偏角太小，使流量太小，溢流阀建立不起来或未调整好	加大变量机构的偏角以增大流量，检查溢流阀阻尼孔是否堵塞、先导阀是否密封，重新调整好溢流阀
	系统中其它元件的漏损太大	更换有关元件
	压力补偿变量泵达不到液压系统所要求的压力，则还必须检查 (1)变量机构是否调整至所要求的功率特性 (2)当温度升高时达不到所要求的压力	(1)重新调整泵的变量特性 (2)降低系统温度，或更换由于温度升高且引起漏损过大的元件
3. 液压泵噪声过大	噪声过大的多数原因是吸油不足，应该检查液压系统 (1)油的黏度过高，油温低于所允许的工作温度 (2)吸入通道上阻力太大，管道过长弯头太多，油箱油面过低 (3)吸入通道漏气 (4)液压系统漏气(回油管没有插在液面以下)	用以下方法排除故障： (1)更换适合于工作温度的油液或启动前加热油箱 (2)减小吸入通道阻力，增高油面 (3)排除漏气(用黄油涂于接头上检查) (4)把所有的回油管道均插入油面以下 200mm
	如果正常使用过程中油泵突然噪声增大，则必须停止工作。其原因大多数是柱塞和滑靴的铆钉松动，或液压泵内部零件损坏	请制造厂检修，或由有经验的工厂技术人员拆开检修
4. 油液和液压泵温升太高	(1)油的黏度过大 (2)油箱容积太小 (3)液压泵或液压系统漏损过大	(1)更换油液 (2)加大油箱容量，或增加冷却装置 (3)检修有关元件
	油箱油温不高，但油泵发热可能是以下原因 (1)液压泵长期在零偏角或低压下运转，使液压泵漏损过大 (2)漏损过大使液压泵发热	(1)压系统阀门的回油管上分流一根支管通入与油泵回油口下部的放油口内，使泵体内产生循环冷却 (2)液压泵
5. 液压泵漏油回油严重	配油盘和缸体，变量头和滑靴二对运动件磨损	检修这两对运动件

续表

故障	可能引起的原因	排除方法
6. 泵密封处渗漏	主要原因是密封圈损坏老化造成。应具体检查渗漏部分	拆检密封部位、详细检查O形密封圈和骨架油封损坏部分，及配合部分的划伤、磕碰、毛刺等，并修磨干净，更换新密封圈
	(1)端骨架油封处渗漏 ①骨架油封磨损 ②泵轴与电动机轴安装同轴度误差超过说明书规定精度 ③液压泵与电动机为采用同一基础，连接支座或法兰刚性不足 ④转动轴磨损 ⑤液压泵的内渗漏增加，低压腔油压超过0.049MPa，骨架油封损坏	 ①更换骨架油封 ②按要求重新校对同轴度并达到规定精度 ③泵与电动机采用同一基础，更换制作、支座或法兰 ④轻微磨损可用金刚砂纸，油石修正，严重偏磨应返回制造厂更换传动轴 ⑤检修两对运动件，更换骨架油封，并在装配油封时应用专用工具，不允许用手锤敲击油封，唇边应向压力油侧，以保证密封
	(2)O形密封圈处渗漏 ①变量壳体(端盖)与泵壳连接部位渗漏 a. O形密封圈老化 b. 配合部位，如导入角、沟槽划伤，碰毛、不平等，造成密封件切边损坏 c. 油箱内污垢、焊渣铁屑等杂物未清洗干净运转中随液压油流入密封部位，损坏密封圈 ②变量壳体上下法兰、拉杆、封头帽、轴端法兰等O形密封圈处渗漏，其(1)项中a～c ③ YCY14-1B泵变量壳体上法兰渗漏 a. 密封青壳纸垫损坏 b. 弹簧芯轴磨损增加，渗漏量大 c. 法兰面不平	 ①更换O形密封圈 a. 由有经验的工人、技术人员拆开变量壳体，(避免变量头脱落碰伤)更换O形密封圈 b. 修正划伤，碰部位。更换新密封圈。拧紧螺丝时要对称均匀拧紧，防止密封圈切边 c. 按说明书要求清洗油箱、滤清液压油并严格密闭油箱，更换密封圈 ②拆开密封部位，处理方法同(1)中A、B、C a. 更换青壳纸垫 b. 更换弹簧心轴，配合间隙0.006～0.01mm c. 研磨法兰平面

液压元件产生的故障原因和处理方法见表6-6。

表6-6　液压元件产生的故障原因和处理方法

液压元件	现象原因和处理方法
主油缸	1. 柱塞不上、不下 (1)原因：溢流阀未调压，溢流阀的主阀芯的阻尼孔堵塞，进油口和回油口处于开启状态 处理：调压，清洗溢流阀、通阻尼孔，并正确安装 (2)原因：电液换向阀的先导阀阀芯卡阻，不动作 处理：推动阀芯，如推不动，复位不灵活，清洗先导阀 (3)原因：齿轮泵未转动，电液换向阀无外部控制油 处理：启动齿轮泵，使之正常供给外部控制油 (4)原因：先导阀电磁铁电源断路，电磁铁不动作 处理：检查电气线路，使之正常供电 (5)原因：油箱与柱塞泵管道间的截止阀未打开柱塞泵无油液输入 处理：开启截止阀

续表

液压元件	现象原因和处理方法
主油缸	2. 柱塞下行压包过程中,未到调定行程时,停止不动,系统有一定压力 (1)原因:主液压缸活塞密封不良,或密封圈损坏,产生内部窜油 处理:发生这一情况时,可不停车检查,将油箱处的回油管法兰,松开后用螺丝刀(螺钉旋具)垫起,观察是否有回油,有回油时为主液压缸内窜油,更换和调整好密封圈,使其良好密封 (2)原因:柱塞泵压力不足,滑靴与止推板,配油盘与铜缸体磨损太大,中心弹簧缩短了,内泄漏大,油磁的内泄口回油明显增多 (3)原因:溢流阀主阀芯卡阻,进油口和回油口微量沟通,产生溢流 处理:清洗溢流阀,使用溢流阀主阀芯滑动自如 (4)原因:油箱滤网阻塞或油液足,造成柱塞泵吸空。此种情况,柱塞泵的噪声明显增大
油液	溢流阀的阻尼孔经常堵塞,电磁阀,先导阀的阀芯经常卡阻,引起高压系统和低压系统不能正常工作。原因:油液不清洁。处理:清理油箱,重新过滤油液,补充或更换油液
其他	开箱液压缸和低压系统的一般故障,大体上与上述相似,可参照处理

液压系统的故障诊断

7.1 液压系统的故障原因分析

液压系统在工作中发生故障的原因很多，主要原因在于设计、制造、使用以及液压油污染等方面存在故障根源；其次便是在正常使用条件下的自然磨损、老化、变质而引起的故障。本节主要分析由于设计、制造、使用不当和液压油污染引起的故障。

7.1.1 设计原因

液压系统产生故障，一般应首先分析液压系统设计上的合理性是否存在问题。设计的合理性是关系到液压系统使用性能的根本问题，这在引进设备的液压系统故障分析过程中表现得相当突出。其原因与国外的生产组织方式有关，国外的制造商，大多数采用互相协作的方式，这就难免出现所设计的液压系统不完全符合设备的使用场合以及要求的情况。根据笔者在解决从德国引进的水泥生产线的核心设备——立磨液压机的故障过程中充分体现了这一点。立磨液压机的液压系统在工作过程中由于轧辊位移量很小，主要工作在保压状态，所以系统在保压过程中必须使液压泵处于卸荷状态，才能减少系统的发热量，保证液压油的黏度不至于变化太大，从而保证水泥的生产能力。引进设备的液压系统设计上采用了常用的溢流阀带载卸荷方式，显然属于设计不合理造成的。设计液压系统时，不仅要考虑液压回路能否完成主机的动作要求，还要注意液压元件的布局，特别注意叠加阀设计使用过程中的元件排放位置，例如在由三位换向阀、液控单向阀、单向节流阀组成的回路中，液控单向阀必须与换向阀直接相连，同时换向阀必须采用 Y 型中位机能。而在采用 M 型中位机能的电液换向阀的回路中，选用外控方式或者采用带预压单向阀的内控方式，其目的均为确保液控阀的正常换向。其次要注意油箱设计的合理性、管路布局的合理性等因素。对于使用环境较为恶劣的场合，要注意液压元件外露部分的保护。例如在冶金行业使用的液压缸的活塞杆常裸露在外，被大气中污物所包围。活塞杆在伸出缩回的往复运动中，不仅受到磨粒的磨损与大气中腐蚀性气体的锈蚀，而且污物还有可能从活塞杆与导套的配合间隙中进入，污染油液进一步加速液压缸组件的磨损。如在结构设计中在活塞杆上加装防护套，使其外露部分由套保护起来，则可减少或避免上述危害。有的设计人员为了省事，在油箱图纸的技术要求中提出“油箱内外表面喷绿色垂纹漆”，这样制造商自然就不会对油箱内表面进行酸磷化处理，使用一段时间后，随着油箱内表面油漆的脱落，就会堵塞液压泵的吸油过滤器，造成液压泵吸空或压力升不高的故障。

7.1.2 制造原因

一般情况下，经过正规生产企业装配、调试出厂的液压设备，其综合技术性能是合格的。但在设备维修，需要更换一些新的液压元件时，由于用户采用了劣质液压元件，反而在新元件取代旧元件之后系统出现了故障。因此对元件的制造问题也应认真对待，不容忽视，否则也有可能给液压系来预想不到的故障。例如，某造纸机械液压系统中更换了一双筒精过滤器滤芯，安装后仅 6 天就出现了由于小孔堵塞而造成的故障。经过对更换的新购纸芯过滤器的滤芯进行认真检查，发现滤芯在加工制造中受到了严重机械损伤，存在呈一定规律分布的微孔和裂缝，失去了过滤作用，滤纸的质量低，纸内粘有污物。显而易见这样的滤芯装后不仅起不到过滤的作用，其自身反而又构成了一个污染源，给系统造成不应有的故障。更有甚者，一些家庭作坊式的液压站制造商在液压系统总装时根本不对系统进行冲洗，以装配时的元件清洗取代系统装配时系统的冲洗，使系统内留下了装配过程中带进系统中的污染物，也是造成系统故障的一个不可轻视的原因。液压系统的清洗，必须借助于液流在一定压力一定速度下，对整个系统的各个回路分别进行冲洗。装配前零件的清洗不能代替装配后的系统冲洗。现在一些正规的液压站专业制造商已把装配后系统冲洗严格用于装配生产中，并把这一技术看成是产品质量保证体系中的一个重要环节，也是一个行之有效的措施。另外，液压集成块中的毛刺清理的程度也是制造、清洗过程中一个不可忽视的重要环节。

7.1.3 使用原因

液压系统使用维护不当，不仅使液压设备的故障频率增加，而且会降低设备的使用寿命和使用性能，这在一些新的液压系统用户中体现得较为突出。例如福建某玻璃门窗生产企业新购进一台玻璃涂胶液压设备，该企业的操作人员在液压站不加液压油的情况下就开始了设备调试，结果不到 10min 液压泵抱死、电动机烧坏，并且差一点造成人身事故。笔者还遇到了这样一个液压设备用户，由于液压油未达到液位计的最低液位，而企业的供应部门由未能及时购买液压油，为了不影响生产，设备操作者“灵机一动”在油箱中放了 2 块砖头，液位上来了，设备也开了起来，结果使用了 2 个月左右，由于砖在液压油中的粉化作用，使得砖粉末进入整个液压系统，造成了整机瘫痪的严重后果。另外，液压设备在使用过程中的超载、超速，维护保养不及时、使用不当等，都可能引起液压系统的故障。

7.1.4 液压油污染的原因

正如在液压油的污染控制中一节所述：液压系统的故障率 75% 以上是由于液压油的污染引起的。在液压系统中，极易造成油液污染的地方是油箱。很多油箱在结构设计和制造上存在着缺陷。最常见的是“封闭性”油箱设计得不合理，例如在连接接管处不加密封，导致污物渗入油箱。污染的油液进入液压系统中，加速液压元件的磨损、锈蚀、堵塞，最后导致故障的形成。近几年来许多制造商在油箱结构设计方面对如何减少或杜绝污染物进入油箱问题上都做了不少有益的探索和实践。例如现在采用的全封闭式油箱结构，除只留一个与大气相通的通气孔之外，油箱全部采用封闭结构，所有连接处和接管处设有严格密封装置。加油口盖设置过滤装置构成通气孔，该口使油箱内液面与大气相通而保证系统正常工作，同时还可以防止外界污染物进入油箱。由于油箱全密闭，所以泵的吸油口处取消了过滤器，系统所有回油经过总回油管路上的过滤器再回到油箱，从而确保了整个液压系统油液的清洁。这种结构不仅避免了外界污物对油箱内油液的污染，而且由于吸油口去掉了过滤装置，使吸油阻力大大减小，从而可避免空穴现象的发生。笔者在给一家制鞋企业的液压设备处理“液压系统的压力时有时无”这一故障时，发现现场油箱内的油液已经分层，在离液面 200mm 以下有明显的胶状物存在，油箱底部存在不少颗粒状沉淀物，卸下液压泵的过滤器一看，几乎全部被堵塞。很显然，系统的故障是由于液压油的污染引起的，通过更换过滤器、更换液压油、清洗油箱，问题得到了圆满解决。所以，在使用液压油时要把它看成人的血液一样保持足够的清洁度，才能确保液压系统的故障率降到最低限度。

7.2　液压系统的故障特征与诊断步骤

7.2.1　液压系统的故障特征

（1）液压设备不同运行阶段的故障

① 试制液压设备调试阶段的故障　液压设备调试阶战的故障率较高。其特征是设计、制造、安装等质量问题交叉在一起。除了机械、电气的问题外，液压系统常发生的故障还有以下几种。

a. 外泄漏严重，主要发生在接头和有关元件的端盖连接处。

b. 执行元件运动速度不稳定。

c. 液压阀的阀芯卡死或运动不灵活，导致执行元件动作失灵。有时发现液压阀的阀芯方向装反，要特别注意二位电控电磁阀。

d. 压力控制元件的阻尼小孔堵塞，造成压力不稳定。

e. 阀类元件漏装弹簧、密封件，造成控制失灵。有时出现管路接错而使系统动作错乱。

f. 液压系统设计不完善。液压元件选择不当，造成系统发热、执行元件同步精度低等故障现象。

② 液压设备运行初期的故障　液压设备经过调试阶段后，便进入正常生产运行阶段。此阶段故障特征如下。

a. 管接头因振动而松脱。

b. 密封件质量差，或由于装配不当而被损伤，造成泄漏。

c. 管道或液压元件油道内的毛刺、型砂、切屑等污物在油液的冲击下脱落，堵塞阻尼孔或过滤器，造成压力和速度不稳定。

d. 由于负荷大或外界环境散热条件差，使油液温度过高，引起泄漏，导致压力和速度的变化。

③ 液压设备运行中期的故障　液压设备运行到中期，属于正常磨损阶段，故障率最低，这个阶段液压系统运行状态最佳。但应特别注意定期更换液压油、控制油液的污染。

④ 液压设备运行后期的故障　液压设备运行到后期，液压元件因工作频率和负荷的差异，易损件先后开始正常性的超差磨损。此阶段故障率较高，泄漏增加，效率降低。针对这一状况，要对液压元件进行全面检验，对已失效的液压元件应进行修理或更换，以防止液压设备不能运行而被迫停产。

（2）突发性故障

这类故障多发生在液压设备运行初期和后期。故障的特征是突发性，故障发生的区域及产生原因较为明显，如发生碰撞，元件内弹簧突然折断，管道破裂，异物堵塞管路通道，密封件损坏等。

突发性故障往往与液压设备安装不当、维护不良有直接关系。有时由于操作错误也会发生破坏性故障。防止这类故障的主要措施是加强设备日常管理维护，严格执行岗位责任制，以及加强操作人员的业务培训。

7.2.2　液压系统的故障诊断步骤

（1）查找故障液压元件的步骤

液压系统的故障有时是系统中某个元件产生故障造成的，因此，首先需要把出了故障的元件找出来，根据图7-1列出的步骤进行检查，就可以找出液压系统中产生故障的元件。

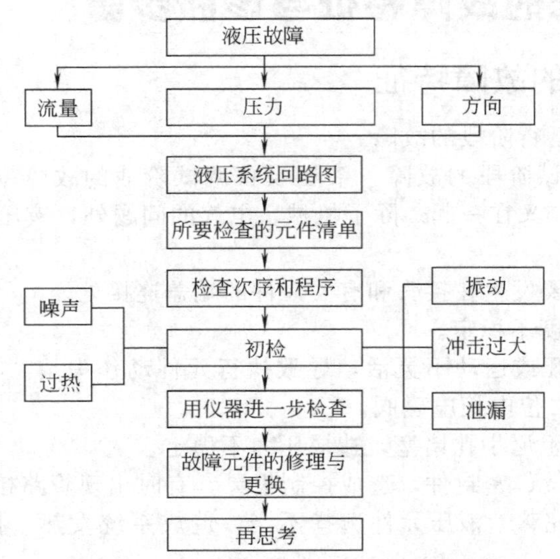

图 7-1 液压系统故障分析步骤框图

第一步：液压传动设备运转不正常，例如，没有运动、运动不稳定、运动方向不正确、运动速度不符合要求、动作顺序错乱、输出力不稳定、泄漏严重、爬行等。无论是什么原因，都可以归纳为流量、压力和方向三大问题。

第二步：审校液压回路图，并检查每个液压元件，确认它的性能和作用，初步评定其质量状况。

第三步：列出与故障相关的元件清单，逐个进行分析。进行这一步时，一是要充分利用判断力，二是注意绝不可遗漏对故障有重大影响的元件。

第四步：对清单中所列出的元件按以往的经验和元件检查的难易排列次序。必要时，列出重点检查的元件和元件的重点检查部位，同时安排测量仪器等。

第五步：对清单中列出的重点检查元件进行初检。初检应判断以下问题：元件的使用和装配是否合适；元件的测量装置、仪器和测试方法是否合适；元件的外部信号是否合适；元件对外部信号是否响应等。特别注意某些元件的故障先兆，如过高的温度和噪声、振动和泄漏等。

第六步：如果初检中未检出故障，要用仪器反复检查。

第七步：识别出发生故障的元件，对不合格的元件进行修理或更换。

第八步：在重新启动主机前，必须先认真考虑一下故障的原因和后果。如果故障是由于污染或油温过高引起的，则应预料到其他元件也有出现故障的可能性，同时对隐患采取相应的措施。例如，由于污染原因引起液压泵的故障，则在更换新泵前必须对系统进行彻底清洗和过滤。

(2) 重新启动的步骤

排除液压系统故障之后，不能操之过急，盲目启动，必须遵照一定的要求和程序启动。否则，旧的故障排除了，新的故障又会相继产生。其主要原田是缺乏周密的思考。如前所述，液压泵由于污染而出现故障，那么，污染是怎样引起的？其他液压元件是否也被污染了呢？

图 7-2 为重新启动液压系统的程序框图。

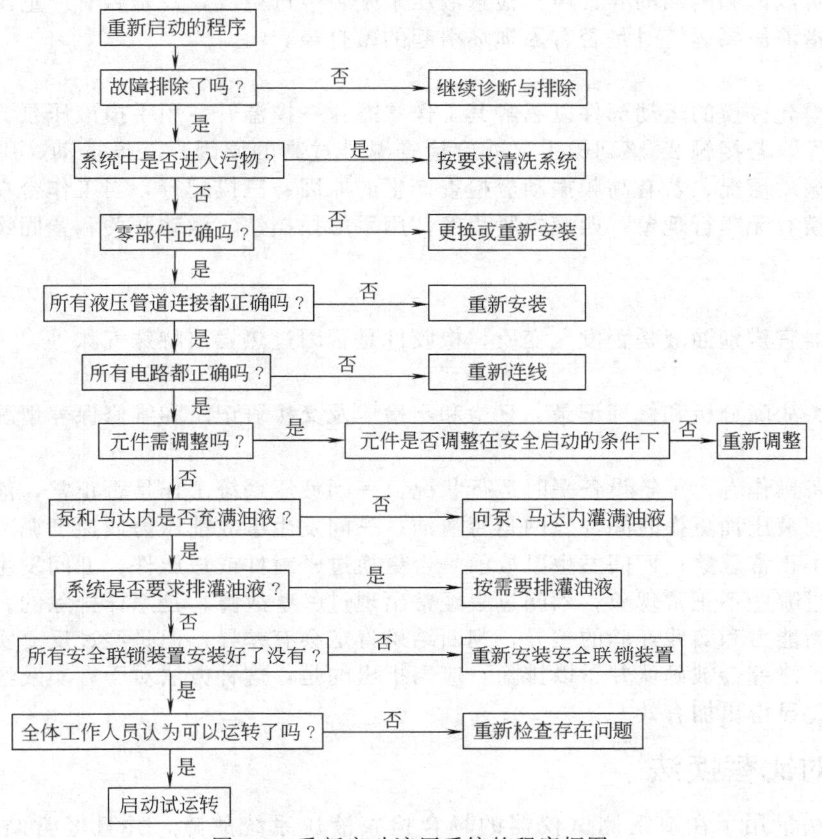

图 7-2 重新启动液压系统的程序框图

7.3 液压系统的故障诊断方法

7.3.1 直观检查法

直观检查法又称初步诊断法，是液压系统故障诊断的一种最为简易且方便易行的方法。这种方法通过“看、听、摸、闻、阅、问”进行。直观检查法即可在液压设备工作状态下进行，又可在其不工作状态下进行。

(1) 看

观察液压系统工作的实际情况。一看速度，指执行元件运动速度有无变化和异常现象；二看压力，指液压系统中各压力监测点的压力大小以及变化情况：三看油液是否清洁、变质，表面是否有泡沫，液位是否在规定的范围内，液压油的黏度是否合适；四看泄漏，指各连接部位是否有渗漏现象；五看振动，指液压执行元件在工作时有无跳动现象；六看产品，根据液压设备及加工出来的产品质量，判断执行机构的工作状态、液压系统的工作压力和流量稳定性等。

(2) 听

用听觉判断液压系统工作是否正常：一听噪声，听液压泵和液压系统工作时的噪声是否过大及噪声的特征，溢流阀、顺序阀等压力控制元件是否有尖叫声；二听冲击声，指工作台液压缸换向时冲击声是否过大，活塞是否有撞击缸底的声音，换向阀换向时是否有撞击端盖的现象；三听汽蚀和困油的异常声，检查液压泵是否吸进空气，及是否有严重困油现象；四听敲打声，指液压泵运转时是否有因损坏引起的敲打声。

（3）摸

用手触摸允许摸的运动部件以了解其工作状态：一摸温升，用手摸液压泵、油箱和阀类元件外壳表面，若接触 2s 感到烫手，就应检查温升过高的原因；二摸振动，用手摸运动部件和管路的振动情况，若有高频振动应检查产生的原因；三摸爬行，当工作台在轻载低速运动时，用手摸有无爬行现象；四摸松紧程度，用手触摸挡铁、微动开关和紧固螺钉等，检查其松紧程度。

（4）闻

用嗅觉器官辨别油液是否发臭变质，橡胶件是否因过热发出特殊气味等。

（5）阅

查阅有关故障分析和修理记录、日检和定检卡及交接班记录和维修保养情况记录。

（6）问

访问设备操作者，了解设备平时运行状况：一问液压系统工作是否正常，液压泵有无异常现象；二问液压油更换时间，滤网是否清洁；三问发生事故前压力或速度调节阀是否调节过，有哪些不正常现象；四问发生事故前是否更换过密封件或液压件；五问发生事故前后液压系统出现过哪些不正常现象；六问过去经常出现过哪些故障，是怎样排除的。由于每个人的感觉、判断能力和实践经验的差异，判断结果肯定会有差异，但是经过反复实践，故障原因是特定的，终究会被确认并予以排除。应当指出的是：这种方法对于有实践经验的工程技术人员来讲，显得更加有效。

7.3.2 对比替换法

这种方法常用于在缺乏测试仪器的场合检查液压系统故障，并且经常结合替换法进行。对比替换方法有两种情况：一种情况是用两台型号、性能参数相同的机械进行对比试验，从中查找故障。试验过程中可对机械的可疑元件用新件或完好机械的元件进行代换，再开机试验，如性能变好，则故障所在即知；否则，可继续用同样的方法或其他方法检查其余部件；另一种情况是对于具有相同功能回路的液压系统，这样的系统，采用对比替换法更为方便，而且，现在许多系统采用高压软管连接，为替换法的实施提供了更为方便的条件。遇到可疑元件时，要更换另一回路的完好元件时，不需拆卸元件，只要更换相应的软管接头即可。例如在检查三工位母线机（主要完成定位、折弯、冲孔动作）的液压系统故障时，有一回路工作无压力，怀疑液压泵有问题。结果对调了两个液压泵软管的接头，一次就消除了故障存在的可能性。对比替换方法在调试两台以上相同的液压站时非常有效。

例如，笔者在调试 4 台垃圾处理液压站（图 7-3）时，就充分应用了这种方法。垃圾处理站的主液压缸（压台）的动作顺序是：快进→工进→快退，快进是通过差动连接来实现的。动作要求是：2YA 通电，压台缩回；3YA 通电，压台伸出；3YA、4YA 同时通电，压台差动快速伸出。但在调试过程中，实际现象是：2YA 通电，压台伸出；3YA 通电，压台不动；3YA、4YA 同时通电，压台慢速伸出，即快进与工进的速度没有区别。为此，采用了对比替换方法，首先将有故障的液压站的液压阀对应放在无故障的液压站上，也出现了同样的问题，说明原液压站上的集成块没有问题，这样说明原因在液压阀上。第二步对液压阀进行检查，发现其中控制快进、工进的液压阀的阀芯装反了，将阀芯倒过来以后，将液压阀装在原液压站上，故障现象得以排除。

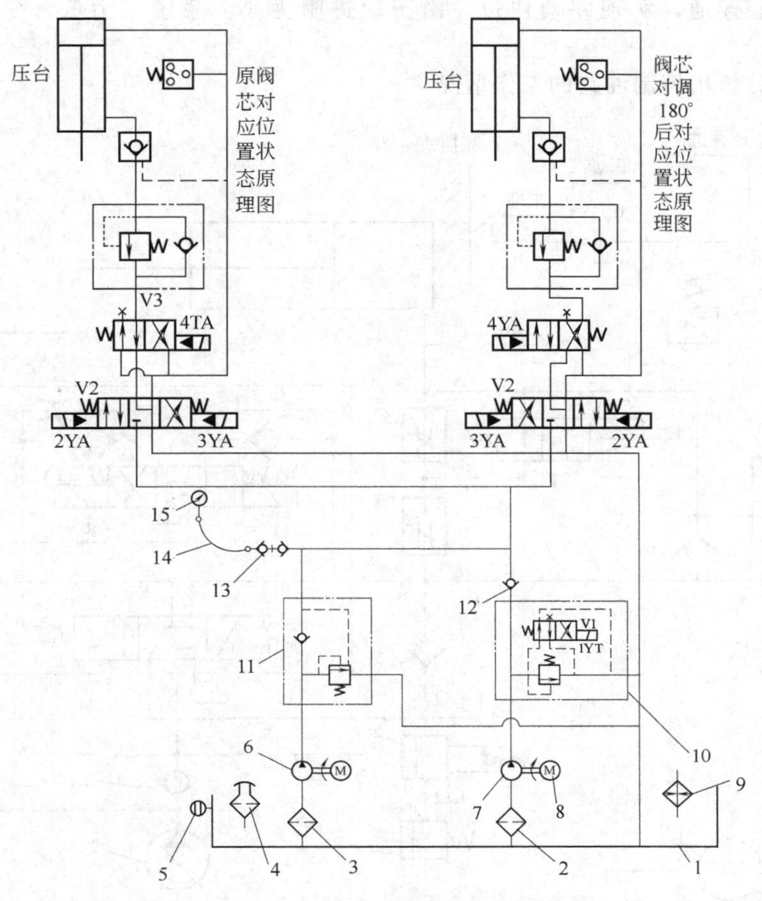

图7-3 垃圾压缩站压台液压系统原理图

1—油箱；2,3—油过滤器；4—空气滤清器；5—液位计；6,7—液压泵；8—电动机；9—冷却器；10—电磁溢流阀；11—卸荷溢流阀；12—单向阀；13—测压接头；14—测压软管；15—压力表

7.3.3 逻辑分析法

采用逻辑分析法分析液压系统的故障时，可分为两种情况。对较为简单的液压系统，可以根据故障现象，按照动力元件、控制元件、执行元件的顺序在液压系统原理图的基础上，结合前面的几种方法，正向推理分析故障原因。例如玻璃涂胶设备出现涂不出胶的故障，直观来看就是液压缸的输出力（即压力）不足。根据液压系统原理图来分析，造成压力下降的可能原因有：吸油过滤器堵塞、液压泵内泄漏严重、溢流阀压力调节过低或者溢流阀阻尼孔堵塞、液压缸内泄漏严重、管路连接件泄漏、回油压力过高等。考虑到这些因素后，再根据已有的检查结果，排除其他因素，逐渐缩小范围，直到解决问题。

对于比较复杂的液压系统，通常可按控制油路和工作油路两大部分分别进行分析。例如在分析YT4543液压滑台的快进动作时（原理图见图7-4），正常情况下主油路为：按下启动按钮，电磁铁1YA通电，电液换向阀7的先导阀A左位工作，液动换向阀B在控制压力油作用下将左位接入系统。

进油路：油箱→滤油器1→泵2→单向阀3→阀7→阀11→液压缸左腔。

回油路：液压缸右腔→阀7→阀6→阀11→液压缸左腔。

液压缸两腔连通，实现差动快进。由于快进阻力小，系统压力低，变量泵输出最大流量。

同理可以分析出控制油路的工作情况。

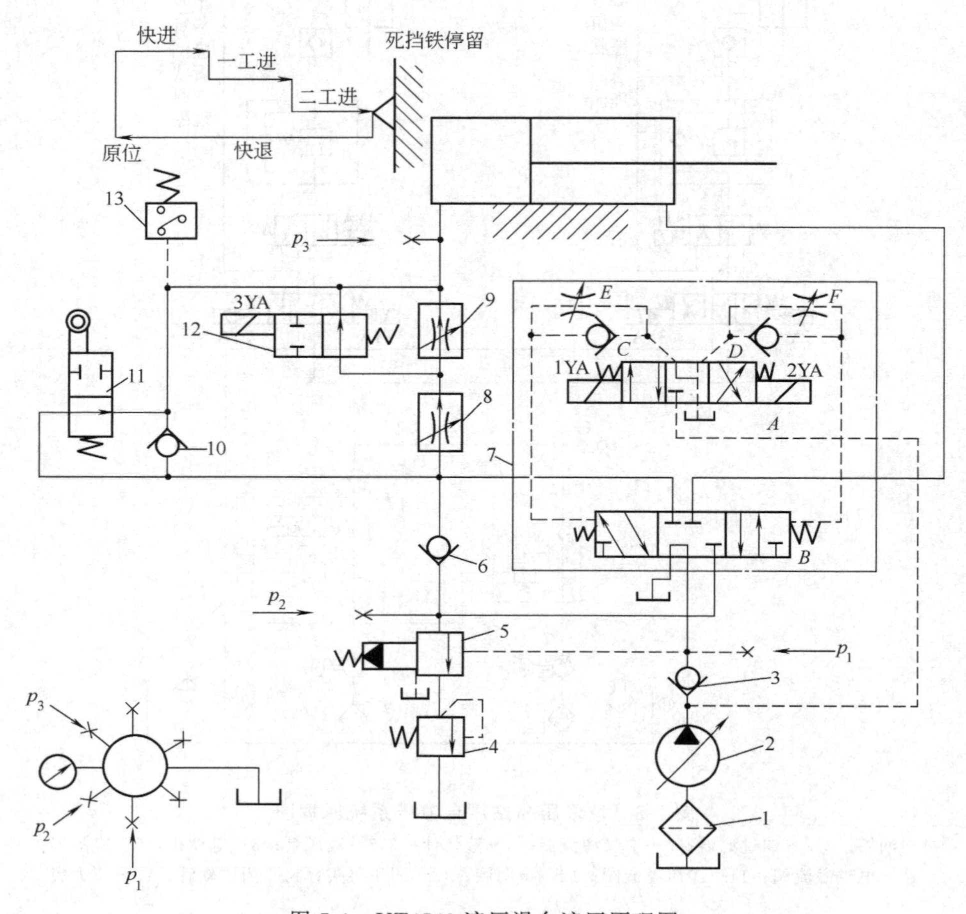

图 7-4　YT4543 液压滑台液压原理图

1—滤油器；2—变量泵；3,6,10—单向阀；4—背压阀；5—顺序阀；7—电液换向阀；8,9—调速阀；11—二位二通行程阀；12—二位二通电磁换向阀；13—压力继电器

有了正常情况下的液压原理图，对于出现的故障现象，就可以通过上述分析逐一将故障现象排除。

7.3.4　仪器专项检测法

有些重要的液压设备必须进行定量专项检测，即检测故障发生的根源型参数，为故障判断提供可靠依据。

① 压力　检测液压系统各部位的压力值，分析其是否在允许范围内。

② 流量　检测液压系统各位置的油液流量值是否在正常值范围内。

③ 温升　检测液压泵、执行机构、油箱的温度值，分析是否在正常范围内。

④ 噪声　检测异常噪声值，并进行分析，找出噪声源。

应该注意的是：对于有故障可能的液压件要在试验台架上按出厂试验标准进行检测，元件检测要先易后难，不能轻易把重要元件从系统中拆下，甚至盲目解体检查。

⑤ 在线检测　很多液压设备本身配有重要参数的检测仪表，或系统中预留了测量接口，不用拆下元件就能观察或从接口检测出元件的性能参数，为初步诊断提供定量依据。如在液压系统的有关部位和各执行机构中装设压力、流量、位置、速度、液位、温度、过滤阻塞报警等各种监测传感器，某个部位发生异常时，监测仪器可及时测出技术参数状况，并可在控制屏幕上自动显示，以便于分析研究、调整参数、诊断故障并予以排除。

7.3.5　模糊逻辑诊断方法

故障诊断问题的模糊性质为模糊逻辑在故障诊断中的应用提供了前提。模确诊断方法利用模糊逻辑来描述故障原因与故障现象之间的模糊关系，通过隶属函数和模糊关系方程解决故障原因与状态识别问题。

模糊逻辑在故障领域中的应用称为模糊聚类诊断法。它是以模糊集合论、模糊语言变量及模糊逻辑推理为基础的计算机诊断方法，其最大特征是，能将操作者或专家的诊断经验和知识表示成语言变量描述的诊断规则，然后用这些规则对系统进行诊断。因此，模糊逻辑诊断方法适用于数学模型未知的、复杂的非线性系统的诊断。从信息的观点来看，模糊诊断是一类规则型的专家系统。

7.3.6　智能诊断方法

对于复杂的故障类型，由于其机理复杂而难以诊断，需要一些经验性知识和诊断策略。专家系统在诊断领域的应用可以解决复杂故障的诊断问题。

液压设备故障诊断专家系统由知识库和推理机组成。知识库中存放各种故障现象、引起故障的原因以及原因与现象间的关系，这些都来自有经验的维修人员和领域专家，它集中了多个专家的知识，收集了大量的资料，避免了个人解决问题时的主观偏见，使诊断结果更接近实际。

一旦液压系统发生故障，通过人机接口将故障现象输入计算机，由计算机根据输入的故障现象及知识库中的知识，按推理机中存放的推理方法推算出故障原因并报告给用户，还可提出维修或预防措施。

目前，故障诊断专家系统存在的问题是缺乏有效的诊断知识表达方法及不确定性推理方法，诊断知识获取困难。

近年来发展起来的神经网络方法，其知识的获取与表达采用双向联想记忆模型，能够存储作为变元概念的客体之间的因果关系，处理不精确的、矛盾的甚至错误的数据，从而提高了专家系统的智能水平和实时处理能力，是诊断专家系统的发展方向。

7.3.7　基于灰色理论的故障诊断方法

研究灰色系统的有关建模、控模、预测、决策、优化等问题的理论称为灰色理论。通常可以将信息系统分为白色系统、灰色系统和黑色系统。白色系统指系统参数完全已知，黑色系统指系统参数完全未知，灰色系统指部分参数已知而部分参数未知的系统。灰色系统理论就是通过已知参数来预测未知参数，利用“少数据”建模从而解决整个系统的未知参数。

实践证明，液压系统发生故障的原因是多方面的、复杂的，既有简单故障，也有多个部位或部件同时发生故障的情况。由于故障检测手段的不完善性、信号获取装置的不稳定性及信息处理方法的近似性，或者缺少有效的观测工具，造成信息不完全，对故障的判断预测，带有估计、猜想、假设和臆测等主观想象成分，导致人们对液压系统故障机理的认识带有片面性。另一方面，由于液压系统是“机-电-液”系统的复杂组合，在生产过程中产生的故障往往呈现出一定的动态性，也给液压设备的故障判别带来一定的困难。因此，液压设备、液压系统在运行过程中发生故障与否是确定的，但人们对故障的认识和判别受技术水平的限制，不同的人对故障信息掌握的充分程度不同，会得出不同的诊断结果。由此看出液压系统故障由于信息的不完全带有一定的灰色性。灰色理论用于液压设备故障诊断就是利用存在的已知信息去推知含有故障模式的不可知信息的特性、状态和发展趋势，其实质也是一个灰色系统的白化问题。

液压设备故障诊断的实质是故障模式识别，采用灰色系统理论中的灰色关联分析方法，通过设备故障模式与某参考模式之间的接近程度，进行状态识别与故障诊断。这种方法的特点是：建模简单、所需数据少。特别适用于生产现场的快速诊断。

7.4 150kN电镦机液压系统的故障诊断实例

7.4.1 设备简介

150kN电镦机是生产大型机动车气门的液压专用设备，其主要功能首先将圆柱状合金结构钢通过感应加热，然后再经过液压缸的“镦粗”成“大蒜头”状，为后续的机械加工做准备。该液压设备共有三条液压缸：夹紧缸、砧子缸、电镦缸。夹紧缸用于夹紧工件、砧子缸用于均匀移动感应电极，电镦缸完成对工件的“镦粗”动作。

7.4.2 系统工作原理与故障现象

（1）工作原理

150kN电镦机液压原理如图7-5所示。液压泵启动后，由于电磁阀的电磁铁均处于断电状态，此时夹紧缸处于夹紧工件状态，夹紧缸输出力的大小由减压阀调定；三位电磁换向阀在两端弹簧的作用下处于中位，电镦缸、砧子缸复位，停留在原始位置。对于电镦缸，当三位电磁换阀左端电磁铁1YA通电时，电镦缸无杆腔进油，有杆腔回油，活塞杆伸出，电镦缸处于快进或工进状态（顶锻状态）；当三位阀右端电磁铁2YA通电时，液压缸有杆腔进油，无杆腔回油，活塞杆缩回；系统压力随着负载的压力而变化，同时变量柱塞泵根据负载大小自动工作在快进（定量泵段）阶段或工进（变量泵段）阶段。对于砧子缸，其主要作用是带动感应加热圈给工件均匀加热，同时要承担电镦缸作用在工件上的部分作用力；砧子缸输出力的大小由减压阀调定。当三位电磁换阀左端电磁铁3YA通电时，砧子缸下腔进油，上腔回油，活塞杆向上伸出，伸出速度由调速阀调整；当三位阀右端电磁铁4YA通电时，液压缸上腔进油，下腔回油，活塞杆缩回。当电磁铁5YA通电时，夹紧缸松开工件，从而完成一个动作循环。

从工作原理来看，150kN电镦机的设计中，电镦缸支路采用了变量泵与节流阀组成的容积节流调速回路，有效解决了轻载快进和重载慢进的矛盾，功率利用合理；砧子缸采用了调速阀的出口节流调速回路，提高了执行元件的运动平稳性，保障了对工件加热的均匀性；夹紧缸采用了断电夹紧工作状态，符合安全操作规程。从工作原理设计的角度来看，该系统的设计是合理的。然而，在该系统的调试过程中却存在着以下故障现象。

（2）故障现象

① 执行元件（砧子缸、夹紧缸）只能动作一次，减压阀“不起作用”，减压阀后面的压力表显示的是系统压力，并非减压阀的调定压力。

② 电镦缸返程时间太长，要求10s以内，实际近15s，严重影响生产效率（汽车配件为大批量生产，对生产节拍要求很严格）。

③ 开机20min后，系统过热。

④ 电镦缸的速度稳定性差，出现了时快时慢的爬行现象。

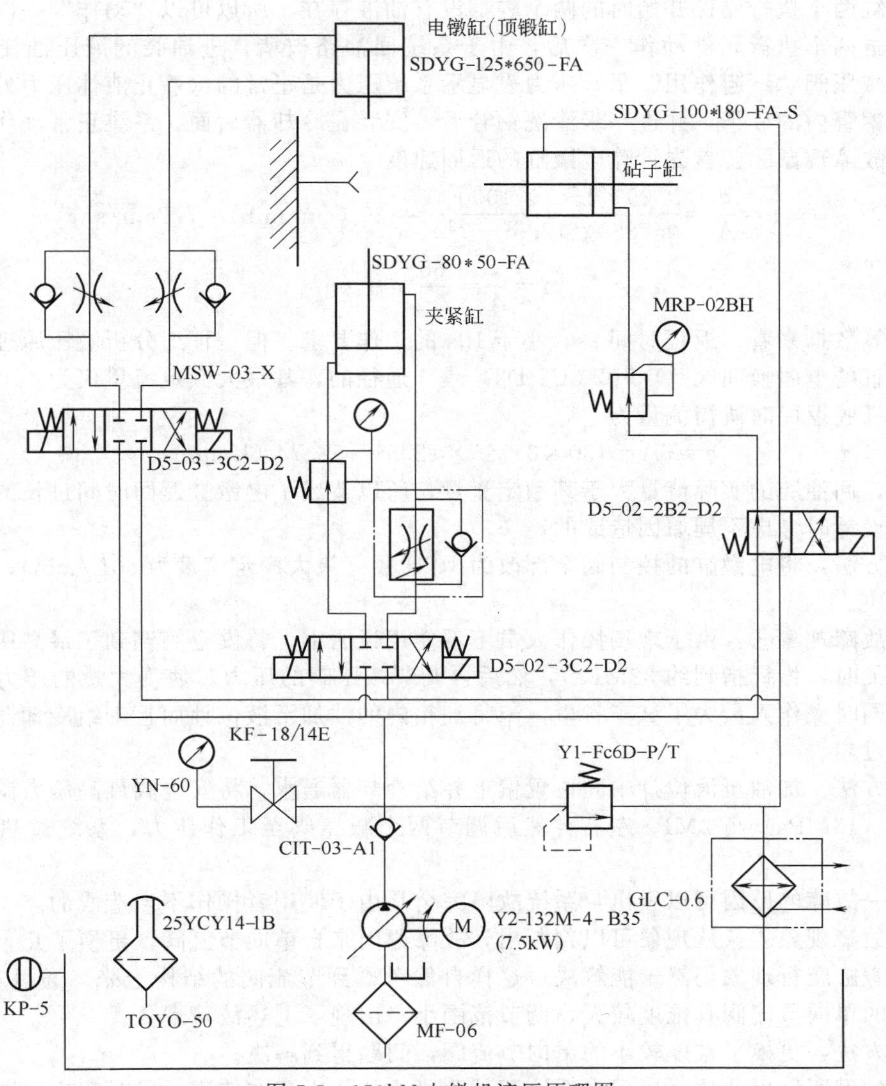

图 7-5 150kN 电镦机液压原理图

7.4.3 原因分析与故障排除

应当指出的是：150kN 电镦机液压系统由于结构上的原因，采用了分离式结构，即液压元件集成在一起，液压泵电动机组、冷却器一起安装在油箱上，相互之间通过管路连接。针对以上故障现象，逐一进行了分析。

对于故障现象①：通过对现场的考察和询问，得知单独测试液压元件集成单元时，减压阀后的压力表显示的是减压阀的调定压力，并非系统压力，说明该单元本身没有问题。所以将问题集中在液压泵电动机组、冷却器、油箱上面，由于系统有压力，所以液压泵电动机组的原因也被排除在外，很自然原因出在冷却器及其连接管路上。经分段现场检查，冷却器本身没有问题，原因出现在冷却器出口至油箱的回油管路（钢管连接）上。由于回油钢管需要弯管，现场施工人员采用了灌砂后加热弯曲的方法。加热后，砂子粘在钢管内，造成系统回油被堵。那么如何解释执行元件（砧子缸、夹紧缸）只能动作一次呢？很显然，由于砧子缸、夹紧缸两个执行元件开始时的两个腔都没有油液存在，所以可以“动作”一次。而砧子缸、夹紧缸两个执行元件动作一次后，由于系统回油路被堵，进油腔的液压油变为静止状态，所以减压阀“不起作用”了，压力表显示系统压力是正常的（静止液体压力处处相等）。通过清理钢管内的砂子，并进一步清洗钢管后，安装在冷却器后面，系统正常动作。

对于故障现象②：首先计算电镦缸的返回速度

$$v=\frac{q}{A}=\frac{25\times1.45\times1000}{0.785\times(12.5^2-7^2)}=430\ (\text{cm/min})=7.2\text{cm/s}$$

$$t=\frac{s}{A}=\frac{65}{7.2}=9(\text{s})$$

从计算数据来看，返程时间9s，小于10s的工作要求。但是仔细分析液压原理图，可见控制电镦缸的电磁换向阀（D5-02-3C2-D2）是6通径的，其最大额定流量仅为40L/min，而电镦缸无杆腔返回时所需流量为

$$q=vA=430\times0.785\times12.5^2=52.74\ (\text{L/min})$$

显然，回油腔的实际流量大于其额定流量，所以造成了电镦缸返回时间过长的故障。这就是由于设计时考虑不周原因造成的。

解决方法：将电镦缸的控制阀全部改为10通径（最大额定流量为80L/min），问题得到了圆满解决。

对于故障现象③：由于现场操作人员不看使用说明书，将安全阀调到了最高压力（打开压力表开关时，指针指到约32MPa），然后再调节减压阀的压力，使得大量的压力损失在减压阀上，同时操作人员为了试车省事，未将油箱内的油加至液位计而且未给冷却器通水，造成了系统过热。

解决方法：加油至液位计中间位置偏上并给冷却器通水，将安全阀最高压力调至比最大工作压力（13MPa）高2MPa左右，然后调节两个减压阀至工作压力，系统过热问题得到解决。

从这一故障的原因可以看出：系统故障完全是由于使用者操作不当造成的。

对于故障现象④：从现象可以判断出，故障原因来自单向节流阀，更换了几个单向节流阀后，电镦缸爬行现象仍然未能解决，这样自然考虑到节流阀的结构上来，通过对比发现，原来所选的单向节流阀其锥度较大，调节范围小，出现了上述故障现象。

解决方法：更换了锥度较小的单向节流阀，问题得到解决。

这里举例所发生的故障出现在系统调试阶段，如果出现在使用一段时间后，液压系统的使用与维护方面的内容会逐渐显现出来，例如液压油的污染引起的种种故障问题。由于现场的故障多种多样，所以读者在现场解决实际问题时，应灵活运用所介绍的故障诊断方法，具体问题具体分析，同时注意积累经验，为液压系统的故障诊断奠定良好的基础。

液压元件试验方法

液压元件试验必须符合相关的国家或行业标准，因此各个生产制造商的元件试验台从原理上讲都是相同的，但由于要求、复合程度、自动化程度不同，表面上看起来有很大差异，但无论如何，液压元件试验必须包括型式试验和出厂试验内容。型式试验是指在产品设计完成后，对产品能否满足技术规范的全部要求进行的严格试验，从而确定设计和生产能否定性。出厂试验是指查明已定型的产品在批量生产过程中的质量稳定性。本章主要对液压泵、液压阀、液压缸的试验方法进行介绍，并介绍了一个超高压液压缸综合性能试验台的实例。

8.1 液压泵试验方法

8.1.1 液压泵空载排量测试方法（GB/T 7936—2012）

8.1.1.1 试验相关术语

为便于叙述，将液压泵测试过程中相关术语列于表 8-1 中。

表 8-1 试验相关术语

术语名称	说 明
额定压力	在规定转速范围内连续运转，并能保证设计寿命的最高输出压力
空载压力	液压泵输出压力不超过 5% 的额定压力或 0.5MPa 的输出压力
最高压力	允许短时运转的最高输出压力
额定转速	在额定压力、规定进油条件下，能保证设计寿命的最高转速
最低转速	能保证输出稳定的额定压力所允许的转速最小值
排量	液压泵在没有泄漏的情况下每转一转所输出的油液的体积
公称排量	液压泵几何排量公称值
空载排量	液压泵在空载稳态工况和多种转速下测得的排量
有效排量	在设定压力下测得的实际排量
额定工况	额定压力、额定转速（变量泵在最大排量）条件下的运行工况

8.1.1.2 试验油液

试验油液应为 GB 2512—1981《液压油类产品的分组、命名和代号》中规定工作介质液压油，黏度应满足被试元件正常工作的要求，在试验中应标明试验油液在控制温度下的黏度 υ 和密度 ρ。

油液温度要求如下

① 试验过程中，除特殊要求外，被试元件进口油液温度控制在 50℃，其温度变动范围应符合表 8-2 的规定。

表 8-2 温度变动允许范围

测试精度	A	B	C
油温变动允许范围/℃	±1.0	±2.0	±4.0

② 在试验过程中应记录下述温度的测量值。

a. 被试元件进口油温。

b. 被试元件出口油温。

c. 流量测量处的油温。

d. 环境温度（离被试元件 2m 范围内）。

8.1.1.3 壳体压力

当被试元件壳体内腔的油压影响其性能时，试验时应将壳体内腔的油压控制在该元件所允许的压力范围内。

8.1.2 试验装置及试验回路

8.1.2.1 一般要求

① 试验装置应有放气措施，以便在试验前排除系统中的全部自由空气。

② 设计、安装试验装置时，应充分考虑人员和设备的安全。

③ 被试元件的进、出油口与压力、温度测量点之间的管道应为直硬管，管道应均匀并与进、出油口尺寸一致。

④ 当被试元件进、出油管路中有压力控制阀、接头、弯头等影响压力测量精度时，则其安装位置离压力测量点的距离，在进口处不小于 $10d$，在出口处不小于 $5d$（d 为被试元件进、出油口的通径）。

⑤ 管道中压力测量点的位置应设置在离被试元件进、出油口端面的 $(2\sim4)d$ 处。如果该处有影响压力稳定的因素时，允许将测量点的位置移至更远处，但要考虑管路的压力损失。

⑥ 管道中温度测量点的位置应设置在离压力测量点的 $(2\sim4)d$ 处。

⑦ 在试验系统中应安装满足被试元件过滤精度要求的滤油器。

⑧ 当采用充气油箱来提高被试元件的进口压力时，则应采取适当措施尽量减少吸入或溶入的空气。

8.1.2.2 试验回路

液压泵试验的开式回路见图 8-1、图 8-2，若采用图 8-2 的液压系统，则供油压力应保持在规定的范围内。液压泵试验的闭式系统见图 8-3，其补油泵的流量应稍大于系统的总泄漏量。图 8-1、图 8-2、图 8-3 中输出口后面的流量计 5 的安装位置可任选其中之一，若选择在 5b 处安装，则溢流阀后面的压力表 3d、温度计 4d 可以不安装。

8.1.2.3 测量准确度及允许误差

测量准确度等级分 A、B、C 三个级别，型式试验的测量准确度等级不应低于 B 级，出厂试验的测量准确度不应低于 C 级，各等级测量系统的允许系统误差应符合表 8-3 规定。

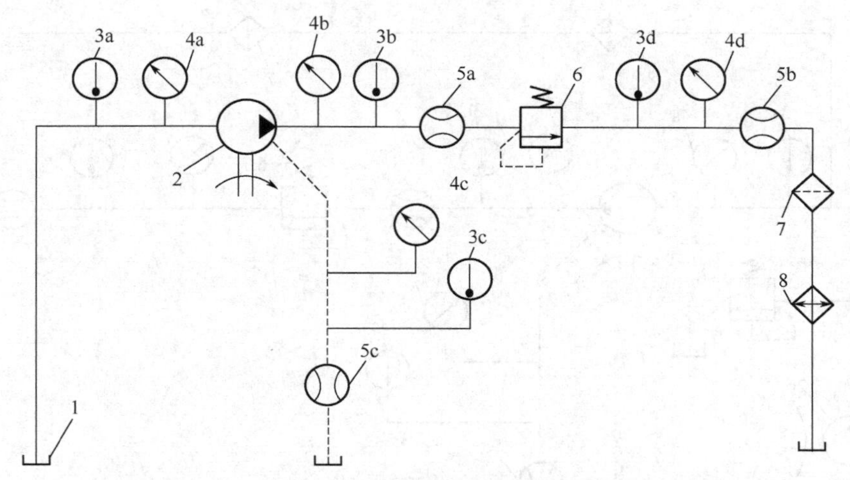

图 8-1 液压泵试验开式系统（一）

1—油箱；2—液压泵；3—温度计；4—压力表；5—流量计；6—溢流阀；7—过滤器；8—冷却器

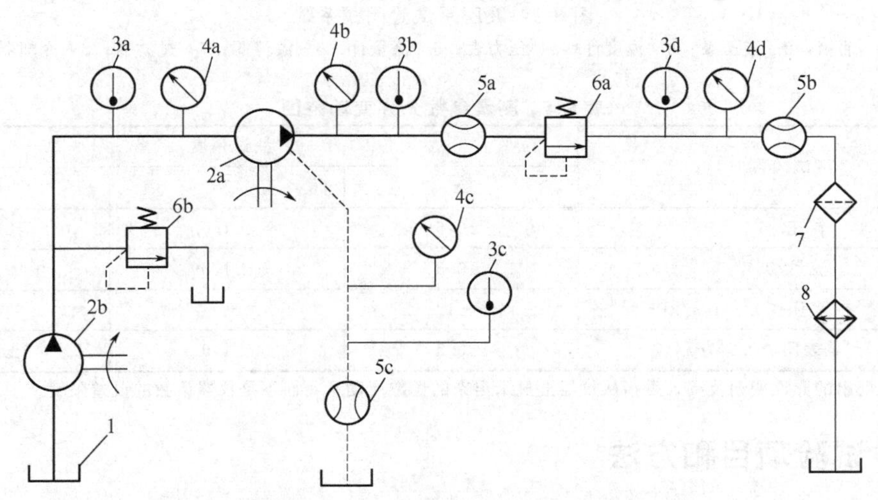

图 8-2 液压泵试验开式系统（二）

1—油箱；2—液压泵；3—温度计；4—压力表；5—流量计；6—溢流阀；7—过滤器；8—冷却器

表 8-3 测量系统的允许误差

测量内容		测试精度		
		A	B	C
转速/%		±0.5	±1.0	±2.0
流量/%		±0.5	±1.5	±2.5
压力	表压＜0.2MPa/kPa	±1	±3	±5
	表压≥0.2MPa/%	±0.5	±1.5	±2.5
温度/℃		±0.5	±1.0	±2.0

注：测量每个设定点的压力、流量、转速时，应同时测量，测量次数不少于 3 次。

8.1.2.4 稳态工况

测量参数的显示值在表 8-4 规定的范围内变动时为稳态工况，在稳态工况下测量压力、流量、转速的显示值。

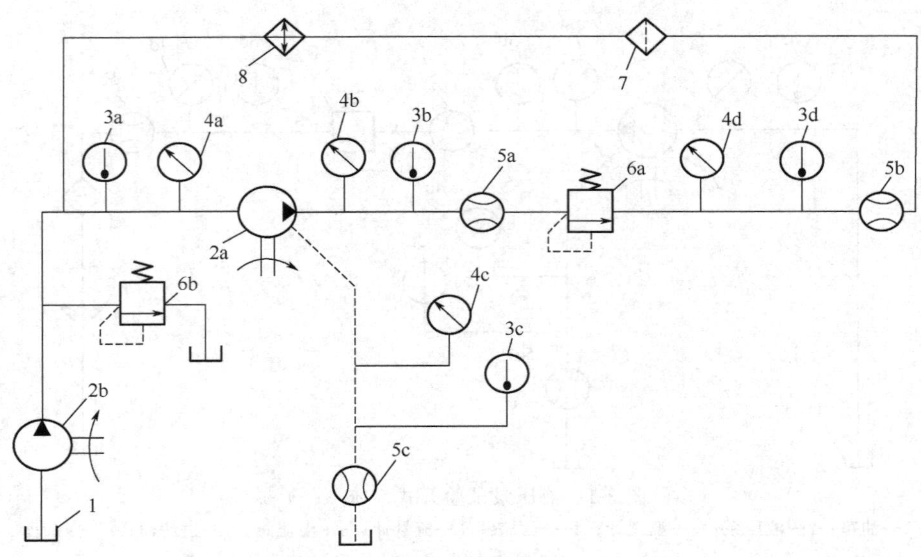

图 8-3 液压泵试验闭式系统

1—油箱；2—液压泵；3—温度计；4—压力表；5—流量计；6—溢流阀；7—过滤器；8—冷却器

表 8-4 测量参数允许变动范围

测试内容		测试精度		
		A	B	C
转速/%		±0.5	±1.0	±2.0
流量/%		±0.5	±1.0	±2.5
压力	表压<0.2MPa/kPa	±1	±3	±5
	表压≥0.2MPa/%	±0.5	±1.5	±2.5

注：表中列出的允许变动范围，系指从仪器上显示出来的读数变动量，而不是仪器读数的误差限度。

8.1.3 试验项目和方法

8.1.3.1 跑合运转

被试元件在试验前应按制造单位或设计的规定进行跑合运转。

8.1.3.2 液压泵空载排量试验

① 根据测试精度要求，按表 8-5 规定设定相应的试验转速。

表 8-5 试验转速

测试精度	转速测量挡数	试验转速
A	≥10	均匀分布
B	≥5	
C	3	
	1	额定转速

注：1. 设定的试验转速应均匀分布在被试元件的最低许用转速至额定转速的范围内并包括最低许用转速和额定转速。1 档转速仅适用于已经鉴定或已定型批量生产的液压泵。

2. 在相同试验工况中，泵的输入压力应保持在制造单位或设计规定范围内的同一设定值上，输出压力在整个试验过程中应保持恒定。

3. 测量液压泵在空载稳态工况下设定转速的流量 q_v 和转速 n。

4. 对于变量泵应在最大排量和其他要求的排量，如最大排量的 75%、50%、25%的工况下进行上述试验。

5. 对于能改变流向的液压泵应在两个流向进行上述试验。

8.2 齿轮泵试验方法（JB/T 7041—2006）

8.2.1 试验油液

① 试验油液应为被试泵适用的工作介质。

② 温度：除明确规定外，型式试验应在 50℃±2℃下进行，出厂试验应在 50℃±4℃下进行。

③ 黏度：40℃时的运动黏度为 42～74mm²/s（特殊要求另行规定）。

④ 污染度：试验用油液的固体颗粒污染等级代号不得高于 GB/T 14039—2002 规定的 19/16。

8.2.2 试验装置及试验回路

试验原理图见图 8-4、图 8-5。

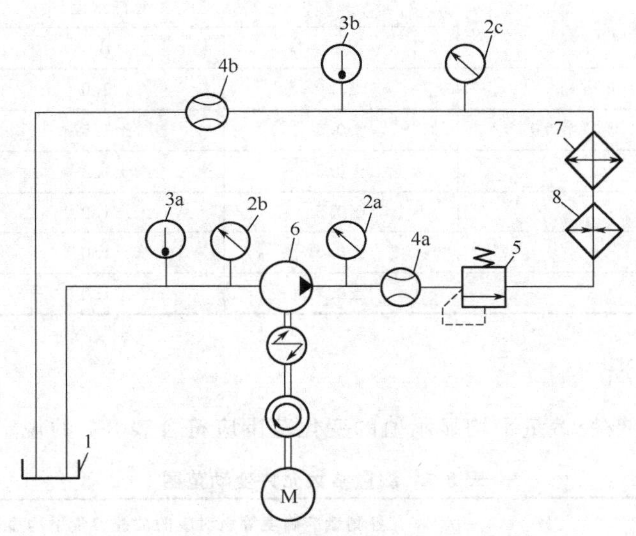

图 8-4 液压泵试验开式系统原理图

1—油箱；2—压力表；3—温度计；4—流量计；5—溢流阀；6—被试泵；7—冷却剂；8—加热器

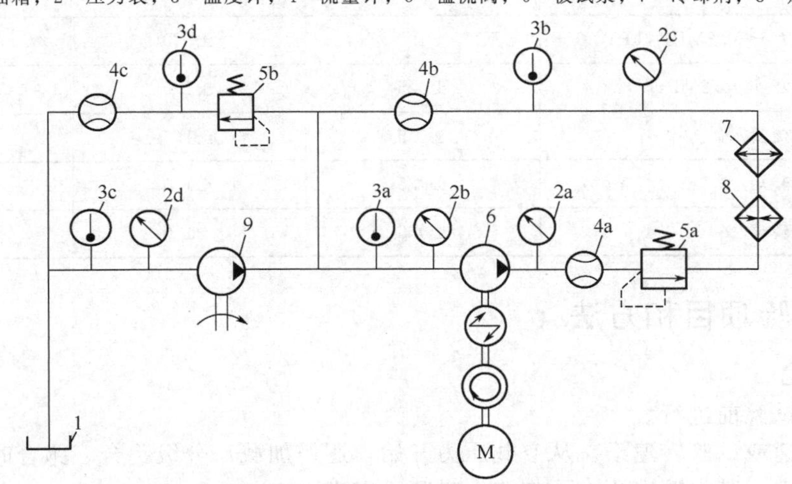

图 8-5 液压泵试验闭式系统原理图

1—油箱；2—压力表；3—温度计；4—流量计；5—溢流阀；6—被试泵；
7—冷却剂；8—加热器；9—补油泵

8.2.3 试验测试点的位置

① 压力测量点：设置在距被试泵进、出油口的（2～4）d（d 为管道通径）处。稳态试验时，允许将测量点的位置移至距离被试泵更远处，但必须考虑管路的压力损失。

② 温度测量点：设置在距压力测量点（2～4）d 处，且比压力测量点更远离被试泵。

③ 噪声测量点：测量点的位置和数量按 GB/T 17483—1998 的规定。

8.2.4 测量准确度和测量系统允许误差

测量准确度等级分 A、B、C 三个级别，型式试验的测量准确度不应低于 B 级；出厂试验的测量准确度不应低于 C 级，各等级测量系统的允许系统误差应符合表 8-6 规定。

表 8-6 测量系统的允许误差

测量参量	允许误差		
	A	B	C
压力（表压力 $p<0.2$MPa）/kPa	±1.0	±3.0	±5.0
压力（表压力 $p\geqslant0.2$MPa）/%	±0.5	±1.5	±2.5
流量/%	±0.5	±1.5	±2.5
转矩/%	±0.5	±1.0	±2.0
转速/%	±0.5	±1.0	±2.0
温度/℃	±0.5	±1.0	±2.0

8.2.5 稳态工况

在稳态工况下，被控参量平均显示值的变化范围应符合表 8-7 的规定。

表 8-7 测量参数允许变动范围

测量参量	各测量准确度等级对应的被控参量平均显示值允许变化范围		
	A	B	C
压力（表压力 $p<0.2$MPa）/kPa	±1.0	±3.0	±5.0
压力（表压力 $p\geqslant0.2$MPa）/%	±0.5	±1.5	±2.5
流量/%	±0.5	±1.5	±2.5
转矩/%	±0.5	±1.0	±2.0
转速/%	±0.5	±1.0	±2.0

8.2.6 试验项目和方法

8.2.6.1 跑合

跑合应在试验前进行。

在额定转速或试验转速下，从空载压力开始，逐级加载，分级跑合。跑合时间与压力分级根据需要确定，其中额定压力下的跑合时间不得少于 2min。

8.2.6.2 出厂试验

出厂试验项目和测试方法见表 8-8。

表 8-8 出厂试验项目和测试方法

序号	试验项目	内容和方法	试验类型
1	排量试验	在额定转速①,空载压力工况下,测量排量	必试
2	容积效率试验	在额定转速①、额定压力下,测量容积效率	必试
3	总效率试验	在额定转速①、额定压力下,测量总效率	抽试
4	超载试验	在规定转速①和下列压力之一工况下 (1)125%的额定压力(当额定压力<20MPa 时),连续运转 1min 以上 (2)最高压力或 125%的额定压力(当额定压力≥20MPa 时),连续运转 1min 以上	必试
5	外渗漏检查	在上述试验全过程中,检查各部位的渗漏情况	必试

①允许采用试验转速代替额定转速，试验转速可由企业根据试验设备条件自行确定，但应保证产品性能。

8.2.6.3 型式试验

型式试验项目和测试方法见表 8-9。

表 8-9 型式试验项目和测试方法

序号	试验项目	试验和容和方法	备注
1	排量验证试验	按 GB/T 7936 的规定执行	
2	效率试验	在额定转速至最低转速范围内的五个等分转速①下,分别测量空载压力至额定压力范围内至少六个等分压力点的有关效率的各组数据 在额定转速下,进口油温为 20～35℃和 70～80℃时,分别测量被试泵在空载压力至额定压力范围内至少六个等分压力点②的有关效率的各组数据 绘制 50℃油温、不同压力时的功率、流量、效率随转速变化的曲线 绘制 20～35℃、50℃、70～80℃油温时,功率、流量、效率随压力变化的曲线	
3	压力振摆检查	在额定工况下,观察并记录被试泵出口压力振摆值	仅适用于额定压力为 2.5MPa 的齿轮泵
4	自吸试验	在额定转速下、空载压力工况下,测量被试泵吸口真空度为零时的排量。以此为基准,逐渐增加吸入阻力,直至排量下降 1%时,测量其真空度	
5	噪声试验	在 1500r/min 的转速下(当额定转速小于 1500r/min 时,在额定转速下),并保证进口压力在－16kPa 至设计规定的最高进口压力的范围内,分别测量被试泵空载压力至额定压力范围内,至少六个等分压力点②的噪声值	本底噪声值应比泵实测噪声值低 10dB(A)以上,否则应进行修正 本项目为考查项目
6	低温试验	使被试泵和进口油温均为－25～－20℃,油液黏度在被试泵所允许的最大黏度范围内,在额定转速、空载压力工况下启动被试泵至少 5 次	有要求时做此项试验 可以由制造商与用户协商,在工业应用中进行
7	高温试验	在额定工况下,进口油温为 90～100℃时,油液黏度不低于被试泵所允许的最低黏度条件下,连续运转 1h 以上	
8	低速试验	在输出稳定的额定压力,连续运转 10min 以上测量流量、压力数据,计算容积效率并记录最低转速	仅适用于额定压力为 10～25MPa 的齿轮泵

续表

序号	试验项目	试验和容和方法	备注
9	超速试验	在转速为115%额定转速或规定的最高转速下，分别在额定压力和空载压力下连续运转15min以上	
10	超载试验	在被试泵的进口油温为80～90℃、额定转速和下列压力之一工况下 (1)125%的额定压力(当额定压力小于20MPa时)，连续运转 (2)最高压力或125的额定压力(当额定压力≥20MPa时)连续运转	仅适用于额定压力为10～25MPa的齿轮泵
11	冲击试验	在80～90℃的进口油温和额定转速、额定压力下进行冲击。冲击频率20～40次/min	仅适用于额定压力为10～25MPa的齿轮泵
12	满载试验	在额定工况下，被试泵进口油温为30～60℃时做连续运转	仅适用于额定压力为2.5MPa的齿轮泵
13	效率检查	完成上述规定项目试验后，测量额定工况下的容积效率和总效率	
14	密封性能检查	将被试泵擦干净，如有个别部位不能一次擦干净，运转后产生“假”渗漏现象，允许再次擦干净 静密封：将干净吸水纸压贴与静密封部位，然后取下，纸上如有油迹即为渗油 动密封：在动密封部位下方放置白纸，于规定时间内纸上不应有油滴	

①包括最低转速和额定转速。
②包括空载压力和额定压力。
注：试验项目序号10～12属于耐久性试验项目。

8.3 叶片泵试验方法

8.3.1 试验油液

试验油液应为被试泵适用的工作介质。

温度：除明确规定外，型式试验应在50℃±2℃下进行，出厂试验应在50℃±4℃下进行。

黏度：40℃时的运动黏度为42～74mm^2/s（特殊要求另行规定）。

污染度：试验用油液的固体颗粒污染等级代号不得高于GB/T 14039—2002规定的19/16。

8.3.2 试验装置及试验回路

开式试验回路原理图见图8-6，闭式试验回路原理图见图8-7。

8.3.3 试验测试点的位置

① 压力测量点：设置在距被试泵进、出油口的（2～4）d（d为管道通径）处。稳态试验时，允许将测量点的位置移至距离被试泵更远处，但必须考虑管路的压力损失。

② 温度测量点：设置在距压力测量点（2～4）d处，且比压力测量点更远离被试泵。

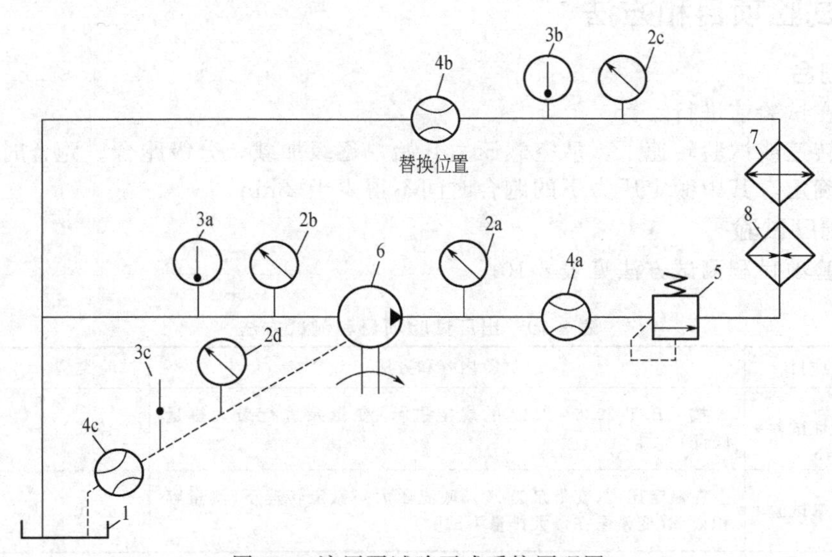

图 8-6　液压泵试验开式系统原理图

1—油箱；2—压力表；3—温度计；4—流量计；5—溢流阀；6—被试泵；7—冷却器；8—加热器

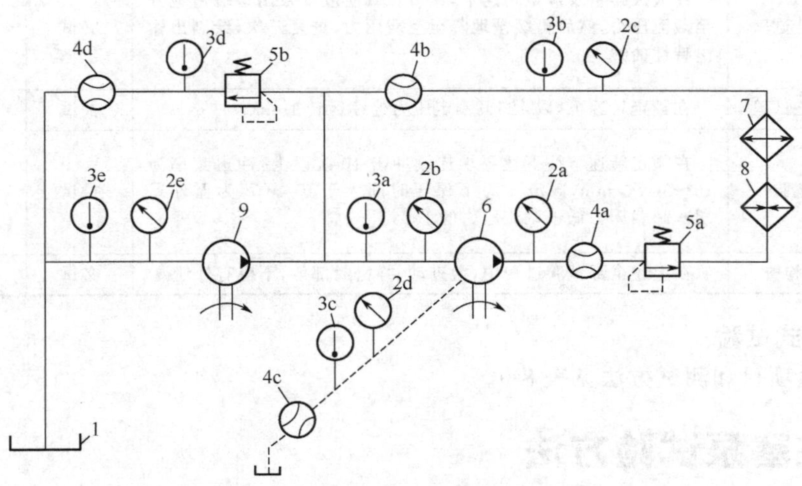

图 8-7　液压泵试验闭式系统原理图

1—油箱；2—压力表；3—温度计；4—流量计；5—溢流阀；6—被试泵；7—冷却器；8—加热器；9—补油泵

③ 噪声测量点：测量点的位置和数量按 GB/T 17483—1998 的规定。

8.3.4　测量准确度和测量系统允许误差

测量准确度等级分 A、B、C 三个级别，型式试验的测量准确度等级不应低于 B 级，出厂试验的测量准确度不应低于 C 级，各等级测量系统的允许系统误差应符合表 8-6 的规定。

8.3.5　稳态工况

在稳态工况下，被控参量平均显示值的变化范围应符合表 8-7 的规定。

8.3.6 试验项目和方法

8.3.6.1 跑合

跑合应在试验前进行。

在额定转速或试验转速下，从空载压力开始，逐级加载，分级跑合。跑合时间与压力分级根据需要确定，其中额定压力下的跑合时间不得少于2min。

8.3.6.2 出厂试验

出厂试验项目和测试方法见表8-10。

表8-10 出厂试验项目和测试方法

序号	试验项目	试验内容和方法	试验类型	备注
1	排量验证试验	按GB/T 7936—2012的规定进行(变量泵进行最大排量验证)	必试	
2	容积效率试验	在额定压力(变量泵为70%截流压力)、额定转速下,测量容积效率(变量泵在最大排量下试验)	必试	
3	压力振摆检验	在额定压力及额定转速下,观察并记录被试泵出口压力振摆值(变量泵在最大排量下试验)	抽试	
4	输出特性试验	在最大排量及额定转速下,调节负载使被试泵出口缓慢地升至截流压力,然后再缓慢地降至空载压力,重复三次,绘制出输出特性曲线	必试	仅对变量泵
5	超载性能试验	在额定转速下,以125%额定压力连续运转1min	抽试	仅对定量泵
6	冲击试验	在额定转速下按下述要求连续冲击10次以上:冲击频率为10~30次/min,截流压力下保压时间大于$T/3$(T为循环周期),卸载压力低于截流压力的10%	抽试	仅对变量泵
7	密封性检查	在上述全部试验过程中,检查动、静密封部位,不得有外泄漏	必试	

8.2.6.3 型式试验

型式试验项目和测试方法见表8-9。

8.4 柱塞泵试验方法

8.4.1 试验油液

试验油液应为被试泵适用的工作介质。

温度：除明确规定外，型式试验应在50℃±2℃下进行，出厂试验应在50℃±4℃下进行。

黏度：40℃时的运动黏度为42～74mm²/s（特殊要求另行规定）。

污染度：试验用油液的固体颗粒污染等级代号不得高于GB/T 14039—2002规定的19/16。

8.4.2 试验装置及试验回路

试验原理图见图8-8、图8-9。

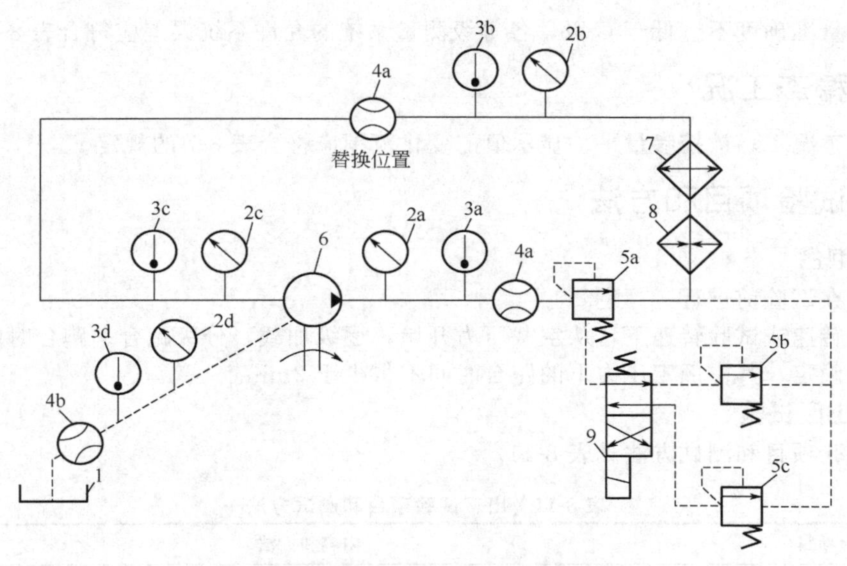

图 8-8　液压泵试验开式系统原理图

1—油箱；2—压力表；3—温度计；4—流量计；5—溢流阀；6—被试泵；7—冷却器；8—加热器；9—电磁换向阀

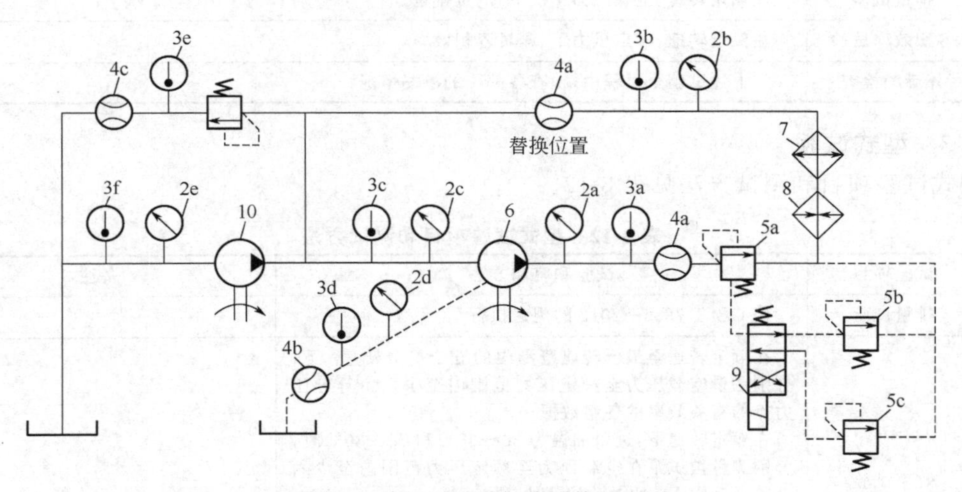

图 8-9　液压泵试验闭式系统原理图

1—油箱；2—压力表；3—温度计；4—流量计；5—溢流阀；6—被试泵；7—冷却器；8—加热器；9—电磁换向阀；10—补油泵

8.4.3　试验测试点的位置

① 压力测量点：设置在距被试泵进、出油口的（2～4）d（d 为管道通径）处。稳态试验时，允许将测量点的位置移至距离被试泵更远处，但必须考虑管路的压力损失。

② 温度测量点：设置在距压力测量点（2～4）d 处，且比压力测量点更远离被试泵。

③ 噪声测量点：测量点的位置和数量按 GB/T 17483—1998 的规定。

8.4.4　测量准确度和测量系统允许误差

测量准确度等级分 A、B、C 三个级别，型式试验的测量准确度等级不应低于 B 级，出厂试验的测量准确度不应低于C级，各等级测量系统的允许系统误差应符合表8-6规定。

8.4.5 稳态工况

在稳态工况下，被控参量平均显示值的变化范围应符合表8-7的规定。

8.4.6 试验项目和方法

8.4.6.1 跑合

跑合应在试验前进行。

在额定转速或试验转速下，从空载压力开始，逐级加载，分级跑合。跑合时间与压力分级根据需要确定，其中额定压力下的跑合时间不得少于2min。

8.4.6.2 出厂试验

出厂试验项目和测试方法见表8-11。

表8-11 出厂试验项目和测试方法

序号	试验项目	内容和方法
1	超载试验	在规定转速和下列压力之一工况下 (1)125%的额定压力(当额定压力<20MPa时)，连续运转1min以上 (2)最高压力或125%的额定压力(当额定压力≥20MPa时)，连续运转1min以上
2	排量试验	在额定转速、空载压力工况下，测量排量
3	容积效率试验	在额定转速、额定压力下，测量容积效率
4	外渗漏检查	在上述试验全过程中，检查各部位的渗漏情况

8.4.6.3 型式试验

型式试验项目和测试方法见表8-12。

表8-12 型式试验项目和测试方法

序号	试验项目	试验和容和方法	备注
1	排量试验	按GB/T 7936—2012的规定执行	
2	效率试验	在额定转速至最低转速范围内的五个等分转速①下，分别测量空载压力至额定压力范围内至少六个等分压力点的有关效率的各组数据 在额定转速下，进口油温为20～35℃和70～80℃时，分别测量被试泵在空载压力至额定压力范围内至少六个等分压力点②的有关效率的各组数据 绘制50℃油温、不同压力时的功率、流量、效率随转速变化的曲线(图8-10) 绘制20～35℃、50℃、70～80℃油温时，功率、流量、效率随压力变化的曲线(图8-11)	
3	压力振摆检查	在额定工况下，观察并记录被试泵出口压力振摆值	仅适用于额定压力为2.5MPa的齿轮泵
4	自吸试验	在额定转速下、空载压力工况下，测量被试泵吸口真空度为零时的排量。以此为基准，逐渐增加吸入阻力，直至排量下降1%时，测量其真空度	
5	噪声试验	在1500r/min的转速下(当额定转速小于1500r/min时，在额定转速下)，并保证进口压力在－16kPa至设计规定的最高进口压力的范围内，分别测量被试泵空载压力至额定压力范围内，至少六个等分压力点②的噪声值	本底噪声值应比泵实测噪声值低10dB(A)以上，否则应进行修正 本项目为考查项目

续表

序号	试验项目	试验和容和方法	备注
6	低温试验	使被试泵和进口油温均为－25～－20℃，油液黏度在被试泵所允许的最大黏度范围内，在额定转速、空载压力工况下启动被试泵至少5次	有要求时做此项试验 可以由制造商与用户协商，在工业应用中进行
7	高温试验	在额定工况下，进口油温为90～100℃时，油液黏度不低于被试泵所允许的最低黏度条件下，连续运转1h以上	
8	低速试验	在输出稳定的额定压力，连续运转10min以上测量流量、压力数据，计算容积效率并记录最低转速	仅适用于额定压力为10～25MPa的齿轮泵
9	超速试验	在转速为115%额定转速或规定的最高转速下，分别在额定压力和空载压力下连续运转15min以上	
10	超载试验	在被试泵的进口油温为80～90℃、额定转速和下列压力之一工况下 (1)125%的额定压力(当额定压力小于20MPa时)，连续运转 (2)最高压力或125的额定压力(当额定压力大于等于20MPa时)连续运转	仅适用于额定压力为10～25MPa的齿轮泵
11	冲击试验	在80～90℃的进口油温和额定转速、额定压力下进行冲击。冲击波形见图8-13规定，冲击频率20～40次/min	仅适用于额定压力为10～25MPa的齿轮泵
12	满载试验	在额定工况下，被试泵进口油温为30～60℃时作连续运转	仅适用于额定压力为2.5MPa的齿轮泵
13	效率检查	完成上述规定项目试验后，测量额定工况下的容积效率和总效率	
14	密封性能检查	将被试泵擦干净，如有个别部位不能一次擦干净，运转后产生“假”渗漏现象，允许再次擦干净 静密封：将干净吸水纸压贴与静密封部位，然后取下，纸上如有油迹即为渗油 动密封：在动密封部位下方放置白纸，于规定时间内纸上不应有油滴	

①包括最低转速和额定转速。

②包括空载压力和额定压力。

注：试验项目序号10～12属于耐久性试验项目。

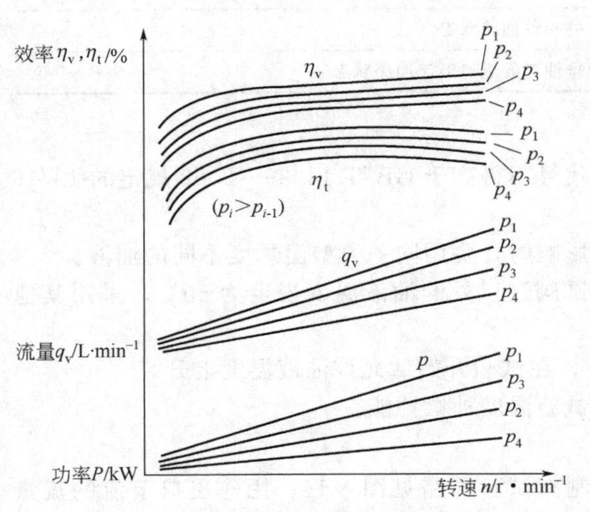

图8-10 功率、流量、效率随转速变化曲线

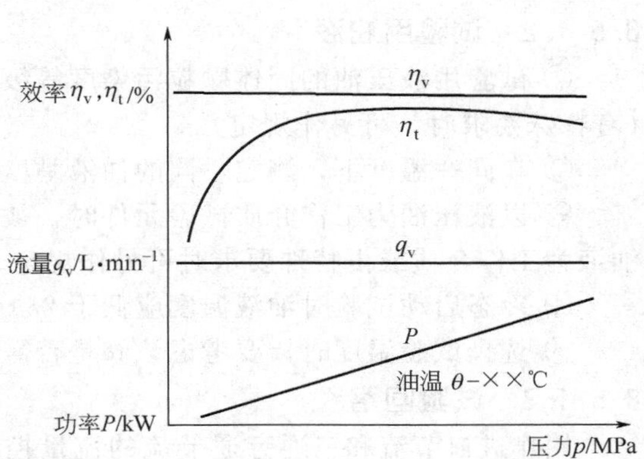

图8-11 功率、流量、效率随压力变化曲线

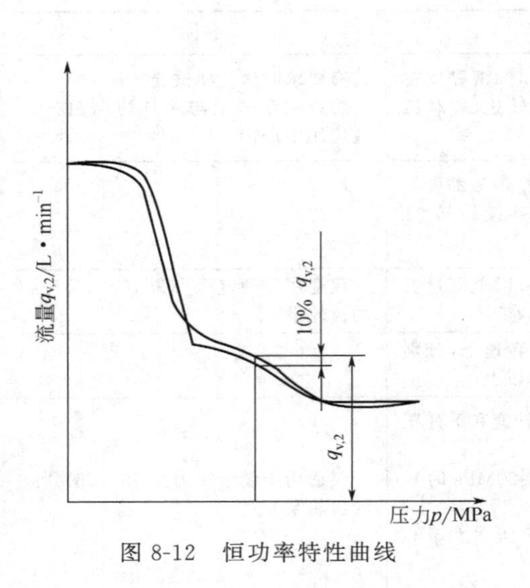

图 8-12　恒功率特性曲线

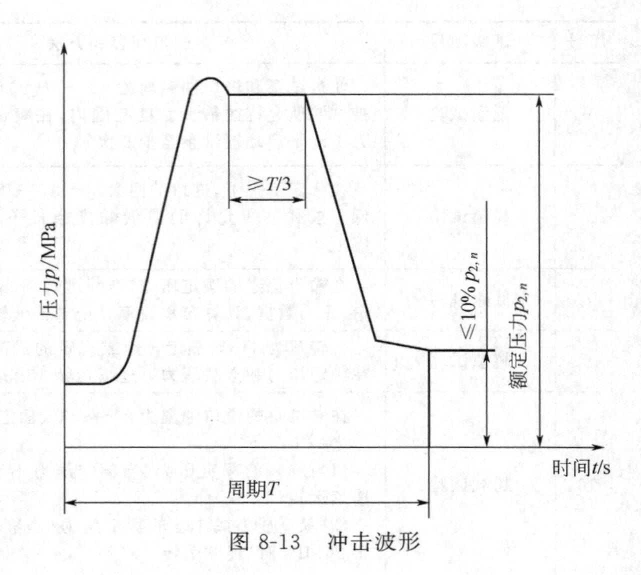

图 8-13　冲击波形

8.5　液压阀试验方法

8.5.1　流量控制阀试验方法（GB/T 8104—1987）

8.5.1.1　试验相关术语

试验相关术语见表 8-13。

表 8-13　试验相关术语

术语	说　明
旁通节流	将一部分流量分流至主油箱或压力较低的回路，以控制执行元件输入流量的一种回路状态
进口节流	控制执行元件的输入流量的一种回路状态
出口节流	控制执行元件的输出流量的一种回路状态
三通旁通节流	流量控制阀自身需要旁通排油口的进口节流回路状态

8.5.1.2　试验用油液

① 试验用液压油的固体颗粒污染度等级代号不得高于 GB/T 14039—2002 规定的 19/16（有特殊要求时，可另作规定）。

② 在同一温度下，测定不同的油液黏度影响时，要用同一类型但黏度不同的油液。

③ 以液压油为工作介质试验元件时，被试阀进口处的油液温度规定为 50℃，采用其他油液为工作介质或由特殊要求时可另作规定。

④ 冷态启动试验时油液温度应低于 25℃。在试验开始后允许油液温度上升。

⑤ 选择试验温度时，要考虑该阀是否需试验温度补偿性能。

8.5.1.3　试验回路

用作进口节流和三通旁通节流的流量控制阀试验回路见图 8-14；用作出口节流的流量控制阀试验回路见图 8-15；用作旁通节流的流量控制阀试验回路见图 8-16。

允许采用包含两种或多种试验条件的综合回路，允许在给定的基本回路中增设调节压力、流量和保证试验系统安全工作的原件。

与被试阀连接的管道和管接头的内径应和阀的公称直径相一致。

液压泵的流量应能调节，液压泵的流量应大于被试阀的试验流量。液压泵的压力脉动量不得大于±0.5MPa。

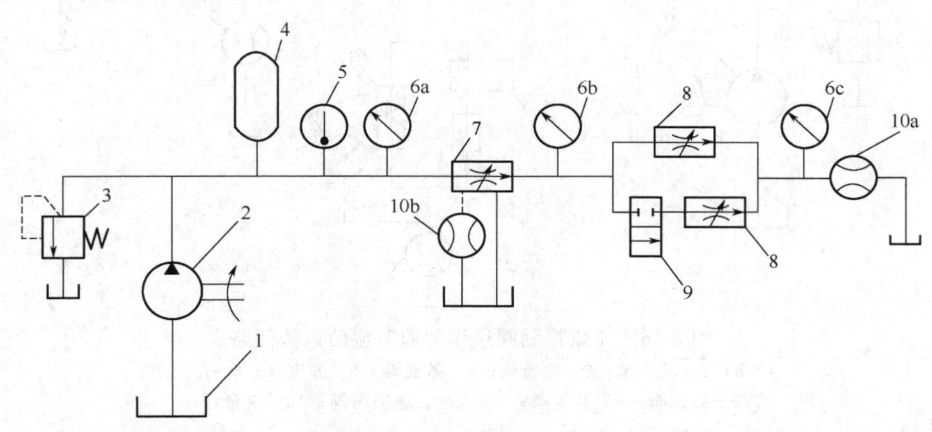

图 8-14　流量控制阀用作进口节流和三通旁通节流时的试验回路

1—油箱；2—液压泵；3—溢流阀；4—蓄能器；5—温度计；6—压力表；7—被试阀；8—节流阀；9—二位二通换向阀；10—流量计

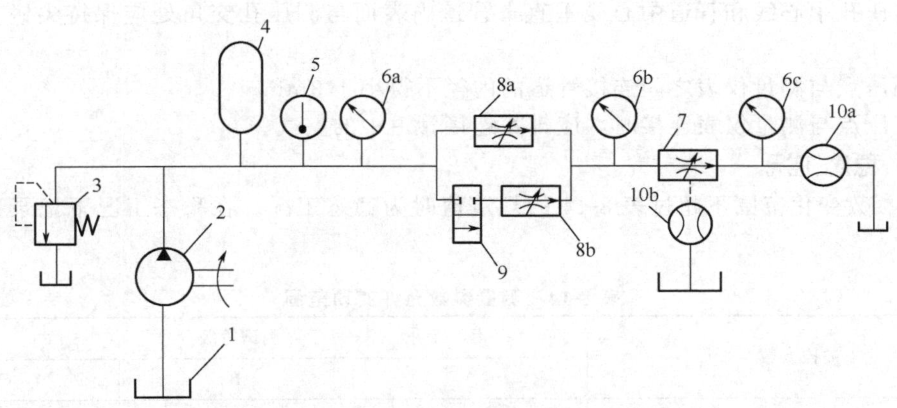

图 8-15　流量控制阀用作出口节流的试验回路

1—油箱；2—液压泵；3—溢流阀；4—蓄能器；5—温度计；6—压力表；7—被试阀；8—节流阀；9—二位二通换向阀；10—流量计

8.5.1.4　测量点位置

(1) 压力测量点位置

① 进口压力测量点应设置在扰动源（如阀、弯头）的下游和被试阀上游之间。距扰动源的距离应大于 $10d$，距被试阀的距离为 $5d$。

② 出口压力测量点应设置在被试阀下游 $10d$ 处。

③ 按 C 级精度测试时，若压力测量点的位置与上述要求不符，应给出相应修正值。

(2) 温度测量点位置

温度测量点应该设置在被试阀进口压力测量点上游 $15d$ 处。

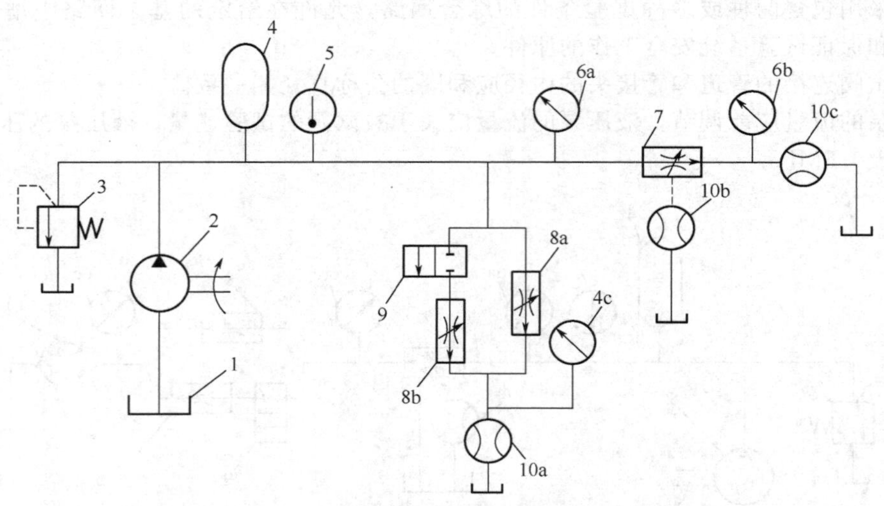

图 8-16 流量控制阀用作旁通节流的试验回路

1—油箱；2—液压泵；3—溢流阀；4—蓄能器；5—温度计；6—压力表；
7—被试阀；8—节流阀；9—二位二通换向阀；10—流量计

(3) 测压孔

① 测压孔的直径不得小于 1mm，不得大于 6mm。

② 测压孔的长度不得小于测压孔直径的 2 倍。

③ 测压孔中心线和管道中心线垂直，管道内表面与测压孔交角处应保持尖锐，但不得有毛刺。

④ 测压点与测量仪表之间连接管道的内径不得小于 3mm。

⑤ 测压点与测量仪表连接时，应排除连接管道中的空气。

8.5.1.5 稳态工况

被控参数变化范围不超过表 8-14 的规定值时为稳态工况。在稳态工况下记录试验参数的测量值。

表 8-14 测量参数允许变动范围

被控参数	测试等级		
	A	B	C
流量/%	±0.5	±1.5	±2.5
压力/%	±0.5	±1.5	±2.5
油温/℃	±1.0	±2.0	±4.0
黏度/%	±5.0	±10.0	±15.0

被测参数测量读数点的数目和所取读数的分布应能反映被试阀在全范围内的性能。

为保证试验结果的重复性，应规定测量的时间间隔。

8.5.1.6 耐压试验

① 在被试阀进行试验前应进行耐压试验。

② 耐压试验时，对各承压油口施加耐压试验压力。耐压试验压力为该油口最高工作压力的 1.5 倍，以每秒 2%耐压试验压力的速率递增，保压 5min，不得有外渗漏。

③ 耐压试验时各泄油口和油箱相连。

8.5.1.7　试验项目和方法（表 8-15）

表 8-15　试验项目和方法

序号	试验项目	试　验　方　法
1	稳态流量-压力特性试验	被控流量和旁通流量应尽可能在控制部件设定值和压差的全部范围内进行测量 压力补偿型阀：在进口和出口压力的规定增量下，对指定的压力和流量从最小值至最大值进行测试 无压力补偿型阀：参照 GB 8107—2012《液压阀压差-流量特性的测量》中的有关条款进行测试
2	外泄漏量试验	对有外泄口的流量控制阀应测定外泄漏量。绘出进口流量-压差特性和出口流量-压差特性。进口流量与出口流量之差即为外泄漏量
3	调节控制部件所需“力”(泛指力、力矩、压力)的试验	在被试阀进口和出口压力变化范围内，在各组进、出口压力设定值下，改变控制部件的调节设定值，使流量由最小升至最大（正行程），又由最大回至最小（反行程），测定各调节设定值下的对应调节“力” 在每次调至设定位置之前，应连续地对被试阀做 10 次以上的全行程调节的操作，以避免由于淤塞引起的卡紧力影响测量。同时，应在调至设定位置时起 60s 内完成读数的测量 每完成 10 次以上全行程操作后，将控制部件调至设定位置时，要按规定行程的正或反来确定调节动作的方向 注：需测定背压影响时，本项测试只能采用图 8-14 所示回路
4	带压力补偿的流量控制阀瞬态特性试验	在控制部件的调节范围内，测试各调节设定值下的流量对时间的相关特性 进口节流和三通旁通节流的试验回路，按图 8-14 所示，对被试阀的出口造成压力阶跃来进行试验。出口节流和旁通节流的试验回路分别按图 8-15 和图 8-16所示。对被试阀进口造成压力阶跃来进行试验 在进行瞬态特性测试时可不考虑外泄漏量的影响 (1)在图 8-14～图 8-16 中，阀 9 的操作时间应满足下列两个条件 a. 不得大于响应时间的 10% b. 最大不超过 10ms (2)为得到足够的压力梯度，必须限制油液的压缩影响。检查方法见式(8-1) $$\frac{dp}{dt}=\frac{q_{vs}K_s}{V} \qquad (8\text{-}1)$$ 由式(8-1)估算压力梯度。其中 q_{vs}是测试开始前设定的稳态流量；K_s是等熵体积弹性模量；V 是被试阀 7 与阀之间的连通容积；p 是阶跃压力 式(8-1)估算的压力梯度至少应为实测结果的 10 倍 (3)瞬态特性试验程序 a. 关闭阀 9，调节被试阀 7 的控制部件，由流量计 10a 读出稳态设定流量 q_{vs}，调节阀 8a，读出流量 q_{vs}流过阀 8a 时造成的压差 Δp_2（下标“2”表示流量 q_{vs}单独通过阀 8a 的工况），用式(8-2)计算 $$K=\frac{q_{vs}}{\sqrt{\Delta p_2}} \qquad (8\text{-}2)$$ 由式(8-2)求出阀 8a 的系数 K。对图 8-14～图 8-16，分别是压力计 6b 和 6c、6a 和 6b 及 6a 和 6c 的读数差 b. 打开阀 9，调节阀 8b，读出 q_{vs}通过阀 8a 和 8b 并联油路所造成的压差（下标“1”表示流量 q_{vs}通过并联油路的工况），压差 Δp_1 的读法与压差 Δp_2 读法相同 $$q_v=q_{v1}=K\sqrt{\Delta p_1} \qquad (8\text{-}3)$$ 可以认为是被试阀响应时间的起始时刻，称 q_{vs}为起始流量 c. 操作阀 9(由开至关)，造成压力阶跃进行检测 (4)测试方法 选择下述方法中的一种进行瞬态特性测试 a. 第一种方法——间接法（采用高频响应压力传感器），用压力传感器测出阀 8a 的瞬时压差 Δp 以式(8-4)求出通过被试阀 7 的瞬时流量 q_v $$q_v=K\sqrt{\Delta p} \qquad (8\text{-}4)$$ 注：在这种方法中允许采用频响较低的流量计，因为它只用来测读稳态流量 b. 第二种方法——直接法（采用高频响应的压力传感器和流量传感器），直接用流量传感器读出瞬时流量。用压力传感器来校核流量传感器相位的准确性

8.5.2 压力控制阀试验方法（GB/T 8105—1987）

8.5.2.1 试验用油液

① 试验用液压油的固体颗粒污染度等级代号不得高于 GB/T 14039—2002 规定的 19/16（有特殊要求时，可另作规定）。

② 试验时，因淤塞现象而使在一定的时间间隔内对同一参数进行数次测量所得的测量值不一致时，在试验报告中要注明时间间隔值。

③ 在试验报告中应注明过滤器的安装位置、类型和数量。

④ 在试验报告中应注明油液的固体污染等级及测定污染等级的方法。

⑤ 在同一温度下测定不同油液黏度的影响时，要用同一类型但黏度不同的油液。

⑥ 以液压油为工作介质试验元件时，被试阀进口处的油液温度规定为 50℃，采用其他油液为工作介质或由特殊要求时可另作规定。

⑦ 冷态启动试验时油液温度应低于 25℃，在试验开始前把试验设备和油液的温度保持在某一温度，试验开始以后允许油液温度上升。在试验报告中记录温度、压力和流量对时间的关系。

⑧ 当被试阀有试验温度补偿性能的要求时，可根据试验要求选择试验温度。

8.5.2.2 试验回路

① 图 8-17 和图 8-18 分别为溢流阀和减压阀的基本试验回路。允许采用包括两种或多种试验条件的综合试验回路。

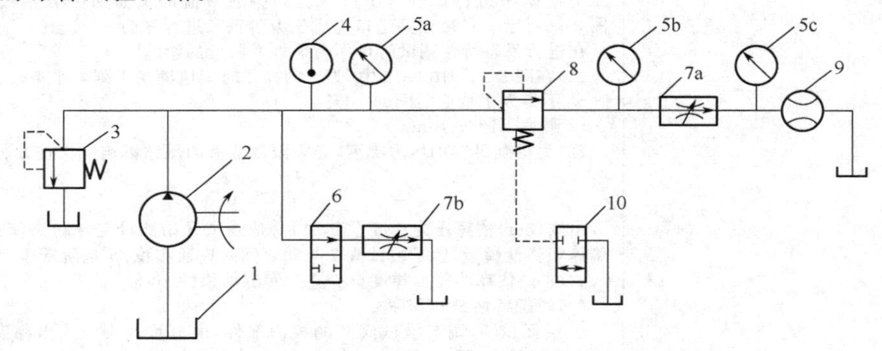

图 8-17 溢流阀试验回路

1—油箱；2—液压泵；3—溢流阀；4—温度计；5—压力表；6—旁通阀；7—节流阀；8—被试阀；9—流量计；10—换向阀

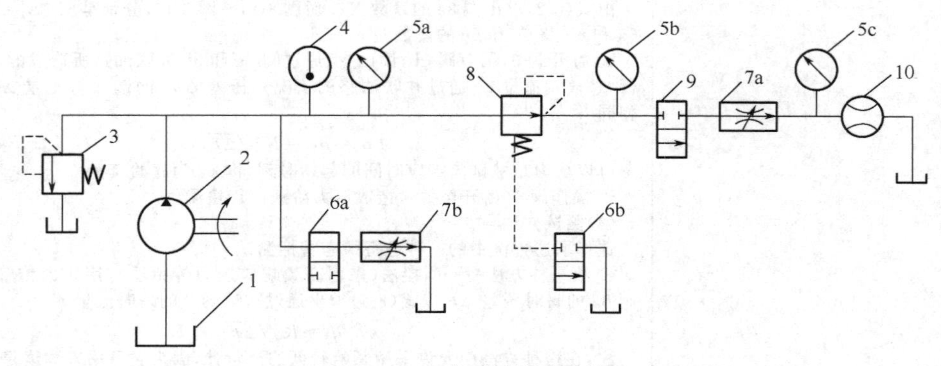

图 8-18 减压阀试验回路

1—油箱；2—液压泵；3—溢流阀；4—温度计；5—压力表；6—旁通阀；7—节流阀；8—被试阀；9—换向阀；10—流量计

② 油源的流量应能调节。油源流量应大于被试阀的试验流量。油源的压力脉动量不得大于±5MPa，并能允许短时间压力超载20%～30%。

③ 被试阀和试验回路相关部分所组成的表观容积刚度，应保证压力梯度在下列的给定值范围之内。

a. 3000～4000MPa/s；

b. 600～800MPa/s；

c. 120～160MPa/s。

④ 允许在给定的基本试验回路中增设调节压力、流量或保证试验系统安全工作的元件。

⑤ 与被试阀连接的管道和管接头的内径应和被试阀的通径相一致。

8.5.2.3 测量点位置

(1) 测压点的位置

① 进口测压点的位置：应设置在扰动源（如阀、弯头）的下游和被试阀上游之间，距扰动源的距离应大于$10d$，距被试阀的距离为$5d$。

② 出口测压点位置：应设置在被试阀下游$10d$处。

③ 按C级精度测试时，若测压点的位置与上述要求不符，应给出相应修正值。

(2) 温度测量点的位置：应设置在被试阀进口测压点上游$15d$处。

(3) 测压孔

① 测压孔直径不得小于1mm，不得大于6mm。

② 测压孔的长度不得小于测压孔直径的2倍。

③ 测压孔中心线和管道中心线垂直，管道内表面与测压孔交角处应保持尖锐，但不得有毛刺。

④ 测压点与测量仪表之间连接管道的内径不得小于3mm。

⑤ 测压点与测量仪表连接时应排除连接管道中的空气。

8.5.2.4 稳态工况

被控参数的变化范围不超过表8-14的规定值时为稳态工况。

被测参数测量读数点的数目和所取读数的分布应能反映被试阀在全范围内的性能。

为保证试验结果的重复性，应规定测量的时间间隔。

8.5.2.5 耐压试验

① 在被试阀试验前应进行耐压试验。

② 耐压试验时，对各承压油口施加耐压试验压力。耐压试验压力为该油口的最高工作压力的1.5倍，以每秒2%耐压试验压力的速率递增，保压5min，不得有外渗漏。

③ 耐压试验时各泄油口和油箱相连。

8.5.2.6 试验项目和方法

(1) 溢流阀

① 稳态压力-流量特性试验　将被试阀调定在所需流量和压力值（包括阀的最高和最低压力值）上，然后在每一试验压力值上使流量从零增加到最大值，再从最大值减小到零，测试此过程中被试阀的进口压力。

被试阀的出口压力可为大气压或某一用户所需的压力值。

② 控制部件调节“力”试验（泛指力、力矩、压力或输入电量）　将被试阀通以所需的工作流量，调节其进口压力，由最低值增加到最高值，再从最高值减小到最低值，测定此过程中为改变进口压力调节控制部件所需的“力”。

为避免淤塞而影响测试值，在测试前应将被试阀的控制部件在其调节范围内至少连续来回操作 10 次以上。每组数据的测试应在 60s 内完成。

③ 流量阶跃压力响应特性试验　将被试阀调定在所需的试验流量与压力下，操纵阀 6，使试验系统压力下降到起始压力（保证被试阀进口处的起始压力值不大于最终稳态压力值的 20%），然后迅速关闭阀 6，使密闭回路中产生一个按规定选用的压力梯度，这时，在被试阀 8 进口处测试被试阀的压力响应。

阀 6 的关闭时间不得大于被试阀响应时间的 10%，最大不超过 10ms。

油的压缩性造成的压力梯度，由表达式$\frac{dp}{dt}=\frac{q_v K_s}{V}$算出，至少应为所测梯度的 10 倍。

压力梯度系指压力从起始稳态压力值与最终稳态压力值之差的 10%上升到 90%时间间隔内的平均压力变化率。

整个试验过程中，溢流阀 3 的回油路上应无油液通过。

④ 卸压、建压特性试验

a. 最低工作压力试验。当溢流阀是先导控制式时，可以用一个换向阀 10 切换先导级油路，使被试阀 8 卸荷，逐点测出各流量时被试阀的最低工作压力。试验方法按 GB 8107—2012《液压阀压差-流量特性的测量》有关条款的规定。

b. 卸压时间和建压时间试验。将被试阀 8 调定在所需的试验流量与试验压力下，迅速切换阀 10。换向阀 10 切换时，测试被试阀 8 从所控制的压力卸到最低压力值所需的时间和重新建立控制压力值的时间。

阀 10 的切换时间不得大于被试阀响应时间的 10%，最大不超过 10ms。

(2) 减压阀

① 稳态压力-流量特性试验　将被试阀 8 调定在所需的试验流量和出口压力值上（包括阀的最高和最低压力值），然后调节流量，使流量从零增加到最大值，再从最大值减小到零，测量此过程中被试阀 8 的出口压力值。

试验过程中应保持被试阀 8 的进口压力稳定在额定压力值上。

② 控制部件调节“力”试验（泛指力、力矩或压力）　将被试阀 8 调定在所需的试验流量和出口压力值上，然后调节被试阀的出口压力，使出口压力由最低值增加到最高值，再从最高值减小到最低值，测量在此过程中为改变出口压力值控制部件调节“力”。

为避免淤塞而影响测试值，在测试前应将被试阀的控制部件在其调节范围内至少连续来回操作 10 次以上。每组数据的测试应在 60s 内完成。

③ 进口压力阶跃压力响应特性试验　溢流阀 3 使被试阀 8 的进口压力为所需的值，然后调节被试阀 8 与阀 7a，使被试阀 8 的流量和出口压力调定在所需的试验值上。操纵阀 6a，使整个试验系统压力下降到起始压力（为保证被试阀阀芯的全开度，保证此起始压力不超过被试阀出口压力值的 50%和被试阀调定的进口压力值的 20%）。然后迅速关闭阀 6a，使进油回路中产生一个按规定选用的压力梯度，在被试阀 8 的出口处测量被试阀的出口压力的瞬态响应。

④ 出口流量阶跃压力响应特性试验　溢流阀 3 使被试阀 8 的进口压力为所需的值，然后调节被试阀 8 与 7b，使被试阀 8 的流量和出口压力调定在所需的试验值上。关闭阀 9，使被试阀 8 出口流量为零，然后开启阀 9，使被试阀的出口回路中产生一个流量的阶跃变化。这时，在被试阀 8 的出口处测量被试阀的出口压力瞬态响应。

阀 9 的开启时间不得大于被试阀响应时间的 10%，最大不超过 10ms。

被试阀和阀 7b 之间的油路容积要满足压力梯度的要求，即由公式$\frac{dp}{dt}=\frac{q_v K_s}{V}$计算出的压力梯度必须比实际测出被试阀出口压力响应曲线中的压力梯度大 10 倍以上。式中，V 是被试阀与阀7b之间的回路容积；K_s是油液的等熵体积弹性模量；q_V是流经被试阀的流量。

⑤ 卸压、建压特性试验

a. 最低工作压力试验。当减压阀是先导控制形式时，可以用一个卸荷控制阀6b来将先导级短路，使被试阀8卸荷，逐点测出各流量时被试阀的最低工作压力。试验方法按GB/T 8107—2012有关条款进行。

b. 卸压时间和建压时间试验。按溢流阀的卸压时间和建压时间试验步骤进行试验，卸荷控制阀6b切换时，测量被试阀8从所控制的压力卸到最低压力值所需的时间和重新建立所需压力值的时间。

阀6b的切换时间不得大于被试阀响应时间的10%，最大不超过10ms。

8.5.3　方向控制阀试验方法电液伺服阀试验方法（GB/T 8106—1987）

8.5.3.1　试验用油液

（1）试验用油液

① 在试验报告中注明试验中使用的油液类型、牌号以及在试验控制温度下油液的黏度、密度和等熵体积弹性模量。

② 在同一温度下测定不同油液黏度对试验的影响时，要用同一类型但黏度不同的油液。

（2）油液固体污染等级

① 在试验系统中，所用的液压油（液）的固体污染等级不得高于GB/T 14039—2002规定的19/16。有特殊试验要求时可另作规定。

② 试验时，因淤塞现象而使在一定的时间间隔内对同一参数进行数次测量所测得的量值不一致时，要提高过滤器的过滤精度，并在试验报告中注明此时间间隔值。

③ 在试验报告中注明过滤器的安装位置、类型和数量。

④ 在试验报告中注明油液的固体污染等级，并注明测定污染等级的方法。

（3）试验温度

① 以液压油为工作介质试验元件时，被试阀进口处的油液温度为50℃，采用其他油液为工作介质或有特殊要求时可另作规定，在试验报告中注明实际的试验温度。

② 冷态启动试验时，油液温度应低于25℃，在试验开始前把试验设备和油液的温度保持在某一温度，试验开始以后允许油液温度上升。在试验报告中记录温度、压力和流量对时间的关系。

8.5.3.2　试验回路

① 图8-19～图8-22为基本试验回路，允许采用包括两种或多种试验条件的综合回路。

② 油源的流量应能调节。油源流量应大于被试阀的公称流量。油源的压力脉动量不得大于±0.5MPa。

③ 允许在给定的基本试验回路中增设调节压力和流量的元件，以保证试验系统安全工作。

④ 与被试阀连接的管道和管接头的内径应和被试阀的公称通径相一致。

8.5.3.3　测量点位置

（1）测压点的位置

① 进口测压点的位置　进口测压点应设置在扰动源（如阀、弯头）的下游和被试阀上游之间，距扰动源的距离应大于$10d$，距被试阀的距离为$5d$。

② 出口测压点的位置　出口测压点应设置在被试阀下游$10d$处。

③ 按C级精度测试时，若测压点的位置与上述不符，应给出相应修正值。

④ 测压点与测量仪表之间连接管道的内径与要求不符时，应给出相应修正值。

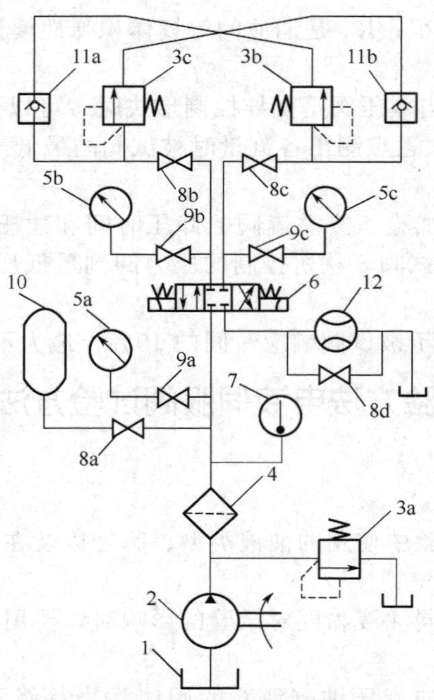

图 8-19 电磁换向阀试验回路

1—油箱；2—液压泵；3—溢流阀；4—过滤器；5—压力表；6—被试阀；7—温度计；8—截止阀；9—压力表开关；10—蓄能器；11—单向阀；12 流量计

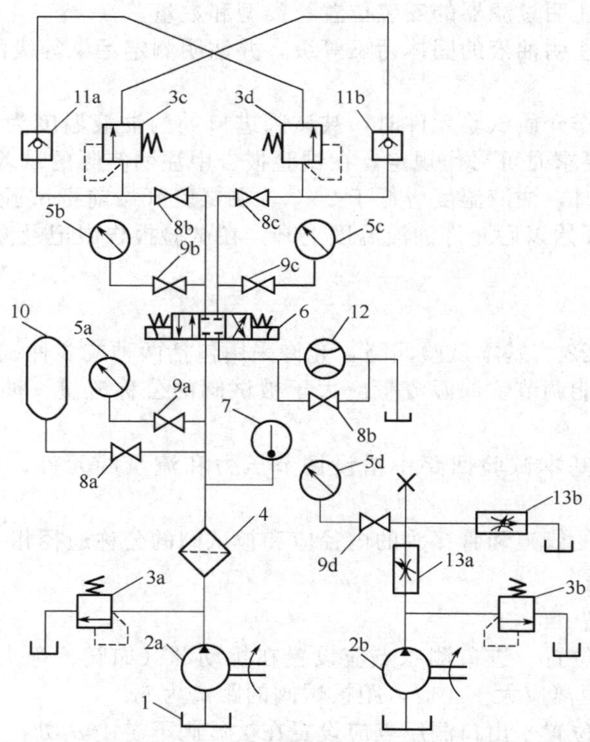

图 8-20 电液换向阀、液动换向阀、手动换向阀试验回路

1—油箱；2—液压泵；3—溢流阀；4—过滤器；5—压力表；6—被试阀；7—温度计；8—截止阀；9—压力表开关；10—蓄能器；11—单向阀；12—流量计；13—节流阀

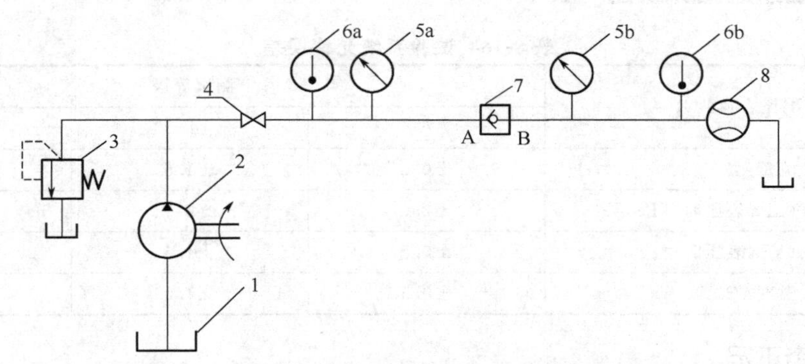

图 8-21 直接作用式单向阀试验回路

1—油箱；2—液压泵；3—溢流阀；4—截止阀；5—压力表；6—温度计；7—被试阀；8—流量计

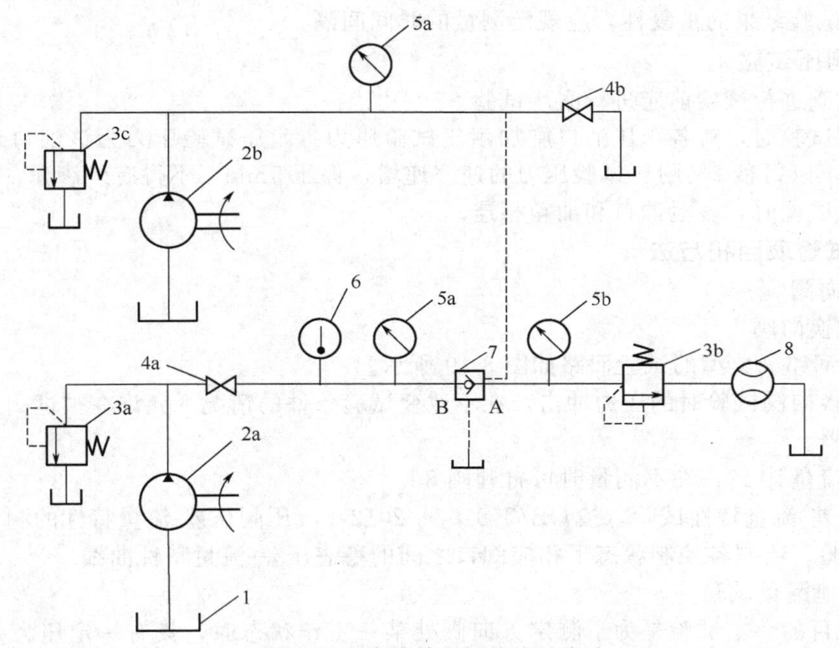

图 8-22 液控单向阀试验回路

1—油箱；2—液压泵；3—溢流阀；4—截止阀；5—压力表；6—温度计；7—被试阀；8—流量计

（2）测压孔

① 测压孔直径不得小于 1mm，不得大于 6mm。

② 测压孔长度不得小于测压孔直径的 2 倍。

③ 测压孔中心线和管道中心线垂直，管道内表面与测压孔的交角处应保持尖锐，但不得有毛刺。

④ 测压点与测量仪表之间连接管道的内径不得小于 3mm。

⑤ 测压点与测量仪表连接时，应排除连接管道中的空气。

（3）温度测量点的位置

温度测量点应设置在被试阀进口测压点上游 15d 处。

8.5.3.4 试验系统允许误差（表 8-16）

表 8-16 试验系统允许误差

测试仪表参数		测试等级		
		A	B	C
流量/%		±0.5	±1.5	±2.5
压差	p<200kPa 表压时/kPa	±2.0	±6.0	±10.0
	p≥200kPa 表压时/%	±0.5	±1.5	±2.5
温度/℃		±0.5	±1.0	±2.0

8.5.3.5 稳态工况

被控参数在表 8-14 规定范围内变化时为稳态工况。在稳态工况下记录试验参数的测量值。

被测参数测量读数点的数目和所取读数的分布，应能反映被试阀在全范围内的性能。

为保证试验结果的重复性，应规定测量的时间间隔。

8.5.3.6 耐压试验

① 被试阀进行试验前应进行耐压试验。

② 耐压试验时，对各承压油口施加耐压试验压力。耐压试验压力为该油口最大工作压力的 1.5 倍，以每秒 2%耐压试验压力的速率递增，保压 5min，不得有外渗漏。

③ 耐压试验时，各泄油口和油箱相连。

8.5.3.7 试验项目和方法

（1）换向阀

① 电磁换向阀

a. 试验回路。典型的试验回路如图 8-19 所示。

为减少换向阀试验时的压力冲击，在不改变试验条件的情况下允许在被试阀入口的油路中接入蓄能器。

为保护流量计 12，在不测量时可打开阀 8d。

b. 态压差-流量特性试验。按 GB/T 8107—2012《液压阀压差-流量特性的测定》的有关规定进行试验。绘制各控制状态下相应阀口之间的稳态压差-流量特性曲线。

c. 内部泄漏量试验

ⓐ 试验目的。本试验是为了测定方向阀处某一工作状态时，具有一定压力差又互不相通的阀口之间的油液泄漏量。

ⓑ 试验条件。试验时，每次施加在各油口上的压力应一致，并进行记录。

试验前被试阀至少连续完成 10 次换向全过程。记录最后一次换向到正式测量的时间间隔及测量时间。

ⓒ 试验方法。调整压力阀 3a，使压力计 5a 的指示压力为被试阀的试验压力。分别从各油口测量被试阀在不同控制状态时的内泄漏量。

• 绘制内泄漏量曲线。

d. 工作范围试验

ⓐ 试验目的。本试验是为了测定换向阀能正常换向的压力和流量的边界值范围。

注：正常换向是指换向信号发出后，换向阀阀芯能在位移的两个方向的全行程上移动。

ⓑ 试验条件。在电磁铁的最高稳态温度下进行试验。此温度应保证在关于线圈有效绝缘等级推荐的范围内。

在额定电压下对线圈连续通电获得电磁铁的湿度。通电时，通过换向阀的流量为零，并使整个阀处在与试验时的油温相等的环境温度中。经过充分励磁，电磁铁温度达到稳定值后开始正式试验。画出电磁铁的温升曲线。

记录每两次换向的间隔时间。

记录试验回路油液温度和固体污染等级。

整个试验期间，电磁铁线圈两端电压保持在预定的值上，并做出记录。

ⓒ 试验方法。当电磁铁温度符合要求后，在试验期间使电磁铁线圈电压比额定电压低10%。将被试阀处于某种通断状态，完全打开压力阀3c（或3a），使压力计5b（或5c）的指示压力为最小负载压力，并使通过被试阀的流量从小逐渐加大到某一规定的最大流量值，记录各流量所对应的压力计5a的指示压力。

调定压力阀3a及3c（或3d），使压力计5a的指示压力为被试阀的公称压力。逐渐加大通过被试阀的流量，使换向阀换向。当达到某一流量换向阀不能正常换向时，降低压力计5a的指示压力直到能正常换向为止。按此方法试验，直到某一规定的流量为止。

从重复试验得到的数据中确定换向阀工作范围的边界值。重复试验次数不得少于6次。

e. 瞬态响应试验

ⓐ 试验目的。本试验是为了测试电磁换向阀在换向时的瞬态响应特性。

ⓑ 试验条件。被试阀输出侧的回路容积应为封闭容积，在试验前充满油液。在试验报告中记录封闭容积的大小、容腔及管道的材料。

在电磁铁额定电压和d中规定的电磁铁温度条件下进行试验。

ⓒ 试验方法。调整压力阀3a及3c（或3d），使压力计5a的指示压力为被试阀的试验压力。

调节流量，使通过被试阀的流量为公称压力下转换阀上所对应流量的80%。

调整好后，接通或切断电磁铁的控制电压。

从表示换向阀阀芯位移对加于电磁铁上的换向信号的响应而记录的瞬态响应曲线中确定滞后时间和响应时间。

从表示换向阀输出口的压力变化对加于电磁铁上的换向信号的响应而记录下来的瞬态响应曲线中确定滞后时间和响应时间。

② 电液换向阀、液动换向阀、手动换向阀、机动换向阀

a. 试验回路。典型的试验回路如图8-20所示。

b. 稳态压差-流量特性试验。同电磁换向阀。

c. 内部泄漏试验。同电磁换向阀。

d. 工作范围

ⓐ 试验目的。本试验是为了测定电液换向阀、液动换向阀能正常换向时最小控制压力p_x的边界值范围。测定手动换向阀、机动换向阀能正常换向时最小控制压力边界值的范围。

ⓑ 试验条件。同电磁换向阀。

ⓒ 试验方法。在被试阀的公称压力和公称流量的范围内进行试验。在试验报告中记录试验采用的压力和流量范围值。

调整压力阀3a和3c（或3d），使压力计5a的指示压力为公称压力。测定被试阀在通过不同流量时的最小控制压力或最小控制力。

对于电磁换向阀，当电磁铁温度符合要求后，在试验期间使电磁铁线圈电压比额定电压低10%。

对于液动换向阀，根据规定进行下列试验中的一项或两项。

- 逐步增加控制压力，递增速率每秒不得超过主阀公称压力的2%。

• 阶跃地增加控制压力，其斜率不得低于 700MPa/s。

从重复试验得到的数据中，确定阀的最小控制压力或最小控制力的边界值范围。重复试验次数不得少于 6 次。

e. 瞬态响应试验

ⓐ 试验目的。本试验是为了测定电液换向阀、液动换向阀在换向时主阀的瞬态响应特性。

ⓑ 试验条件。被试阀输出侧的回路容积应为封闭容积，在试验前充满油液。在试验报告中记录封闭容积的大小及容腔和管道的材料。

对于电液换向阀，在电磁铁额定电压和①d 中规定的电磁铁温度条件下进行试验。

对于液动换向阀，控制回路中压力的变化率应能使液动阀迅速动作。

ⓒ 试验方法。调整压力阀 3a 及 3c（或 3b），使压力计 5a 的指示压力为被试阀的公称压力，通过流量为被试阀的公称流量，使换向阀换向。

记录阀芯位移或输出压力的响应曲线，确定滞后时间及响应时间。

(2) 单向阀

① 试验回路

a. 直接作用式单向阀试验回路见图 8-21。

b. 液控单向阀试验回路见图 8-22。

当流动方向从 A 口到 B 口时，在控制油口 X 上施加或不施加压力的情况下进行试验。当流动方向从 B 口到 A 口时，则在控制油口上施加控制压力进行试验。

② 稳态压差-流量特性试验　按 GB 8107 的有关规定进行试验，并绘制稳态压差-流量特性曲线。

③ 直接作用式单向阀的最小开启力 p_{0min} 试验　本试验目的是确定被试阀的最小开启力 p_{0min}。

在被试阀 2b 的压力为大气压时，使 A 口压力 p_A 由零逐渐升高，直到 p_B 有油液流出为止。记录此时的压力值，重复试验几次。由试验的数据来确定阀的最小开启压力 p_{0min}。

④ 液控单向阀控制压力 p_x 试验

a. 试验目的。本试验是为了测试使液控单向阀反向开启并保持全开所需的最小控制压力 p_x。

测试液控单向阀在规定的压力 p_A、p_B 和流量 q_v 的范围内，使阀关闭的最大控制压力 p_{xc}。

b. 测试方法。当液控单向阀反向未开启前，在规定的 p_B 范围内保持 p_B 为某一定值（p_{Bmax}、$0.75p_{Bmax}$、$0.5p_{Bmax}$、$0.25p_{Bmax}$ 和 p_{Bmin}），控制压力 p_x 由零逐渐增加，直到反向通过液控单向阀的流量达到所选择的流量 q_v 值为止。

记录控制压力 p_x 和对应的流量 q_v，重复试验几次。由所记录的数据来确定使阀开启并通过所选择的流量 q_v 值时的最小控制压力 p_x。绘制阀的开启压力 p_{xo}-流量 q_v 关系曲线。

在控制油口 X 上施加控制压力 p_x，保证被试阀处于全开状态，使 p_A 值处于尽可能低的条件下，选择某一流量 q_v 通过被试阀，逐渐降低 p_x 值，直到单向阀完全关闭为止。

记录控制压力 p_x 和流量 q_v 重复试验几次。由记录的数据来确定使阀关闭的最大控制压力 p_{xcmax}。绘制液控单向阀关闭压力 p_{xcmax}-流量 q_v 关系曲线。

⑤ 泄漏量试验　泄漏量试验的测量时间至少应持续 5min。

试验报告中应注明试验时的油液温度、油液的类型、牌号和黏度。

a. 直接作用式单向阀。试验时，应将被试阀反向安装。

A 口处于大气压下，B 口接入规定的压力值。在一定的时间间隔内（至少 5min），测量从 A 口流出的泄漏量，记录测量时间间隔值、泄漏量及 p_B 值。

b. 液控单向阀。A 口和 X 口处于大气压力下，B 口接入规定的压力值。在一定的时间间隔内（至少 5min），测量从 A 口流出的泄漏量。记录测量的时间间隔值、泄漏量及 p_B 值。

此方法也适合测量从泄漏口 Y 流出的泄漏量。

8.6 液压缸试验方法（GB/T 15622—2005）

本试验方法介绍了双作用液压缸和单作用液压缸的试验方法，不适用于组合式液压缸。

8.6.1 试验相关术语

试验相关术语见表 8-17。

表 8-17　试验相关术语

术语	说　明
最低起动压力	液压缸启动的最低压力
无杆腔	液压缸没有活塞杆的一腔
有杆腔	液压缸有活塞杆的一腔
负载效率	液压缸实际输出力与理论输出力的比值

8.6.2 试验用油液

黏度：40℃时的运动黏度为 29～74mm^2/s（特殊要求另行规定）。

温度：除特殊规定外，型式试验时应在 50℃±2℃下进行；出厂试验应在 50℃±4℃下进行。

清洁度：试验系统油液的固体颗粒污染度等级代号不得高 GB/T 14039—2002 规定的 19/16。

相容性：试验用油液与被试液压缸的密封件材料相容。

8.6.3 试验装置及试验回路

试验装置见图 8-23、图 8-24，试验回路见图 8-25～图 8-27。

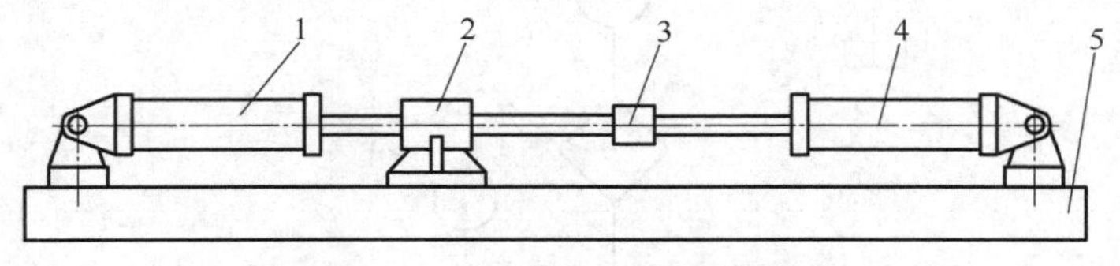

图 8-23　加载缸水平试验装置

1—加载缸；2—轴承支座；3—接头；4—被试缸；5—试验台架

8.6.4 测量准确度

型式试验的测量准确度等级不得低于 B 级，出厂试验的测量准确度等级不得低于 C 级。

8.6.5 测量系统允许误差

测量系统的允许误差应符合表 8-18 的规定。

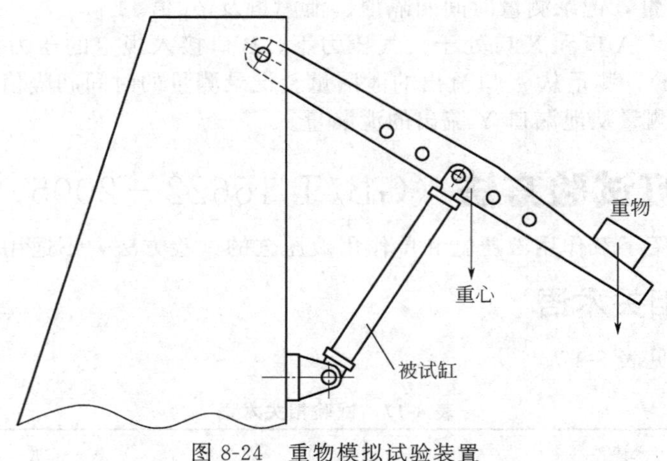

图 8-24 重物模拟试验装置

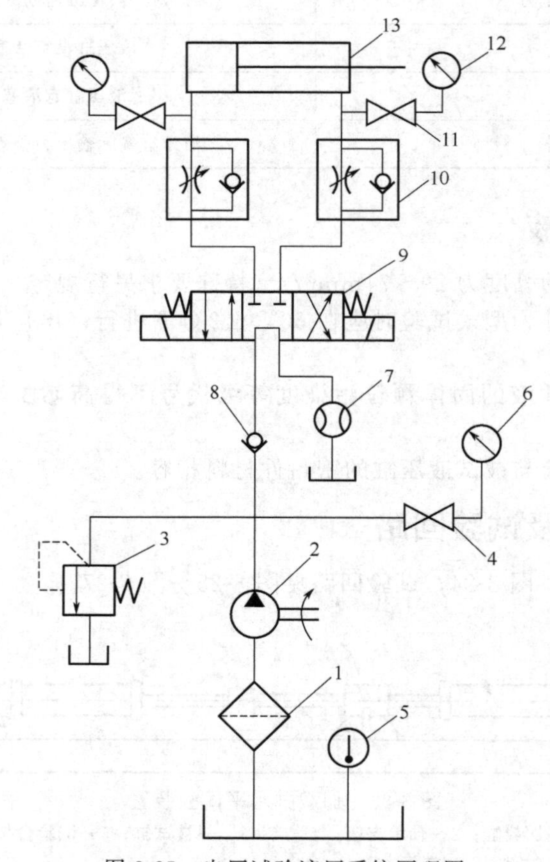

图 8-25 出厂试验液压系统原理图

1—过滤器；2—液压泵；3—溢流阀；4,11—压力表开关；5—温度计；6,12—压力表；7—流量计；8—单向阀；9—电磁阀；10—单向节流阀；13—被试缸

8.6.6 稳态工况

各项被控参量在表 8-19 规定范围内变化，方允许记录各个参量。

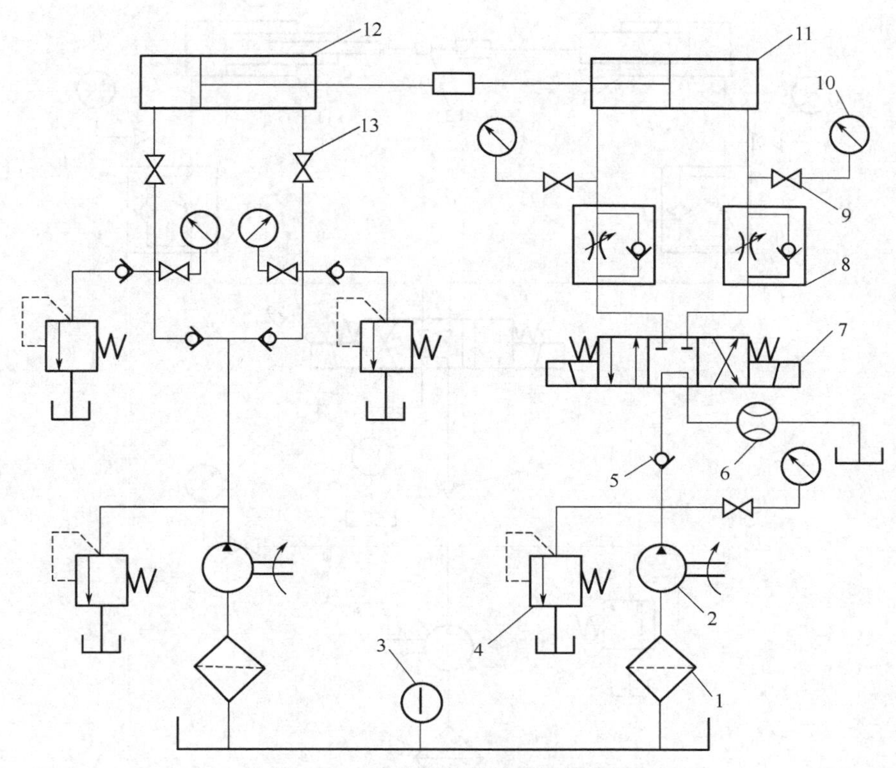

图 8-26　型式试验液压系统原理图

1—过滤器；2—液压泵；3—温度计；4—溢流阀；5—单向阀；6—流量计；7—三位四通电磁换向阀；8—单向节流阀；9—压力表开关；10—压力表；11—被试缸；12—加载缸；13—截止阀

表 8-18　测量系统的允许误差

测量参数		测量系统的允许误差	
		B 级	C 级
压力	在 0.2MPa 表压以下时/kPa	±3.0	±5.0
	在等于或大于 0.2MPa 表压时/%	±1.5	±2.5
温度/℃		±1.0	±2.0
力/%		±1.0	±1.5
流量/%		±1.5	±2.5

表 8-19　测量参数允许变动范围

被控参量		平均显示值允许变化范围	
		B 级	C 级
压力	在 0.2MPa 表压以下时/kPa	±3.0	±5.0
	在等于或大于 0.2MPa 表压时/%	±1.5	±2.5
温度/℃		±2.0	±4.0
流量/%		±1.5	±2.5

8.6.7　试验项目和方法

试验项目和方法见表 8-20。

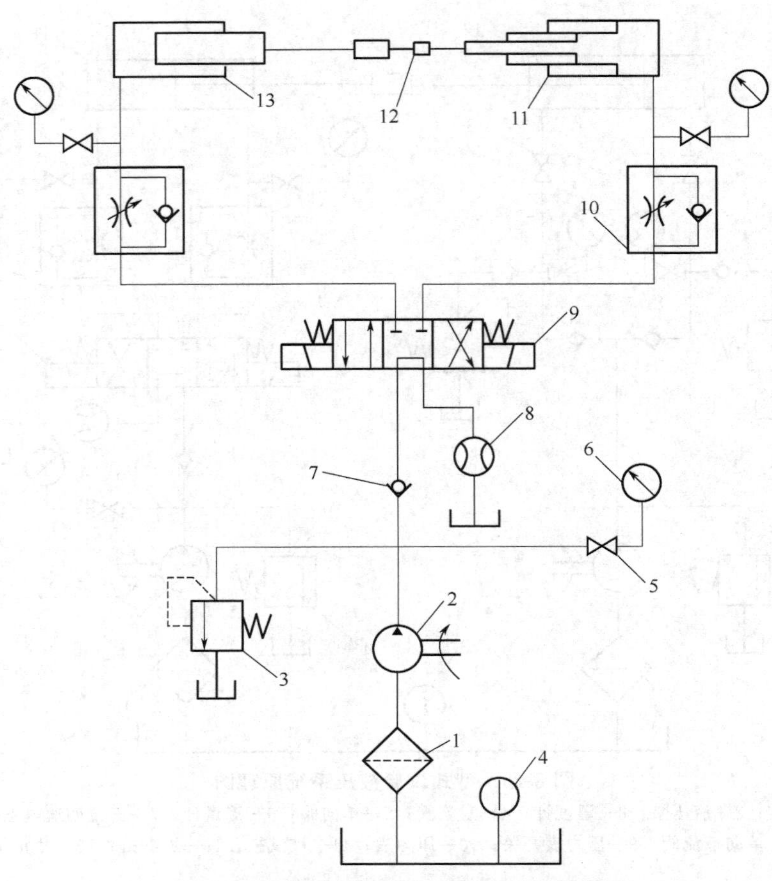

图 8-27 多级液压缸试验台液压系统原理图

1—过滤器；2—液压泵；3—溢流阀；4—温度计；5—压力表开关；6—压力表；7—单向阀；8—流量计；9—三位四通电磁换向阀；10—单向节流阀；11—被试缸；12—测力计；13—加载缸

表 8-20 试验项目和方法

序号	试验项目	试验内容
1	试运行	调整试验系统压力，使被试液压缸能在无负载工况下启动，并全行程往复运动数次，排尽液压缸内空气
2	启动压力特性试验	试运转后，在无负载工况下，调整溢流阀，使无杆腔（双活塞杆液压缸，两腔均可）压力逐渐升高，至液压缸启动时，记录下的启动压力即为最低启动压力
3	耐压试验	将被试液压缸活塞分别停在行程两端（单作用液压缸处于行程极限位置），分别向工作腔施加 1.5 倍的公称压力，型式试验保压 2min，出厂试验保压 10s
4	耐久性试验	在额定压力下，将被试液压缸以设计要求最高速度连续运行，速度误差±10%。一次连续运行 8h 以上。在试验期间，被试液压缸的零件均不得进行调整。记录累计行程
5	内泄漏试验	将被试液压缸工作腔进油，加压至额定压力或用户指定压力，测定经活塞泄至未加压腔的泄漏量
6	外泄漏试验	进行 2～5 试验时，检测活塞杆密封处的泄漏量，检查缸体各静密封处，结合面处和可调节机构处是否有渗漏现象

续表

序号	试验项目	试验内容
7	低压下的泄漏试验	当液压缸内径大于32mm时，在最低压力为0.5MPa(5bar)下；当液压缸内径小于等于32mm时，在1MPa(10bar)压力下，使液压缸全行程往复运动3次以上，每次在行程端部停留至少10s 在试验过程进行下列检测 (1)检查运动过程中液压缸是否振动或爬行 (2)观察活塞杆密封处是否有油液泄漏。当试验结束时，出现在活塞杆上的油膜应不足以形成油滴或油环 (3)检查所有静密封处是否有油液泄漏 (4)检查液压缸安装的节流和(或)缓冲元件是否有油液泄漏 (5)如果液压缸是焊接结构，应检查焊接缝处是否有油液泄漏
8	缓冲试验	将被试液压缸工作腔的缓冲阀全部松开，调节试验压力为公称压力的50%，以设计的最高速度运行，检测当运行至缓冲阀全部关闭时的缓冲效果
9	负载效率试验	将测力计安装在被试液压缸的活塞杆上，使被试液压缸保持匀速运动，按$\eta=\frac{W}{pA}\times100\%$计算出在不同压力下的负载效率，并绘制负载效率特性曲线
10	高温试验	在额定压力下，向被试液压缸输入90℃的工作油液，全行程往复运行1h
11	行程检验	将被试液压缸活塞或柱塞分别停在行程两端极限位置，测量其行程长度

注：型式试验：1～11；出厂试验：1～8、11。

8.7 超高压液压缸综合性能试验台

8.7.1 超高压液压缸综合试验台基本信息

试验介质推荐使用46#抗磨液压油。

工作介质温度范围20～60℃。

压力范围：63MPa（高压可达63MPa，低压5MPa）。

8.7.2 试验回路及原理

试验对象：以液压油为工作介质的液压缸。超高压液压缸出厂试验原理图见图8-28，超高压液压缸综合性能试验台原理图见图8-29。

由图8-28、图8-29可知，图8-28其实是图8-29功能的一部分，所以超高压液压缸综合性能试验台不仅可以进行超高压液压缸的出厂试验，还能进行超高压液压缸的型式试验，为了方便理解，在介绍系统的原理时，皆以图8-29所标的序号为准。

由于该液压系统为超高压系统，在整个试验过程中，操作人员离液压系统距离很近，因此，该液压系统的安全性在设计选型时放在首位，所以该系统的油箱2不仅包含液位液温计1、空气过滤器3、加热器6，还包括液位控制器4、温度变送器5，能随时监视工作介质的情况。

该液压系统具有独立的过滤回路，过滤回路由过滤器7d、液压泵8d、冷却器28、回油过滤器9c组成，可以连续清除系统内的杂质，保证系统内的清洁，并可由压力表15g显示过滤回路的压力。回油过滤器9由过滤器、压力继电器、单向阀组成，保证了过滤回路的正常工作。为了保险起见，液压泵8d的出油口出又并联了一个溢流阀26c。液压泵8d可以选用叶片泵来减少噪声。

驱动加载缸23运动的回路为加载回路，加载回路采用变量液压泵8c来供油，并在其出口处安装一个单向阀11b来防止油液回流。换向阀18b用来控制加载缸23的运动方向，换

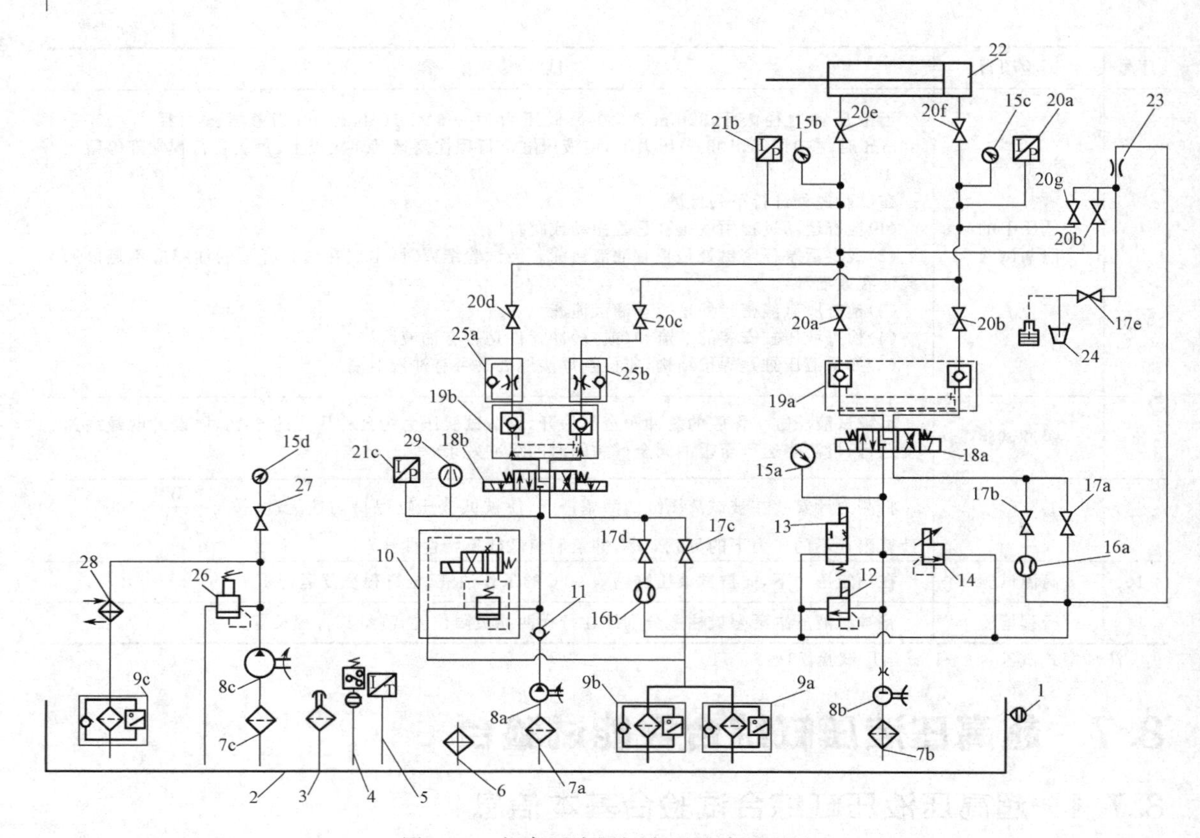

图 8-28 超高压液压缸出厂试验原理图

1—液位液温计；2—油箱；3—空气过滤器；4—液位控制器；5—温度变送器；6—加热器；7—过滤器；8—液压泵；9—回油过滤器；10—电磁溢流阀；11—单向阀；12—直动式溢流阀；13—截止式溢流阀；14—比例溢流阀；15—压力表；16—流量计；17—低压球阀；18—换向阀；19—液压锁；20—超高压球阀；21—压力变送器；22—被试缸；23—阻尼孔；24—量杯；25—单向节流阀；26—溢流阀；27—压力表开关；28—冷却器；29—电接点压力表

向阀 18b 采用 Y 型中位机能，用来减少液压冲击并用液压锁 19c 来锁定加载缸 23 的位置；加载缸的运行速度由变量液压泵 8c、单向节流阀 25c、单向节流阀 25d 来控制；为了防止回路中压力过高，在加载缸 23 的进出油口分别安装溢流阀 26a、溢流阀 26b 来保证油路的安全，同时加载缸 23 进出油口分别安装有压力变送器 21d、压力表 15d、压力变送器 21c、压力表 15e 来显示并获取油路中的压力。

被试缸 22 采用双泵供油，液压泵 8a 为低压大流量泵，泵 8b 为高压小流量泵，两个回路分别由两个高压球阀来控制油路的通断（液压泵 8a 由高压球阀 20d、20c 控制，液压泵 8b 由高压球阀 20a、20b 控制），两个回路共用一个回油路。为了增加系统的安全性，回油路中采用并联的两个回油过滤器（9a、9b），为防止两油路互相串通，在各自的回油路上安装有低压球阀（17a、17b、17c、17d），并分别装有流量计 16a 和流量计 16b，用以测量回油路上的流量。低压大流量油路的方向由换向阀 18c 控制，流量大小由单向节流阀（25a、25b）调节，并在回路中安装有液压锁 19b 用于锁紧液压缸；高压小流量油路的工作压力由比例溢流阀 14 调定，直动式溢流阀 12 作为安全阀来使用，截止式溢流阀 13 用于系统卸荷时使用，被试缸 22 的运动方向由换向阀 18a 控制，并在回路中安装有液压锁 19a 用于锁紧液压缸，被试缸 22 的进出口均装有超过压球阀（20e、20f）、压力表（15b、15c）、压力变

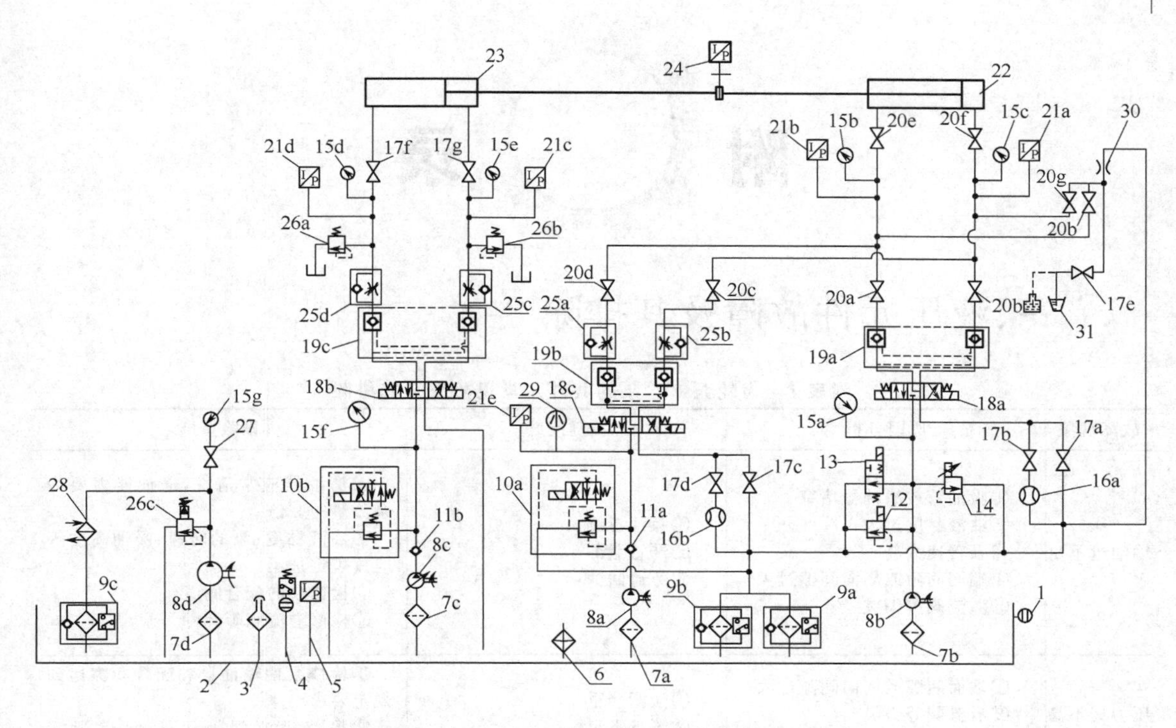

图 8-29　超高压液压缸综合性能试验台原理图

1—液位液温计；2—油箱；3—空气过滤器；4—液位控制器；5—温度变送器；6—加热器；7—过滤器；8—液压泵；9—回油过滤器；10—电磁溢流阀；11—单向阀；12—直动式溢流阀；13—截止式溢流阀；14—比例溢流阀；15—压力表；16—流量计；17—低压球阀；18—换向阀；19—液压锁；20—超高压球阀；21—压力变送器；22—被试缸；23—加载缸；24—拉力传感器；25—单向节流阀；26—溢流阀；27—压力表开关；28—冷却器；29—电接点压力表；30—阻尼孔；31—量杯

送器（21b、21a），用于保证系统的正常工作并及时获取油路中的压力信号。此外，油路上还并联了一个泄漏检测回路，由超高压球阀（20g、20h）来控制油路的通断，泄漏检测回路中连接有量杯 31。

8.7.3　试验项目和方法

试验项目和方法见表 8-20。

8.7.4　系统特点

① 该系统具有独立的过滤回路，可以连续清除系统内的杂质，保证系统内的清洁。

② 该系统安全性高，系统在超高压力情况下工作，能保证操作人员的人身安全，系统采用超压阀球阀等耐高压液压元件，保证系统能在不同工作压力情况下正常工作。

③ 压力传感器用于精确显示压力值，其精度为 0.25%，具有高响应的特性。可实时准确获取液压缸的“启动压力”及“实时工作压力”。

④ 系统采用双泵供油，低压时由低压大流量泵供油，高压时低压大流量泵卸荷，由高压小流量泵提供试验所需的高压力，大大降低了能耗。

一、液压元件故障及其排除

附表1　齿轮泵（含泵的共性）常见故障及其排除

故障现象	原因分析	关键问题	排除措施
输油量不足	①吸油管或滤油器堵塞 ②油液黏度过大 ③泵转速太高 ④端面间隙或周向间隙过大 ⑤溢流阀等失灵	①吸油不畅 ②严重泄漏 ③旁通回油	①滤油器应常清洗，通油能力要为泵流量的2倍 ②油液黏度、泵的转速、吸油高度等应按规定选用 ③检修泵的配合间隙 ④检修溢流阀等元件
压力提不高	①端面间隙或周向间隙过大 ②溢流阀等失灵 ③供油量不足	①泄漏严重 ②流量不足	①检修泵使输油量和配合间隙达到规定要求 ②检修溢流阀等元件，消除泄漏环节
噪声过大	①泵的制造质量差，如齿形精度不高、接触不良、困油槽位置误差、齿轮泵内孔与端面不垂直、泵盖上两轴承孔轴线不平行等 ②电动机的振动、联轴器安装时的同轴度误差 ③吸油管安装时密封不严、油管弯曲、伸入液面以下太浅、泵安装位置太高 ④吸油黏度过高 ⑤滤油器堵塞或通流能力小 ⑥溢流阀等动作迟缓	噪声与振动有关，可归纳为三类因素 ①机械 ②空气（气穴现象） ③油液（液压冲击等）	①提高泵工艺制造精度 ②电动机装减振垫，联轴器安装时同轴度误差应在0.1mm以下 ③吸油管安装要严防漏气，油管不要弯曲，油管伸入液面应为油深的2/3，泵的吸油高度不大于500mm ④油液黏度选择要合适 ⑤定期清洗滤油器 ⑥拆选溢流阀，使阀芯移动灵活
过热	①油液黏度过高或过低 ②齿轮和侧板等相对运动件摩擦严重 ③油箱容积过小，泵散热条件差	①泵内机件、油液因摩擦、搅动和泄漏等能量损失过大 ②散热性能差	①更换成黏度合适的液压油 ②修复有关零件，使机械磨擦损失减少 ③改善泵和油箱的散热条件
泵不打油	①泵转向不对 ②油面过低 ③滤油器堵塞	泵的密封工作容积由小变大时要通油箱吸油，由大变小时要排油	①驱动泵的电动机转向应符合要求 ②保证吸油管能进油
主要磨损件	①齿顶和两侧面 ②泵体内壁的吸油腔侧 ③侧盖端面 ④泵轴与滚针的接触处	①泵内机件受到不平衡的径向力 ②轴孔与端面垂直度较差	①减少不平衡的径向力 ②提高泵的制造精度的材质 ③端面间隙应控制在0.02～0.05mm

附表 2 叶片泵常见故障及其排除

故障现象	原因分析	排除措施
输油量不足压力提不高	①配油盘端面踏和内孔严重磨损 ②叶片和定子内表面接触不良或磨损严重 ③叶片与叶片槽配合间隙过大 ④叶片装反	①修磨配油盘 ②修磨或重配叶片 ③修复定子内表面、转子叶片槽 ④重装叶片
泵不打油	①叶片与叶片槽配合太紧 ②油液黏度过大 ③油液太脏 ④配油盘安装后变形，使高低压油区连通	①保证叶片能在叶片槽内灵活移动，形成密封的工作容积 ②过滤油液，油液黏度要合适 ③修整配油盘和壳体等零件，使之接触良好
噪声过大	①配油盘上未加工困油槽或困油槽长度不够 ②定子内表面磨损或刮伤 ③叶片工作状态较差	①配油盘上应按要求开设困油槽 ②抛光修复定子内表面 ③研磨叶片使与转子叶片槽、定子、配油盘等接触良好
主要磨损件	①定子内表面 ②转子两端面和叶片槽 ③叶片顶部和两侧面 ④配油盘端面和内孔	①定子可抛光修复或翻转 180°后使用 ②用研磨或磨削修复转子 ③叶片采用磨削法修复，叶片顶部磨损严重时可调头使用 ④配油盘可采用研磨或磨削法修复，内孔磨损严重时可将内孔扩大后镶上轴套

附表 3 轴向柱塞泵常见故障及其排除

故障现象	原因分析	排除措施
供油量不足压力提不高	①配油盘与缸体的接触面严重磨损 ②柱塞与缸体柱塞孔工艺配合面磨损 ③泵或系统有严重的内泄漏 ④控制变量机构的弹簧没有调整好	①修复或更换磨损零件 ②紧固各管接头和结合部位 ③调整好变量机构弹簧
泵不打油	①泵的中心弹簧损坏，柱塞不能伸出 ②变量机构的斜盘倾角太小，在零位卡死 ③油液黏度过高或工作温度过低	①更换中心弹簧 ②修复变量机构，使斜盘倾角变化灵活 ③选择合适的油液黏度，控制工作油温在 15℃以上
噪声过大	①泵内零件严重磨损或损坏 ②回油管露出油箱油面 ③吸油阻力过大 ④吸油管路有空气进入	①修复或更换零件 ②回油管应插入油面以下 200mm ③加大吸油管径 ④用黄油涂在管接头处检查，重新紧固后并排除空气
变量机构失灵	①变量机构阀芯卡死 ②变量机构阀芯与阀套间的磨损严重或遮盖量不够 ③变量机构控制油路堵塞 ④变量机构与斜盘间的连接部位磨损严重，转动失灵	①拆开清洗，必要时更换阀芯 ②修复有关的连接部件
主要磨损件	①柱塞磨损后成腰鼓形 ②缸体柱塞孔、缸体与配油盘接触的端面 ③配油盘端面 ④斜盘与滑履的摩擦面	①更换柱塞 ②以缸体外圆为基准来精磨和抛光端面，柱塞孔可采用珩磨法修复 ③可在平板上研磨修复斜盘和配油盘的磨损面，表面粗糙度不高于 $Ra0.2\mu m$，平面度误差应在 0.005mm 以内

附表 4　液压马达常见故障及其排除

故障现金	原因分析	关键问题	排除措施
输出转速较低	①液压马达端面间隙、径向间隙等过大，油液黏度过小，配合件磨损严重 ②形成旁通，如溢流阀失灵	①泄漏严重 ②供油量少	①油液黏度、泵的转速等应符合规定要求 ②检修液压马达的配合间隙 ③修复溢流阀等元件
输出扭矩较低	①液压马达端面间隙等过大或配合件磨损严重 ②供油量不足或旁通 ③溢流阀等失灵	①密封容积泄漏，影响压力提高 ②调压过低	①检修液压马达的配合间隙或更换零件 ②检修泵和溢流阀等元件，使供油压力正常
噪声过大	①液压马达制造精度不高，如齿轮液压马达的齿形精度、接触精度、内孔与端面垂直度、配合间隙等 ②个别零件损坏，如轴承保持架、滚针轴承的滚针断裂，扭力弹簧变形，定子内表面刮伤等 ③联轴器松动或同轴度差 ④管接头漏气、滤油器堵塞	噪声与振动有关，主要由机械噪声、流体噪声和空气噪声三大部分组成	①提高液压马达的制造精度 ②检修或更换损坏了的零件 ③重新安装安装联轴器 ④管件等连接要严密，滤油器应经常清洗

附表 5　液压缸常见故障及其排除

故障现象	原因分析	关键问题	排除措施
移动速度下降	①泵、溢流阀等有故障，系统未供油或量少 ②缸体与活塞配合间隙太大、活塞上的密封件磨坏/缸体内孔圆柱度超差、活塞左右两腔互通 ③油温过高，黏度太低 ④流量元件选择不当，压力元件调压过低	①供油量不足 ②严重泄露 ③外载过大	①检修泵、阀等元件，并合理选择和调节 ②提高液压缸的制造和装配精度 ③保证密封件的质量和工作性能 ④检查发热温升原因，选用合适的液压油黏度
推力不足	①液压缸内泄漏严重，如密封件磨损、老化、损坏或唇口装反 ②系统调定压力过低 ③活塞移动时阻力太大，如缸体与活塞、活塞杆与导向套等配合间隙过小，液压缸制造、装配等精度不高 ④脏物等进入滑动部位	①缸内工作压力过低 ②移动时阻力增加	①更换或重装密封件 ②重新调整系统压力 ③提高液压缸的制造和装配精度 ④过滤或更换油液
工作台产生爬行	①液压缸内有空气或油液中有气泡，如从泵、缸等负压处吸入外界空气 ②液压缸无排气装置 ③缸体内孔圆柱度超差、活塞杆局部或全长弯曲、导轨精度差、楔铁等调得过紧或弯曲 ④导轨润滑不良，出现干摩擦	①液压缸内有空气 ②液压缸工作系统刚性差 ③摩擦力或阻力变化大	①拧紧管接头，减少进入系统的空气 ②设置排气装置，在工作之前应先将缸内空气排除 ③缸至换向阀间的管道容积要小，以免该管道中存气排不尽 ④提高缸和系统的制造和安装精度 ⑤在润滑油中加添加剂
缸的缓冲装置故障，即终点速度过慢或出现撞击噪声	①固定式节流缓冲装置配合间隙过小或过大 ②可调式节流缓冲装置调节不当，节流过度或处于全开状态 ③缓冲装置制造和装配不良，如镶在缸盖上的缓冲环脱落，单向阀装反或阀座密封不严	①缓冲作用过大 ②缓冲装置失去作用	①更换不合格的零件 ②调节缓冲装置中的节流元件至合适位置并紧固 ③提高黏冲装置制造和装配质量

续表

故障现象	原因分析	关键问题	排除措施
缸有较大外泄漏	①密封件质量差，活塞杆明显拉伤 ②液压缸制造和装配质量差，密封件磨损严重 ③油温过高或油的黏度过低	①密封失效 ②活塞杆拉伤	①密封件质量要好，保管、使用要合理，密封件磨损严重时要及时更换 ②提高活塞杆和沟槽尺寸等的制造精度 ③油的黏度要合适，检查温升原因并排除

附表 6　方向阀常见故障及其排除

故障现象	原因分析	关键问题	排除措施
阀芯不能移动	①阀芯卡死在阀体孔内，如阀芯与阀体几何精度差、配合过紧、表面有毛刺或刮伤、阀体安装后变形、复位弹簧太软、太硬或扭曲 ②油液黏度太高、油液过脏、油温过高、热变形卡死 ③控制油路无油或控制压力不够 ④电磁铁损坏等	①机械故障 ②液压故障 ③电气等故障	①提高阀的制造、装配和安装精度 ②更换弹簧 ③油的黏度、温升、清洁度、控制压力等应符合要求 ④修复或更换电磁铁
电磁铁线圈烧坏	①供电电压太高或太低 ②线圈绝缘不良 ③推杆过长 ④电磁铁铁芯与阀芯的同轴度误差 ⑤阀芯卡死或回油口背压过高	①电压不稳定或电气质量差 ②阀芯不到位	①电压的变化值应在额定电压的10%以内 ②尽量选用直流电磁铁 ③修磨推杆 ④重新安装、保证同轴度 ⑤防止阀芯卡死，控制背压
换向冲击、振动与噪声	①采用大通径的电磁换向阀 ②液动阀阀芯移动可调装置有故障 ③电磁铁铁芯的吸合面接触不良 ④推杆过长或过短 ⑤固定电磁铁的螺钉松动	①阀芯移动速度过快 ②电磁铁吸合不良	①大通径时采用电液换向阀 ②修复或更换可调装置中的单向阀和节流阀 ③修复并紧固电磁铁 ④推杆长度要合适
通过的流量不足或压力降过大	①推杆过短 ②复位弹簧太软	开口量不足	更换合适的推杆和弹簧
液控单向阀油液不逆流	①控制压力过低 ②背压力过高 ③控制阀芯或单向阀芯卡死	单向阀打不开	①背压高时可采用复式或外泄式液控单向阀 ②消除控制管路的泄漏和堵塞 ③修复或清洗，使阀芯移动灵活
单向阀类逆方向不密封	①密封锥面接触不均匀，如锥面与导向圆柱面轴线的同轴度误差较大 ②复位弹簧太软或变形	①密封带接触不良 ②阀芯在全开位置上卡死	①提高阀的制造精度 ②更换弹簧，修复密封带 ③过滤油液

附表 7 先导型溢流阀常见故障及其排除

故障现象	原因分析	关键问题	排除措施
无压力或压力升不高	①先导阀或主阀弹簧漏装、折断、弯曲或太软 ②先导阀或主阀锥面密封性差 ③主阀芯在开启位置卡死或阻尼被堵 ④遥控口直接通油箱或该处有严重泄漏现金	主阀阀口开得过大	①更换弹簧 ②配研密封锥面 ③清洗阀芯，过滤或更换油液，提高阀的制造精度 ④设计时不能将遥控口直接通油箱
压力很高调不下来	①进、出油口接反 ②先导阀弹簧弯曲等使该阀打不开 ③主阀芯在关闭状态下卡死	主阀阀口闭死	①重装进、出油管 ②更换弹簧 ③控制油的清洁度和各零件的加工精度
压力波动不稳定	①配合间隙或阻尼孔时而被堵，时而脏物被油液冲走 ②阀体变形、阀芯划伤等原因使主阀芯运动不规则 ③弹簧变形，阀芯移动不灵 ④供油泵的流量和压力脉动	主阀阀口的变化不规则	①过滤或更换油液 ②修复或更换有关零件 ③更换弹簧 ④提高供油泵的工作性能
振动和噪声	①阀芯配合不良，阀盖松动等 ②调压弹簧装偏、弯曲等，使锥阀产生振荡 ③回油管高出油面或贴近油箱底面 ④系统有空气混入	存在机械振动、液压冲击和空气	①修研配合面，拧紧各处螺钉 ②更换弹簧，提高阀的装配质量 ③回油管应离油箱底面 50mm 以上 ④紧固管接头、排除系统空气

附表 8 减压阀常见故障及其排除

故障现象	原因分析	关键问题	排除措施
出口压力过高，不起减压作用	①调压弹簧太硬、弯曲或变形，先导阀打不开 ②主阀芯在全开位置上卡死 ③先导阀的回油管道不通，如未接油箱、堵塞或背压	主阀阀口开得过大	①更换弹簧 ②修复或更换零件，过滤或更换油液 ③回油管应单独接入油箱，防止细长、弯曲等使阻力太大
出口压力过低，不好控制与调节	①先导锥阀处有严重内、外泄漏 ②调压弹簧漏装、断裂或过软 ③主阀芯在接近闭死状态时卡住	主阀阀口开得过小	①配研锥阀的密封带，结合面处螺钉应拧紧以防外泄 ②更换弹簧 ③修复或更换零件，提高油的清洁度
出口压力不稳定	①配合间隙和阻尼小孔时堵时通 ②弹簧太软及变形，使阀芯移动不灵 ③阀体和阀芯变形、刮伤、几何精度差等	主阀阀芯移动不规则	①过滤或更换油液 ②更换弹簧 ③修复或更换零件

附表 9 顺序阀常见故障及其排除

故障现象	原因分析	关键问题	排除措施
始终通油，不起顺序作用	①主阀芯在打开位置上卡死 ②单向阀在打开位置上卡死或单向阀密封不良 ③调压弹簧漏装、断裂或太软	阀口常开	①修配零件使阀芯移动灵活，单向阀密封带应不漏油 ②过滤或更换油液 ③更换弹簧或补装

续表

故障现象	原因分析	关键问题	排除措施
该通时打不开阀口	①主阀芯在关闭位置卡死 ②控制油路堵塞或控制压力不够 ③调压弹簧太硬或调压过高 ④泄漏管中背压太高	阀口闭死	①提高零件制造精度和油的清洁度 ②清洗管道，提高控制压力，防止泄漏 ③更换弹簧，调压适当 ④泄漏管应单独接入油箱
压力控制不灵	①调压弹簧变形、失效 ②弹簧调定值与系统不匹配 ③滑阀移动时阻力变化太大	①调压不合理 ②弹簧力、摩擦力等变化无规律	①更换弹簧 ②各压力元件的调整值之间不应有矛盾 ③提高零件的几何精度，调整修配间隙，使阀芯移动灵活

附表10　压力继电器常见故障及其排除

故障现象	原因分析	关键问题	排除措施
无信号输出	①进油管变形，管接头漏油 ②橡皮薄膜变形或失去弹性 ③阀芯卡死 ④弹簧出现永久变形或调压过高 ⑤接触螺钉、杠杆等调节不当 ⑥微动开关损坏	压力信号没有转换成电信号	①更换管子，拧紧管接头 ②更换薄膜片 ③清洗、配研阀芯 ④更换弹簧，调整合理 ⑤合理调整杠杆等位置 ⑥更换微动开关
灵敏度差	①阀芯移动时摩擦力过大 ②转换机构等装配不良，运动件失灵 ③微动开关接触行程太长	信号转换迟缓	①装配、调整要合理，使阀芯等动作灵活 ②合理调整杠杆等位置
易误发信号	①进油口阻尼孔太大 ②系统冲击压力太大 ③电气系统设计不当	出现不该有的信号转换	①适当减小阻尼孔 ②在控制管路上增设阻尼管以减弱压力冲击 ③电气系统设计应考虑必要的联锁等

附表11　流量控制阀常见故障及其排除

故障现象	原因分析	关键问题	排除措施
不起节流作用或调节范围小	①阀的配合间隙过大，有严重的内泄漏 ②单向节流阀中的单向阀密封不良或弹簧变形 ③流量阀在大开口时阀芯卡死 ④流量阀在小开口时节流口堵塞	通过流量阀的液体过多	①修复阀体或更换阀芯 ②研磨单向阀阀座，更换弹簧 ③拆开清洗并修复 ④冲刷、清洗，过滤油液
执行机构运动速度不稳定，有时快时慢或跳动现象	①节流口堵塞的周期性变化，即时堵时通 ②泄漏的周期性变化 ③负载的变化 ④油温的变化 ⑤各类补偿装置（负载、温度）失灵，不起稳速作用	通过阀的流量不稳定	①严格过滤油液或更换新油 ②对负载变化较大，速度稳定性要求较高的系统应采用调速阀 ③控制温升，在油温升高和稳定后，再调一次节流阀开口 ④复调速阀中的减压阀或温度补偿装置

附表 12 滤油器常见故障及其排除

故障现象	原因分析	关键问题	排除措施
系统产生空气和噪声	①对滤油器缺乏定期维护和保养 ②滤油器的过流能力选择较小 ③油液太脏	泵进口滤油器堵塞	①定期清洗滤油器 ②泵进口滤油器的过流能力应比泵的流量大1倍 ③油液使用2000～3000h后应更换新油
滤油器滤芯变形或击穿	①滤油器严重堵塞 ②滤网或骨架强度不够	通过滤油器的压力降过大	①提高滤油器的结构强度 ②采用带有堵塞发信装置的滤油器 ③设计带有安全阀的旁通油路
网式滤油器金属网与骨架脱焊	①采用锡铅焊料，熔点仅为183℃ ②焊接点数少，焊接质量差	焊料熔点较低，结合强度不够	①改用高熔点的银镉焊料 ②提高焊接质量
烧结式滤油器滤芯掉粒	①烧结质量较差 ②滤芯严重堵塞	滤芯颗粒间结合强度差	①更换滤芯 ②提高滤芯制造质量 ③定期更换油液

附表 13 密封件常见故障及其排除

故障现象	原因分析	关键问题	排除措施
内、外泄漏	①密封圈预变形量小，如沟槽尺寸过大，密封圈尺寸太小 ②油压作用下密封圈不起密封功能，如密封件老化、失效，唇形密封圈装反	密封处接触应力过小	①密封沟槽尺寸与选用的密封圈尺寸要配套 ②重装唇形密封圈，密封件保管、使用要合理 ③V形密封圈可以通过调整来控制泄漏
密封件过早损坏	①装配时孔口棱边划伤密封圈 ②运动时刮伤密封圈，如密封沟槽、沉割槽等处有锐边，配合表面粗糙 ③密封件老化，如长期保管、长期停机等 ④密封件失去弹性，如变形量过大、工作油温太低	使用、维护等不符合要求	①孔口最好采用圆角 ②修磨有关锐边，提高配合表面质量 ③密封件保管期不宜长于1年，坚持早进早出，定期开机 ④密封件变形量应合理，适当提高工作油温
密封件扭曲、挤入间隙等	①油压过高，密封圈未设支承环或挡圈 ②配合间隙过大	受侧压过大，变形过度	增加挡圈 采用Y_X形密封圈，少用Y形或O形密封圈

二、液压回路和系统故障及其排除

附表 14 供油回路常见故障及其排除

故障现象	原因分析	关键问题	排除措施
泵不出油	①液压泵的转向不对 ②滤油器严重堵塞、吸油管路严重漏气 ③油的黏度过高，油温太低 ④油箱油面过低 ⑤泵内部故障，如叶片卡在转子槽中，变量泵在零流量位置上卡住 ⑥新泵启动时，空气被堵，排不出去	不具备泵工作的基本条件	①改变泵的转向 ②清洗滤油器，拧紧吸油管 ③油的黏度、温度要合适 ④油面应符合规定要求 ⑤新泵启动前最好先向泵内灌油，以免干摩擦磨损等 ⑥在低压下放走排油管中的空气

续表

故障现象	原因分析	关键问题	排除措施
泵的温度过高	①泵的效率太低 ②液压回路效率太低,如采用单泵供油、节流调速等,导致油温太高 ③泵的泄油管接入吸油管	过大的能量损失转换成热能	①选用效率高的液压泵 ②选用节能型的调速回路,双泵供油系统,增设卸荷回路等 ③泵的外泄管应直接回油箱 ④对泵进行风冷
泵源的振动与噪声	①电动机、联轴器、油箱、管件等的振动 ②泵内零件损坏,困油和流量脉动严重 ③双泵供油合流处液体撞击 ④溢流阀回油管液体冲击 ⑤滤油器堵塞,吸油管漏气	存在机械、液压和空气三种噪声因素	①注意装配质量和防振、隔振措施 ②更换损坏零件,选用性能好的液压泵 ③合流点距泵口应大于200mm ④增大回油管直径 ⑤清洗滤油器,拧紧吸油管

附表15 方向控制回路常见故障及其排除

故障现象	原因分析	关键问题	排除措施
执行元件不换向	①电磁铁吸力不足或损坏 ②电液换向阀的中位机能呈卸荷状态 ③复位弹簧太软或变形 ④内泄式阀形成过大背压 ⑤阀的制造精度差,油液太脏等	①推动换向阀阀芯的主动力不足 ②背压阻力等过大 ③阀芯卡死	①更换电磁铁,改用液动阀 ②液动换向阀类采用中位卸荷时,要设置压力阀,以确保启动压力 ③更换弹簧 ④采用外泄式换向阀 ⑤提高阀的制造精度和油液清洁度
三位换向阀的中位机能选择不当	①一泵驱动多缸的系统,中位机能误用H型、M型等 ②中位停车时要求手调工作台的系统误用O型、M型等 ③中位停车时要求液控单向阀立即关闭的系统,误用了O型机能,造成缸停止位置偏离制定位置	不同的中位机能油路连接不同,特性也不同	①中位机能应用O型、Y型等 ②中位机能应采用Y型、H型等 ③中位机能应采用Y型等
锁紧回路工作不可靠	①利用三位换向阀的中位锁紧,但滑阀有配合间隙 ②利用单向阀类锁紧,但锥阀密封带接触不良 ③缸体与活塞间的密封圈损坏	①阀内泄漏 ②缸内泄漏	①采用液控单向阀或双向液压锁,锁紧精度高 ②单向阀密封锥面可用研磨法修复 ③更换密封件

附表16 压力控制回路常见故障及排除

故障现象	原因分析	关键问题	排除措施
压力调不上去或压力过高	各压力阀的具体情况有所不同	各压力阀本身的故障	见各压力阀的故障及排除
YF型高压溢流阀,当压力调至较高值时,发出尖叫声	三级同心结构的同轴度较差,主阀芯贴在某一侧做高频振动、调压弹簧发生共振	机、液、气各因素产生的振动和共振	①安装时要正确调整三级结构的同轴度 ②选用合适的黏度,控制温升

续表

故障现象	原因分析	关键问题	排除措施
利用溢流阀遥控口卸荷时，系统产生强烈的振动和噪声	①遥控口与二位二通阀之间有配管，它增加了溢流阀的控制腔容积，该容积越大，压力越不稳定 ②长配管中易残存空气，引起大的压力波动，导致弹性系统自激振动	机、液、气各因素产生的振动和共振	①配管直径宜在 ϕ6mm 以下，配管长度应在 1m 以内 ②可选用电磁溢流阀实现卸荷功能
两个溢流阀的回油管道连在一起时易产生振动和噪声	溢流阀为内卸式结构，因此回油管中压力冲击、背压等将直接作用在导阀上，引起控制腔压力的波动，激起振动和噪声		①每个溢流阀的回油管应单独接回油箱 ②回油管必须合流时应加粗合流管 ③将溢流阀从内泄改为外泄式
减压回路中，减压阀的出口压力不稳定	①主油路负载若有变化，当最低工作压力低于减压阀的调整压力时，则减压阀的出口压力下降 ②减压阀外泄油路有背压时其出口压力升高 ③减压阀的导阀密封不严，则减压阀的出口压力要低于调定值	控制压力有变化	①减压阀后应增设单向阀，必要时还可加蓄能器 ②减压阀的外泄管道一定要单独回油箱 ③修研导阀的密封带 ④过滤油液
压力控制原理的顺序动作回路有时工作不正常	①顺序阀的调整压力太接近于先动作执行件的工作压力，与溢流阀的调定值也相差不多 ②压力继电器的调整压力同样存在上述问题	压力调定值不匹配	①顺序阀或压力继电器的调整压力应高于先动作缸工作压力5～10bar ②顺序阀或压力继电器的调整压力应低于溢流阀的调整压力5～10bar
	某些负载很大的工况下，按压力控制原理工作的顺序动作回路会出现Ⅰ缸动作尚未完成而已发出使Ⅱ缸动作的误信号	设计原理不合理	①改为按行程控制原理工作的顺序动作回路 ②可设计成双重控制方式

附表 17　速度控制回路常见故障及其排除

故障现象	原因分析	关键问题	排除措施
快速不快	①差动快速回路调整不当等，未形成差动连接 ②变量泵的流量没有调至最大值 ③双泵供油系统的液控卸荷阀调压过低	流量不够	①调节好液控顺序阀，保证快进时实现差动连接 ②调节变量泵的偏心距或斜盘倾角至最大值 ③液控卸荷阀的调整压力要大于快速运动时的油路压力
快进转工进时冲击较大	快进转工进采用二位二通电磁阀	速度转换阀的阀芯移动速度过快	用二位二通行程阀来代替电磁阀
执行机构不能实现低速运动	①节流口堵塞，不能再调小 ②节流阀的前后压力差调得过大	通过流量阀的流量调不小	①过滤或更换油液 ②正确调整溢流阀的工作压力 ③采用低速性能更好的流量阀
负载增加时速度显著下降	①节流阀不适用于变载系统 ②调速阀在回路中装反 ③调速阀前后的压差太小，其减压阀不能正常工作 ④泵和液压马达的泄漏增加	进入执行元件的流量减小	①变速系统可采用调速阀 ②调速阀在安装时一定不能接反 ③调压要合理，保证调速阀前后的压力差有 5～10bar ④提高泵和液压马达的容积效率

附表 18 液压系统执行元件运动速度故障及排除

故障现象	原因分析	关键问题	排除措施
快速不快	见附表 17		
快进转工进时冲击较大			
低速性能差			
速度稳定性差	见附表 11、附表 17		
低速爬行	见附表 5		
工进速度过快，流量阀调节不起作用	①快进用的二位二通行程阀在工进时未全部关闭 ②流量阀内泄严重	进入缸的流量太多	①调节好行程挡块，务必在工进时关死二位二通行程阀 ②更换流量阀
工进时缸突然停止运动	单泵多缸工作系统，快慢速运动的干扰现象	压力取决于系统中的最小载荷	采用各种干扰回路
磨床类工作台往复进给速度不相等	①缸两端泄漏不等或单端泄漏 ②往复运动时摩擦阻力差距大，如油封松紧调得不一样	往复运动时两腔控制流量不等	①更换密封件 ②合理调节两端油封的松紧
调速范围较小	①低速调不出来 ②元件泄漏严重 ③调压太高使元件泄漏增加，压差增大	最高速度和最低速度都不易达到	①见附表 17 ②更换磨损严重的元件 ③压力不可调得过高

附表 19 液压系统工作压力故障及排除

故障现象	原因分析	关键问题	排除措施
系统无压力	见附表 7、附表 16		
压力调不高			
压力调不下来			
缸输出推力不足	见附表 5		
打坏压力表	①启动液压系统时，溢流阀弹簧未放松 ②溢流阀进、出油口接反 ③溢流阀在闭死位置卡住 ④压力表的量程选择过小	冲击压力太高	①系统启动前，必须放松溢流阀的弹簧 ②正确安装溢流阀 ③提高阀的制造精度和油液清洁度 ④压力表的量程最好比泵的额定压力高出 1/3
系统工作压力从 400bar 降至 100bar 后再调不上去	①阀内密封件损坏 ②阀用并联的二位二通阀未切断 ③阀的安装连接板内部窜油	某部严重泄露所致	①更换密封件 ②调整好二位二通阀的切换机构 ③更换安装连接板
系统工作不正常	①液压元件磨损严重 ②系统泄漏增加 ③系统发热温升 ④引起振动和噪声	系统压力调整过高	系统调压要合适

续表

故障现象	原因分析	关键问题	排除措施
磨床类工作台往复推力不相等	①缸的制造精度差 ②缸安装时其轴线与导轨的平行度有误差 ③缸两侧的油封松紧不一	往复运动时摩擦阻力不等	①提高液压缸的制造精度 ②轴线固定式液压缸一定要调整好与导轨的平行度 ③合理调节两侧油封的松紧度

附表 20　液压系统油温过高及其控制

原因分析	关键问题	控制方法
①油路设计不合理，能耗太大 ②油源系统压力调整过高 ③阀类元件规格选择过小 ④管道尺寸过小、过长或弯曲太多 ⑤停车时未设计卸荷回路 ⑥油路中过多地使用调速阀、减压阀等元件 ⑦油液黏度过大或过小	液压元件和液压回路等效率低、发热严重	①见附表 14 ②在满足使用的前提下，压力应调低 ③阀类元件的规格应按实际工作情况选择 ④管道设计宜粗、短、直 ⑤增设卸荷回路 ⑥使用液压元件应注意节能 ⑦选用合适的油液黏度
①油箱容积设计较小，箱内流道设计不利于热交换 ②油箱散热条件差，如某自动线油箱全部设在地下不通风 ③系统未设冷却装置或冷却系统损坏	系统散热条件差	①油箱容积宜大，流道设计要合理 ②油箱位置应能自然通风，必要时可设冷却装置，并加强维护 ③液压系统适宜的油温最好控制在 20～55℃，也可放宽至 15～65℃

附表 21　液压系统泄漏及其控制

原因分析	关键问题	控制方法
①各管接头处结合不严有外泄漏 ②元件结合面处接触不良，有外泄漏 ③元件阀盖与阀体结合面处有外泄漏 ④活塞与活塞杆连接不好，存在泄漏 ⑤阀类元件壳体等存在各种铸造缺陷	静连接件间出现间隙	①拧紧管接头，可涂密封胶 ②接触面要平整，不可漏装密封件 ③接触面要平整，紧固力要均匀，可涂密封胶或增设软垫、密封件等 ④连接牢固并加密封件 ⑤消除铸件的铸造缺陷
①间隙密封的间隙量过大，零件的几何精度和安装精度较差 ②活塞、活塞杆等处密封件损坏或唇口装反 ③黏度过低，油温过高 ④调压过高 ⑤多头的特殊液压缸，易造成活塞上密封件损坏 ⑥选用的元件结构陈旧，泄漏量大 ⑦其他详见附表 13	动连接件间配合间隙过大或密封件失效	①严格控制间隙密封的间隙量，提高相配件的制造精度和安装精度 ②更换密封件，注意带唇口密封件的安装方位 ③黏度选用应合适，降低油温 ④压力调整合理 ⑤尽量少用特殊液压缸，以免密封件过早损坏 ⑥选用性能较好的新系列阀类 ⑦见附表 13

附表 22　液压系统的振动、噪声及其控制

原因分析	关键问题	控制方法
液压泵和泵源的振动和噪声	振动和噪声来自机械、液压、空气三个方面	①见附表 3、附表 12 和附表 14 ②高压泵的噪声较大，必要时可采用隔离罩或隔离室
液压马达的振动和噪声		见附表 4
液压缸的振动和噪声		见附表 5
液压阀的振动和噪声		见附表 6、附表 7
压力控制回路的振动和噪声		①见附表 16 ②在液压回路上可安装消声器或蓄能器
①管道细长互相碰击 ②管道发生共振 ③油箱吸油管距回油管太近	—	①加大管子间距离 ②增设管夹等固定装置 ③吸油管应远离回油管 ④在振源附近可安装一段减振软管

附表 23　液压系统得冲击及其控制

原因分析	关键问题	控制方法
换向阀迅速关闭时的液压冲击 ①电磁换向阀切换速度过快，电磁换向阀的节流缓冲器失灵 ②磨床换向回路中先导阀、主阀等制动过猛 ③中位机能采用 O 型	液流和运动部件的惯性造成	①见附表 6 ②减小制动锥锥角或增加制动锥长度 ③中位机能从 O 型改为 H 型 ④缩短换向阀至液压缸的管路
活塞在行程中间位置突然被制动或减速时的液压冲击 ①快进或工进转换过快 ②液压系统调压过高 ③溢流阀动作迟缓		①电磁阀改为行程阀，行程阀阀芯的移动可采用双速转换 ②调压应合理 ③采用动态特性好的溢流阀 ④可在缸的出入口设置反应快、灵敏度高的小型安全阀或波纹型蓄能器，也可局部采用橡胶软管
液压缸行程终点产生的液压冲击		采用可变节流的终点缓冲装置
液压缸负载突然消失时产生的冲击	运动部件产生加速冲击	回路应增设背压阀或提高背压力
液压缸内存有大量空气		排除缸内空气

附表 24　液压卡紧及其控制

原因分析	关键问题	控制方法
①阀设计有问题，使阀芯受到不平衡的径向力 ②阀芯加工成倒锥，且安装有偏心 ③阀芯有毛刺、碰伤凸起部、弯曲、形位公差超差等质量问题 ④干式电磁铁推杆动密封处摩擦阻力大，复位弹簧太软	阀芯受到较大的不平衡径向力，产生的摩擦阻力可大到几百牛顿	①设计时尽量使阀芯径向受力平衡，如可在阀芯上加工出若干条环形均压槽 ②允许阀芯有小的顺锥，安装应同心 ③提高加工质量，进行文明生产 ④采用湿式电磁铁，更换弹簧
①过滤器严重堵塞 ②液压油长期不换，老化、变质	油中杂质太多	①清洗滤油器，采用过滤精度为 5～25μm 的精滤油器 ②更换新油

续表

原因分析	关键问题	控制方法
①阀芯与阀体间配合间隙过小 ②油液温升过大	阀芯热变形后尺寸变大	①运动件的配合间隙应合适 ②降低油温，避免零件热变形后卡死

附表 25 液压系统的气穴、汽蚀及其控制

原因分析	关键问题	控制方法
①液压系统存在负压区，如自吸泵进口压力很低，液压缸急速制动时有压力冲击腔，也有负压腔 ②液压系统存在减压区和低压区，如减压阀进、出口压力之比过大，节流口的喉部压力值降到很低	溶解在油中的空气分离出来	①防止泵进口滤油器堵塞，油管要粗而短，吸油高度小于500mm，泵的自吸真空度不要超过泵本身所规定的最高自吸真空度 ②防止局部地区压降过大、下游压力过低，因为气体在液体中的溶解量与压力成正比，一般应控制阀的进、出口压力之比不大于3.5
①回油管露出液面 ②管道、元件等密封不良 ③在负压区空气容易侵入	外界空气混入系统	①回油管应插入油面以下 ②油箱设计应利于气泡分离 ③在负压区要特别注意密封和拧紧管接头
气穴的产生和破灭会造成局部地区高压、高温和液压冲击，使金属表面呈蜂窝状而逐渐剥落(汽蚀)	避免产生气穴，提高液压件材料的强度和防蚀性能	①青铜和不锈钢材料的耐汽蚀性比铸铁和碳素钢好 ②提高材料的硬度也能提高它的耐蚀性能

附表 26 液压系统工作可靠性及其控制

故障环节	工作可靠性问题	控制方法
设计	①单泵多缸工作系统易出现各缸快、慢速相互干扰 ②采用时间控制原理的顺序动作回路工作可靠性差 ③采用调速阀的流量控制同步回路工作可靠性差 ④设计的各缸联锁或转换等控制信号不符合工艺要求 ⑤选用的液压元件性能差 ⑥回路设计考虑不周 ⑦设计时对系统的温升、泄漏、噪声、冲击、液压卡紧、气穴、污染等考虑不周	①采用快、慢速互不干扰回路 ②顺序动作回路应采用压力控制原理或行程控制原理 ③同步回路宜采用容积控制原理或检测反馈式控制原理 ④应按工艺特点进行设计，必要时可设置双重信号控制 ⑤采用新系列的液压元件 ⑥尽可能用最少的元件组成最简单的回路，对重要部位可增设一套备用回路 ⑦设计时应充分考虑影响系统正常工作的各种因素
制造、装配和安装	①液压元件制造质量差，如复合阀中的单向阀不密封等 ②装配时阀芯与阀体的同轴度差、弹簧扭曲、个别零件漏装或装反等 ③安装时液压缸轴线与导轨不平行，元件进、出油口装反等	确保各元件和机构的制造、装配和安装配合安装精度

续表

故障环节	工作可靠性问题	控制方法
调整	①顺序阀的开启压力调整不当,造成自动工作循环错乱或动作不符合要求 ②压力继电器调整不当,造成误发或不发信号 ③溢流阀调压过高,造成系统温升、低速性能差、元件磨损等 ④行程阀挡块位置调整不当,使阀口开闭不严	①调压要合适 ②挡块位置要调准
使用和维护	①不注意液压油的品质 ②油箱或活塞杆外伸部位等混进杂质、水分或灰尘 ③使用者缺乏对液压传动的了解,如压力调得过高、不会排除缸内空气等	①采用黏度合适的通用液压油或抗磨液压油,不用性能差的机械油 ②应定期清洗滤油器和更换油液 ③避免系统的各部位进入有害杂质 ④使用液压设备者应具有必要的液压知识

参考文献

[1] 刘永健，胡培金著. 液压故障诊断分析. 北京：人民交通出版社，1998.
[2] 盛兆顺著. 设备状态监测与故障诊断技术及应用. 北京：化学工业出版社，2003.
[3] 程虎. 虚拟仪器的现状和发展趋势. 现代科学仪器，1999，(4).
[4] 徐小力著. 机电设备监测与诊断现代技术. 北京：中国宇航出版社，2003.
[5] 张兆国，包春江著. 机械故障诊断与维修. 北京：中国农业出版社，2004.
[6] 王仲生著. 智能检测与控制技术. 西安：西北工业大学出版社，2002.
[7] 李晓厚等液压系统故障诊断技术的应用与发展. 农机使用与维修 [J]，2005，(1).
[8] 刘建设著. 机械设备液压系统故障诊断技术的现状及展望. 现代机械 [J]，2003，(2).
[9] 章宏甲主编. 液压传动. 第 2 版 北京：机械工业出版社，2014.
[10] 张铁等编著. 工程建设机械液压系统分析与故障诊断. 东营：石油大学出版社，2005.
[11] 陈玉良. 基于灰色理论的液压设备故障诊断 [J]. 液压与气动，2005，(7).
[12] 周宏林. 液压系统故障智能诊断技术的研究与发展 [J]. 机械制造与自动化，VOL. 33，(2).
[13] 李越. 液压系统故障诊断的基本方法与步骤 [J]. 中国设备工程，2001，(11).
[14] 陆望龙编著. 实用液压机械故障排除与修理大全. 长沙：湖南科学技术出版社，2007.
[15] 黄志坚编著. 液压设备故障分析与技术改进. 武汉：华中理工大学出版社，1999.
[16] 黄志坚等编著. 液压设备故障诊断与监测实用技术. 北京：机械工业出版社，2005.
[17] 赵应樾主编. 常用液压缸与其修理. 上海：上海交通大学出版社，1996.
[18] 赵应樾主编. 液压马达. 上海：上海交通大学出版社，2000.
[19] 赵应樾主编. 常用液压阀与其修理. 上海：上海交通大学出版社，1999.
[20] 赵应樾主编. 名优机械液压系统及其修理. 上海：上海交通大学出版社，2002.
[21] 刘忠等编著. 工程机械液压传动原理、故障诊断与排除. 北京：机械工业出版社，2005.
[22] 李壮云主编. 液压元件与系统. 第 3 版. 北京：机械工业出版社，2014.
[23] 张利平编著. 液压站设计与使用维护. 北京：化学工业出版社，2013.
[24] 周士昌主编. 液压系统设计图集. 北京：机械工业出版社，2003.
[25] 许福玲 陈尧明主编. 液压与气压传动. 第 3 版. 北京：机械工业出版社，2007.
[26] 刘延俊主编，液压与气压传动. 第 3 版. 北京：机械工业出版社，2014.
[27] 张红. 液压技术的展望. 合肥联合大学学报 [J]. Vol. 10 No. 4，2000，(12)：104-106.
[28] 明仁雄，万会雄主编. 液压与气压传动. 北京：国防工业出版社，2008.
[29] 姜继海，宋锦春，高常识主编. 液压与气压传动. 北京：高等教育出版社，2009.
[30] 左健民主编. 液压与气压传动. 第 4 版. 北京：机械工业出版社，2014.
[31] 章宏甲，黄谊主编. 液压传动. 第 2 版. 北京：机械工业出版社，2014.
[32] 何存兴主编. 液压元件. 北京：机械工业出版社. 1982.
[33] 周士昌主编. 液压系统设计. 北京：机械工业出版社，2004.
[34] 俞启荣主编. 液压传动，北京：机械工业出版社，1990
[35] 袁承训主编. 液压与气压传动. 第 2 版. 北京：机械工业出版社，2014.
[36] 章宏甲，黄谊，王积伟主编，液压与气压传动，北京：机械工业出版社，2000.
[37] 王广怀编著. 液压技术应用，哈尔滨：哈尔滨工业大学出版社，2001.
[38] 张群生主编. 液压与气压传动. 第 2 版. 北京：机械工业出版社，2008.
[39] 贾铭新主编. 液压传动与控制. 第 3 版. 北京：国防工业出版社，2010.
[40] 路甬祥主编. 液压气动技术手册，北京：机械工业出版社，2002.
[41] 何存兴主编. 液压传动与气压传动. 第 2 版. 武汉：华中科技大学出版社，2004.
[42] 刘延俊等. 对丁基胶涂布机液压系统的分析与改进 [J]. 液压与气动，2001，(12).
[43] 刘延俊等. 对引进立磨液压机液压系统的分析与改进 [J]. 液压与气动，2003，(5).
[44] 刘延俊等. 液压系统故障诊断技术的现状及发展趋势 [J]. 液压与气动，2006，(5).

[45] 刘延俊等. 轮胎脱模机三缸同步液压系统的设计 [J]. 液压与气动，2006，(6).
[46] 刘延俊等. 双立柱带锯机液压系统的设计 [J]. 机床与液压，2005，(5).
[47] 刘延俊等. 一种自行设计制造的液压弯管机 [J]. 机床与液压，2006，(9).
[48] 朱世久等主编. 液压传动. 济南：山东科学技术出版社，1995.
[49] 陶幸珍，张希营. 玻璃钢拉挤机液压比例系统研究 [J]. 液压与气动，2010，(10).